U0240424

21世纪 高等学校本科系列规划教材

高电压技术

（第四版）

GAODIANYA JISHU

杨保初　刘晓波　戴玉松　编著

重庆大学出版社

内 容 提 要

本书为普通高等学校电力工程类各专业的通用教材。本书内容分为高电压绝缘与试验和电力系统过电压及其防护两篇，包括气体、液体和固体介质的绝缘强度，电气设备绝缘试验，线路及绕组中的波过程，雷电及防雷设备，输电线路的防雷保护，发电厂和变电所的防雷保护，电力系统稳态过电压及操作过电压，电力系统绝缘配合共 10 章。

本书可作为高等学校电力工程类各专业学生学习高电压技术课程时的教材，也可供电力、电工方面的工程技术人员参考。

图书在版编目(CIP)数据

高电压技术/杨保初,刘晓波,戴玉松编著. —2 版.—重庆:重庆大学出版社,2012.1(2021.8 重印)
电气工程及其自动化专业本科系列教材
ISBN 978-7-5624-2441-3

Ⅰ.①高… Ⅱ.①杨…②刘…③戴… Ⅲ.①高电压—技术—高等学校—教材 Ⅳ.①TM8

中国版本图书馆 CIP 数据核字(2011)第 243643 号

高电压技术
（第四版）

杨保初　刘晓波　戴玉松　编著
责任编辑:曾显跃　谭　敏　责任印制:张　策
*
重庆大学出版社出版发行
出版人:饶帮华
社址:重庆市沙坪坝区大学城西路 21 号
邮编:401331
电话:(023) 88617190　88617185(中小学)
传真:(023) 88617186　88617166
网址:http://www.cqup.com.cn
邮箱:fxk@ cqup.com.cn (营销中心)
全国新华书店经销
中雅(重庆)彩色印刷有限公司印刷
*
开本:787mm×1092mm　1/16　印张:15.25　字数:381 千
2018 年 8 月第 4 版　2021 年 8 月第 16 次印刷
印数:55 001—57 000
ISBN 978-7-5624-2441-3　定价:38.00 元

前 言

本书是根据全国高等学校电力工程类专业教学指导委员会制定的《高电压技术课程教学基本要求》编写的,可作为电力类各专业学生学习本课程时的教科书。

全书在编写过程中强调基本内容、基本概念和基本训练,同时又注意新内容的引入,适应高电压技术发展的需要。另外注意深入浅出,说理清楚,便于教学,便于自学,并参考了国内外不少有关教材和资料,其中主要的部分已列入参考文献中。

本书由杨保初教授担任主编,刘晓波副教授编写第1章、第2章、第3章,戴玉松教授编写第4章,第9章9.1、9.2,其余部分由杨保初教授编写。

本书由四川工业大学颜怀梁教授担任主审,他为提高书稿质量付出了艰辛的劳动,提出了许多宝贵意见,在此向他表示衷心的感谢。

由于编者的水平有限,难免有不妥和错误之处,恳请读者给予指正。

编 者

2018 年 6 月

目录

绪　论

　　高电压技术是一门新兴学科，它随着电力系统输电电压的提高和近代物理的发展而得到发展。现代电力系统的输电电压已由高压(HV)提高到超过 220 kV 的超高压(EHV)，目前世界上最高的交、直流输电电压等级已分别达到 1 150 kV 和 ±600 kV。我国作为装机容量和年发电量均居世界第二位的电力大国，也已建成了相当规模的 500 kV 交流输电系统，±500 kV 直流输电线路已投入运行。由于我国国土辽阔，能源布局不合理，动力资源和负荷中心相距遥远，我国目前制定的"西部大开发"战略目标和"西电东送，南北互送，全国联网能源工程开展"必然成为我国 21 世纪的送电格局，因此我国必将成为世界上少数几个有可能要发展 1 000 kV 及以上特高压(UHV)输电技术的国家之一。

　　随着输电电压的提高，需要生产相应的高压电气设备，这就需要对各类绝缘介质的特性及其放电机理进行研究，而气体放电的机理是各类材料放电机理的基础。设备额定电压的提高使绝缘材料和绝缘结构的研究成为很重要的问题。当前，各种高抗电强度气体如 SF_6 和各类有机高分子合成材料等新型绝缘材料的出现，为制造高压电气设备提供了广阔的前景。

　　除设备问题外，电力系统中的过电压和绝缘是一对主要矛盾。电力系统的设计、建设和运行都要求工程技术人员在各种电介质和绝缘结构的电气特性、电力系统中的过电压及其防护措施、绝缘的高电压试验等方面具有必要的知识，同时过电压和绝缘这对矛盾需要用技术经济的综合观点来处理，这些问题彼此密切相关，一起构成了高电压技术的主体内容。

　　另一方面，从 20 世纪 60 年代开始，高电压技术加强了与其他学科的相互渗透和联系，在整个过程中，高电压技术一方面不断吸取其他科技领域的新成果，促进了自身的更新和发展；另一方面，也使高电压技术方面的新进展、新方法更广泛地应用到诸如大功率脉冲技术、激光等离子体、受控热核反应、原子物理、生态与环境保护、生物医学、高压静电工业应用等科技领域，显示出强大的生命力。

最后,高电压技术这门学科是从生产实践中发展起来的,因此在研究和学习理论的同时,更应该强调实践的重要性,当前,在高电压技术学科的各个领域内,大部分理论的研究还不很成熟,需要依靠实践结果的积累、总结和提高,以推进高电压技术学科的发展。

第 **1** 篇
高电压绝缘与试验

　　绝缘是电气设备结构中的重要组成部分,其作用是把电位不等的导体分开,使其保持各自的电位,没有电气连接。将具有绝缘作用的材料称为绝缘材料,即电介质,电介质在电场作用下,有极化、电导、损耗和击穿等现象。

　　随着电力系统电压等级的不断提高,绝缘成为电气设备中的薄弱环节。当由于某一部分设备绝缘遭到损坏而引起事故时,电力系统就不能安全可靠地运行,给国民经济造成巨大损失。电气设备只有具有经济可靠的绝缘结构,才能够可靠地工作。首先必须掌握各类绝缘材料在电场作用下的电气性能,尤其是在强电场中的击穿特性及其规律,而对气体放电机理的研究是研究其他绝缘材料放电机理的基础。另外,电气设备耐受电压的能力将决定其是否能安全可靠地运行。高电压试验是研究击穿机理、影响因素、电气强度以及检验电气设备耐受水平的最好方法。因此,应对电气设备绝缘进行试验,消除隐患防患于未然。为此,就必须掌握电力系统绝缘试验中常规试验的原理和方法以及产生交、直流、冲击高电压的基本方法和设备及测量手段。

第 **1** 章
气体的绝缘强度

1.1　气体放电的基本物理过程

1.1.1　气体中带电质点的产生和消失

　　气体常作为电力系统和电气设备中的绝缘介质,工程上使用得最多的是空气和 SF_6 气体。例如,架空线路中相与相之间、相与地之间、变压器外绝缘等就是利用空气的绝缘性能而作为绝缘介质的,在 SF_6 断路器和 SF_6 全封闭组合电器中则以 SF_6 气体作为绝缘介质的。正常情况下,气体是绝缘体,但其中仍有少量的带电质点,这是在空中高能射线(如紫外线、宇宙射线及地球内部辐射线)作用下产生的。在电场作用下,这些带电质点作定向运动而形成电导电流。因此,气体不是理想的绝缘体,不过,当电场较弱时,带电质点数极少,电流极小,气体仍是良好的绝缘体。

　　当气体中的电场强度达到一定数值后,气体中电流剧增,在气体间隙中形成一条导电性很高的通道,气体失去了绝缘能力,气体这种由绝缘状态突变为良导电状态的过程,称为击穿。气体中流过电流的各种形式统称为气体放电。气体击穿后,可因电源功率、电极形式、气体压力、气体状态等的不同而具有不同的放电形式:在气压低、电源功率较小时,为充满间隙的辉光放电;在大气压下,表现为火花放电或电弧放电;在极不均匀电场中,会在局部电场最强处产生电晕放电。在电场作用下,气体间隙中发生放电现象,说明其中存在大量带电质点,这些带电质点的产生与消失决定了气体中的放电现象的强弱与发展。

　　气体中带电质点的产生有两个途径:一是气体本身发生游离;二是在气体中的金属电极发生表面游离。

　　我们知道,任何电介质都是由原子组成,原子则由一带正电的原子核和围绕着原子核旋转的外层电子组成。由于原子所带正、负电荷相等,故正常情况呈中性。电子的能量不同,其所处的轨道也不同。通常电子能量越小,其轨道半径越小,离原子核越近。稳定的原子的外层电子都在各自的能级轨道上运转,此时原子的位能最小。当外界给予原子一定的能量使内层电子获得能量不能脱离原子核的束缚,只能跃迁到标志着能量更高的、离原子核较远的轨道上去时,该原子就处于激励状态,原子的位能也增加,这一过程叫激励。根据原子中电子的能量状态,原子有一系列可取的确定的能量状态,称为能级。原子的正常状态相当于最低的能级,用电子伏特作微观系统中的能量单位。1eV 的能量相当于一个电子行经 1V 电位差的电场所获得的动能,电子的电荷为 1.6×10^{-19}C,因此,$1eV = 1V \times 1.6 \times 10^{-19}C = 1.6 \times 10^{-19}J$。

原子激励所需能量等于较远轨道与正常轨道的能级之差,称为激励能。处于激励状态的原子的寿命极短,仅能存在 $10^{-7} \sim 10^{-8}$s,之后会自动地返回到原始状态,以光子的形式释放出所吸收的能量,这一过程称为反激励。若吸收的外界能量足够大,使得原子中一个或几个电子脱离原子核的束缚而形成自由电子,中性原子失去电子成为正离子,该原子就被游离了。这一过程称为原子的游离过程,所需能量称为游离能。显然,原子游离后,增加了气体中的带电质点数目。原子从中性质点成为游离状态,须吸收能量;处于激励状态的原子,也可再获得能量发生游离,称为分级游离。这种分级游离所需能量小于原子直接游离所需的能量。如果用电子的电荷去除以用焦耳表示的激励能或游离能,则相应地得到用伏表示的激励电位或游离电位。

常见气体及金属蒸气的激励电位和游离电位如表 1.1 所示。

表 1.1　常见气体及金属蒸气的激励电位和游离电位　　　单位:V

气体或金属蒸气	激励电位	游离电位
H_2	11.2	15.4
N_2	6.1	15.6
O_2	7.9	12.5
He	19.8	24.6
Cs	1.38	3.88
CO_2	10.0	13.7
H_2O	7.6	12.7
空气	…	16.3
铯蒸汽(Cs)	1.38	3.88
钠蒸汽(Na)	2.09	5.12
水银蒸汽(Hg)	4.89	10.39

(1)气体中带电质点的产生

带电质点可由下面形式的游离形成:

1)碰撞游离

在电场作用下,电子被加速获得动能($\frac{1}{2} m_e v_e^2$)。如果其动能大于气体质点的游离能,在和气体质点发生碰撞时,就可能使气体质点产生游离分裂成正离子和电子。这种游离称为碰撞游离。这是气体中带电质点数目增加的重要原因。因为电子的质量轻、体积很小,在与别的质点产生相邻两次碰撞之间的自由行程比离子的大得多,故在电场作用下,易积累足够能量,再与其他质点碰撞,易发生碰撞游离。

2）光游离

电磁射线（光子）的能量 $h\nu$ 等于或大于气体质点的游离能时所引起的游离过程叫光游离，在气体放电中起着重要作用。

光具有波动、粒子二重性，光子是携带能量的质点，光游离相当于光子与气体质点发生碰撞。如果光子能量足够大就可以使气体质点在碰撞时发生游离，产生正离子和自由电子，此时产生的电子称为光电子。

在各种气体和金属蒸气中，可见光的光子所带能量不足以使气体质点游离，因此可见光不可能发生光游离，但不排除由于分级游离而造成游离的可能性。导致气体光游离的光子可以是伦琴射线、γ 射线等高能射线，也可以是气体中反激励过程或异号带电质点复合成中性质点过程中释放出的光子，这些光子又可引起光游离。

3）热游离

因气体分子热运动状态引起的游离称为热游离。其实质仍是碰撞游离和光游离，只是直接的能量来源不同而已。

在常温下，气体质点热运动所具有的平均动能远低于气体的游离能，不足以引起碰撞游离，而在高温下，如电弧放电时，气体温度可达数千摄氏度，此时气体质点动能就足以引起碰撞游离了；此外，高温气体的热辐射也能导致气体质点产生光游离。

4）表面游离

放在气体中的金属电极表面游离出自由电子的现象称为表面游离。

使金属释放出电子也需要能量，以使电子克服金属表面的束缚作用，这个能量通常称为逸出功。各种金属的逸出功比气体的游离能小得多。常见金属的逸出功见表1.2所示。

表1.2　常见金属和金属氧化物的逸出功　　　　单位：eV

金属或金属氧化物	逸 出 功
铝	1.8
银	3.1
铂	3.6
铜	3.9
铁	3.9
氧化钡	1.0
氧化铜	5.34

金属表面游离所需能量可以从下述途径获得：

①正离子碰撞阴极　正离子在电场中向阴极运动，碰撞阴极时将其能量传递给电子而使金属表面逸出两个电子，其中一个与正离子结合而合成中性质点，另一个才可能成为自由电子。

②光电效应　金属表面受到光的照射，也能产生表面游离。

③强场发射　在阴极附近加上很强的外电场，其电场强度达 10^6V/cm，将电子从阴极表面拉出来，称为强场发射或冷发射。

④热电子发射　将金属电极加热到很高的温度,可使其中电子获得巨大能量,逸出金属。在电子、离子器件中常利用热电子发射作为电子来源,在强电领域,对某些电弧放电的过程有重要作用。

对于工程上常见的气体间隙的击穿来说,起主要作用的是正离子碰撞阴极的表面游离和光电效应。

需要说明的是:①不管是什么形式的游离方式,要在气体中产生自由电子,都应使气体外层电子或金属表面电子获得足够能量,以克服原子核的吸引力,且每次满足条件的碰撞不一定都能产生游离过程。②在气体质点相互碰撞中,还会产生带负电的负离子,这是由于自由电子和气体分子碰撞时,被气体分子吸附而形成负离子。负离子的形成虽然未减少带电质点的数目,但其游离能力比自由电子小得多。因此,负离子的形成对气体放电的发展是不利的,有助于气体抗电强度的提高。

(2)气体中带电质点的消失

在气体中产生带电质点的同时,也存在着带电质点的消失过程。带电质点的消失主要有以下 3 种方式:

1)带电质点在电场作用下作定向运动,流入电极,中和电荷。

2)带电质点从高浓度区域向低浓度区域扩散。这是由于质点的热运动造成的,电子由于体积、质量远小于离子,因而电子扩散比离子扩散快得多。

3)带电质点的复合。带正、负电荷的质点相遇,发生电荷的传递、中和而还原成中性质点的过程,称为复合。正、负离子的复合远比正离子与自由电子的复合容易得多,参加复合的电子大多数是先形成负离子后再与正离子复合的。在复合过程中,质点原先在游离时所吸取的能量以光子的形式释放出来。异号质点的浓度愈大,复合愈强烈。因此,强烈的游离区通常也是强烈的复合区,同时伴随着强烈的光辐射,这个区的光亮度也就愈大。

气体中存在游离过程,也就存在复合过程。在电场作用下,气体间隙是发展成击穿还是保持其绝缘能力,取决于气体中带电质点的产生与消失。如果带电质点的产生占主要地位,气体间隙中的带电质点数目就增加,放电就能发展下去成为击穿;如果带电质点的消失占主要地位,气体间隙中带电质点数目就减少,放电就会逐渐停止,气隙尚能起绝缘作用。游离放电进一步发展和转变成气隙的击穿将随电场情况不同而异。

1.1.2　汤逊理论和巴申定律

对均匀电场气隙的击穿,可用汤逊理论来描述,这是在 20 世纪初英国物理学家汤逊(J. S. TOWNSEND)在大量实验的基础上总结出来的。

如图 1.1(a)所示,表示一个低气压下电介质为空气的平板电极。紫外线光源通过石英窗口照射到阴极板上,使之发射出光电子,一定强度的光照射所产生的光电子是一个常数。当在极板间加上可变直流电压后,极板间空气间隙的伏安特性如图 1.1(b)所示。在 oa 段,电流随电压升高而增大,这是因为一定强度的光照射所产生的光电子是一个常数,随着电压升高,间隙中带电质点运动速度加大,单位时间内通过所观察面的电子数增多,电流随电压的增加呈线性关系。当电压升到一定值 U_a 后,电流趋于饱和,这是因为光照射产生的光电子是一个常数的关系,故电流仍取决于外界游离因素(紫外线光照射),而和电压无关,这时气隙仍能良好绝缘。当电压继续升高到 U_b 时,又出现了电流随电压升高而迅速增大,这时气隙中必然出现了

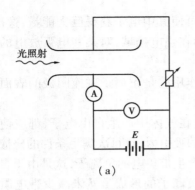

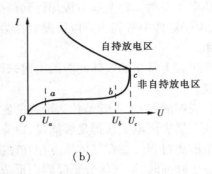

（a）　　　　　　　　　　　（b）

图 1.1　气体间隙放电实验原理图及其伏安特性

（a）实验原理图；（b）气隙中的伏安特性

新的游离因素。此因素是电子在电场作用下，已积累起足以引起游离的能量，当它与气体分子碰撞时，产生游离，即电子碰撞游离。

　　设在外部游离因素光照射下产生的一个电子，在电场作用下，这个电子在向阳极作定向运动时不断引起碰撞游离，气体质点游离后新产生的电子和原有电子一起，又从电场获得能量继续沿电场方向运动，引起游离。这样下去，电子数就像雪崩似地增加，形成电子崩，如图 1.2 所示。电子崩的出现，使气隙中带电质点数大增，故电流也大大增加了。

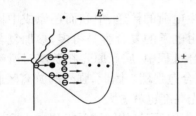

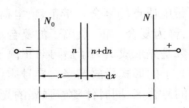

图 1.2　电子崩形成示意图　　　　　　图 1.3　电子崩内电子数的计算图

　　为寻求电子崩的发展规律，以 α 表示电子的空间碰撞游离系数，它表示一个电子在电场作用下由阴极向阳极移动单位距离所发生的碰撞游离数。α 的数值与气体的性质、气体的相对密度和电场强度有关。当温度一定时，根据实验和理论推导可知

$$\alpha = Ape^{-BP/E} \qquad\qquad (1.3)$$

式中　A、B——与气体性质有关的常数；

　　　　P——大气压力；

　　　　E——电场强度。

　　如图 1.3 所示，设一个电子沿电场方向行径 1cm 时与气体质点发生碰撞游离而产生出的平均电子数为 α。在外界游离因素光照射下，从阴极出发的 N_0 个电子，在电场的作用下，获得能量，引起碰撞游离。当到达距阴极 x 处的横截面上，单位时间内单位面积内有 n 个电子飞过。这 n 个电子行过 dx 之后，又会增加 dn 个新电子，其数目为：

$$dn = \alpha n dx$$

移项得

$$\frac{dn}{n} = \alpha dx \qquad\qquad (1.1)$$

两边同时积分

$$\int_{N_0}^{N_x} \frac{\mathrm{d}n}{n} = \int_0^x \alpha \mathrm{d}x$$

当 $x = 0$ 时，$n = N_0$。则

$$N_x = N_0 \exp^{\int_0^x \alpha \mathrm{d}x}$$

在均匀电场中，α 是一个常数，则

$$N_x = N_0 \exp^{\int_0^x \alpha \mathrm{d}x} = N_0 e^{\alpha x}$$

当 $x = s$ 时，为到达阳极板的电子数：

$$N = N_0 e^{\alpha s} \tag{1.2}$$

此式表明：①当一个电子从阴极出发即 $N_0 = 1$，行经整个间隙距离 s 后，由于产生碰撞游离，最终到达阳极的电子总数扣除它本身，新产生出的电子数是（$e^{\alpha s} - 1$）个，并同时产生了同（$e^{\alpha s} - 1$）一样多的正离子。由于电子的运动速度比正离子的快得多，因此当全部电子进入阳极后，在气隙中遗留下了（$e^{\alpha s} - 1$）个正离子。这样可解释在图 1.1（b）中电压过 U_b 后随着电压的升高，电流增加的原因。②当外界游离因素消失，$N_0 = 0$ 时，$N = 0$，即只有碰撞游离因素（α 过程），不能维持放电发展。这种需要依靠外界游离因素支持的放电称为非自持放电。

当电压继续升高到达 U_c 后，电流急剧突增，气隙转入良好的导电状态，并伴随着有明显的亮、声、热等现象。这说明此时间隙的放电又有了新的特点。当间隙上所加电压增到 U_c 时，由于强烈的游离将同时产生很多正离子。依上所述，一个电子行经 s 距离所产生的正离子数为（$e^{\alpha s} - 1$）个，这些正离子到达阴极时，使阴极表面游离出新的电子。这些新电子将会在电场作用下向阳极运动，又产生电子崩，重复上面的过程。设一个正离子撞击阴极产生出的自由电子数为 γ（$\gamma \ll 1$），γ 称为正离子的表面游离系数，则（$e^{\alpha s} - 1$）个正离子撞击阴极产生的电子数为：$\gamma(e^{\alpha s} - 1)$。只要 $\gamma(e^{\alpha s} - 1) \geq 1$，即阴极表面至少逸出一个电子，则即使外界游离因素不复存在，气隙中游离过程也能继续下去。这种只依靠电场就能维持下去的放电称为自持放电。放电进入自持阶段，并最终导致击穿。由此，均匀电场中由非自持放电转为自持放电的条件为：

$$\gamma(e^{\alpha s} - 1) \geq 1 \tag{1.4}$$

因为 $e^{\alpha s} \gg 1$，则上式可简化为：$\gamma e^{\alpha s} \geq 1$。

此式具有清楚的物理意义。由于偶然因素而产生的一个电子从阴极出发在间隙中引起强烈游离，游离出的全部正离子（$e^{\alpha s} - 1$）达到阴极能由 γ 过程在阴极表面上至少逸出一个电子，放电转入自持放电。

由非自持放电转入自持放电的电压称为起始放电电压 U_0。对均匀电场，则气隙被击穿，此后可形成辉光放电或火花放电或电弧放电，起始放电电压 U_0 就是气隙的击穿电压 U_b。对不均匀电场，则在大曲率电极周围电场集中的区域发生电晕放电，而击穿电压 U_b 比起始放电电压 U_0 可能高很多。

以上描述均匀电场气隙的击穿放电的理论称为汤逊理论。由式（1.4）可以推得自持放电时的放电电压

$$U_b = \frac{Bps}{\ln\left[\dfrac{Aps}{\ln\left(1 + \dfrac{1}{\gamma}\right)}\right]} = f(ps) \tag{1.5}$$

即当气体和电极材料一定时，气隙的击穿电压是气压 p 与间隙距离 s 乘积的函数。这个关系

在汤逊理论提出之前就已为巴申(Paschen)从实验中总结出来,故称为巴申定律。巴申定律为汤逊理论奠定了实验基础,而汤逊理论为巴申定律提供了理论依据。图1.4为几种气体击穿电压与 ps 的实验结果。

式(1.5)还可写成下面形式

$$U_b = f(\delta \cdot s) \tag{1.6}$$

式中 δ——气体相对密度,指气体密度与标准大气条件($P_0 = 101.3\text{kPa}, T_0 = 293\text{K}$)下的密度之比。

这是巴申定律更普遍的形式。由此,可知气体的击穿电压除和气体种类有关外还与气体的状态有关。图1.4表明,随着 ps 的变化,击穿电压将出现最小值。曲线中的最小击穿电压与式(1.5)中的最小值相对应。

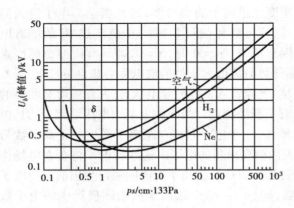

图1.4 均匀电场中几种气体击穿电压 U_b 与 ps 的关系

击穿电压 U_b 存在最小值是因为,当 s 一定时,改变气体气压 p,p 增大,δ 随之而增大,电子在运动过程中易与气体分子相碰撞,两次碰撞之间走过的路径(自由行程)很小。虽然碰撞次数增多,但电子积累的能量不足以引起气体分子发生游离,因而击穿电压升高;反之,p 减小,δ 随之而减小,电子在运动中碰撞次数减少,击穿电压也升高。当 p 一定时,改变 s,也将改变击穿电压。增大 s,必然要升高电压才能维持足够的电场强度,使间隙击穿;反之,减小 s,而 s 太短时,则电子由阴极运动到阳极时,碰撞次数太少,击穿电压也会升高。

1.1.3 流注理论

汤逊理论是在低气压 ps 值较小条件下进行的放电实验基础上总结出来的,对低气压下小间隙的放电现象能作出很好的解释,但对于大气压的放电现象就不再适用。表现在以下3个方面:首先,在放电时间上,根据汤逊理论,间隙完成击穿的时间包括形成电子崩及正离子到达阴极生成二次电子的时间,在大气压下气体的放电实际时间为以上数值的1/10～1/100;其次,在放电外形上,按汤逊理论放电是均匀连续地发展,充满整个间隙,但在大气压下,放电存在着明显分枝的明亮槽道式通道;第三,在击穿电压上,按汤逊理论,U_b 与阴极材料有明显关系,在低气压下,选择适当的 γ 值,U_b 的计算值与实测值基本一致,而在大气压下 U_b 与阴极材料无关,如选用同一 γ 值,其计算值与实测值相差甚远。可见,汤逊理论只适用于一定的 ps 范围。通常认为,空气中 $ps > 200(\text{cm} \cdot 133\text{Pa})$ 后,击穿过程将发生变化,不能再用汤逊理论来说明。

工程上感兴趣的是在大气压下的气隙的击穿,用汤逊理论不能很好地解释。在汤逊以后,由 Leob 和 Week 等在实验的基础上建立起来的流注理论,能够弥补汤逊理论的不足,较好地解释了这些现象。

流注理论认为电子的碰撞游离和空间光游离是形成自持放电的主要因素,并且强调了空间电荷畸变电场的作用,如图 1.5 所示。下面扼要介绍用流注理论来描述均匀电场中气隙的放电过程,如图 1.6 所示。

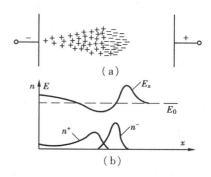

当外界电场足够强时,一个由外界游离因素作用从阴极释放出来的初始电子,在奔向阳极的途中,不断地产生碰撞游离,发展成电子崩(称为初始电子崩)。电子崩不断发展,崩内的电子及正离子数随电子崩发展的距离按指数规律而增长。由于电子的运动速度远大于正离子的速度($v_e \approx 1.5 \times 10^7 \mathrm{cm/s}$),故电子总是位于朝阳极方向的电子崩的头部,而正离子可近似地看做是滞留在原来产生它的位置上,并缓慢地向阴极移动,相对于电子来说,可以认为是静止的。由于电子的扩散作用,电子崩在其发展过程中,半径逐渐增大,电子崩中出现大量的空间电荷,电子崩头部集中了电子,其后直至

图 1.5　平板电极间电子崩空间电荷对外电场的畸变作用

(a)电子崩示意图

(b)相应空间电荷及极间电场的变化

E_0——无空间电荷时外电场强度

电子崩尾部是正离子,其外形像一个头部为球状的圆锥体。因此电子崩的游离过程集中于崩头,空间电荷的分布也是极不均匀的,这样当电子崩发展到足够程度后,空间电荷将使外电场发生明显畸变,如图 1.5 所示,大大加强了崩头及崩尾电场而削弱了崩内正负电荷区域之间的电场。

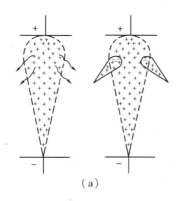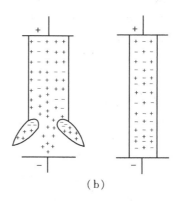

图 1.6　正流注发展机理

(a)原始电子崩;(b)发展中的流注

当加在间隙上的电压 $U = U_b$(间隙的击穿电压)时,电子崩要跑完整个间隙距离 s,正、负离子的浓度才足够大,达到 10^8 数量级,即 $\alpha s = 20$。初崩中正负离子间电场大大削弱,复合剧烈进行,同时放出大量光子。这些光子向四周辐射,此时光子能量已足够大,能使中性分子产生光游离,产生新的自由电子(称为光电子)。光电子处于一个被加强了的电场中,非常容易形成新的电子崩(称为二次崩)。二次崩中的电子受初崩中正离子的吸引作用,就注入到初崩中,形成了正、负离子的混合质通道。此时离子浓度更高,达到 10^{13} 数量级,复合更剧烈进行,又不断向崩尾辐射出光电子,形成新的光游离,不断有光电子和二次崩产生。二次崩电子又不断渗入到初崩中来,使正、负离子的混合质通道不断伸长。这种正、负离子的混合质通道就称为流注。通过实测发现,流注每厘米有 20kV 的压降(在均匀电场中,空气的击穿场强为

30kV/cm）。因此，在均匀电场中流注一旦形成，就大大加强了剩余空间场强，使流注迅速伸长，迅速发展，其发展速度达到 $3 \times 10^8 \sim 3 \times 10^9 \mathrm{cm/s}$，比电子运动速度还要快，此时流注从阳极向阴极发展，故称阳极流注（或正流注）。当流注一旦达到阴极，将间隙接通，就形成了主放电，强大的电子流通过混合质通道，迅速向阳极跑，由于互相磨擦，产生了几千摄氏度的高温，形成了热游离，主放电由阴极向阳极发展，主放电通道才是等离子体，相当于导体，于是热游离通道贯穿整个间隙，间隙被击穿。由于流注发展速度比电子运动速度快 1~2 个数量级，故在时间和空间上大大加快了击穿过程。另外由于正负离子间的相互吸引，使热游离通道变得很细，故其主放电通道是一细长通道，而不是充满整个电极面的放电，这时阴极材料在整个放电过程中已不起任何作用了。

很明显，流注的形成条件就是流注理论的自持放电条件。

若 $U > U_b$，则电子崩不需要经过整个间隙，其头部的游离程度已足以形成流注了。流注形成后，向阳极发展，所以称为负流注。其特点是部分流注是由于初崩中电子渗入到二次崩的正离子中，在负流注的发展中电子的运动受到电子崩留下的正电荷的牵制，所以其发展速度较正流注要小。当流注贯通整个间隙时，间隙就击穿了。

1.1.4 不均匀电场中的放电过程

电力系统中所遇到的绝缘结构大多是不均匀的。不均匀电场的形式很多，绝大多数是不对称电场，少数为对称电场。不对称用棒-板间隙来代表，可根据其数据来估计绝缘距离；对称电场用棒-棒或球-球间隙来代表。电场的不均匀程度，用不均匀系数 k_e 表示，它是最大场强 $E_{\max}$ 与平均场强 E_{av} 的比值：

$$k_e = E_{\max} / E_{av} \qquad (1.7)$$

式中 $E_{av} = U/s$；

　　　U——电极间电压；

　　　s——电极距离。

$k_e < 2$ 时，是稍不均匀场；$k_e > 4$ 后，是极不均匀场。稍不均匀电场中击穿形式、过程和均匀电场中的类似，虽然电场不均匀，但还不能维持稳定的局部放电，一旦放电达到自持，必然导致整个间隙立即击穿。而在极不均匀场中间隙击穿前出现稳定的电晕放电，且放电过程具有显著的极性效应；间隙距离较长时，将出现先导放电过程。

（1）电晕放电

在电场极不均匀时，随间隙上所加电压的升高，在大曲率电极附近很小范围的电场足以使空气发生游离，而间隙中大部分区域电场仍然很小。在大曲率电极附近很薄一层空气中将具备自持放电条件，放电仅局限在大曲率电极周围很小范围内，而整个间隙尚未击穿。这种放电称为电晕放电。这是由于大曲率周围的强场区气体游离造成的。伴随强场区中的游离、复合、激励和反激励，发出大量光子，使起晕电极周围有薄薄的紫色光层，称为电晕层，电晕层以外的电场很弱，不再发生游离。

电晕放电是极不均匀电场所特有的一种自持放电形式，是极不均匀电场的特征之一。通常以开始出现电晕时的电压称为电晕起始电压，它低于击穿电压，电场越不均匀，两者的差值越大。

工程上经常遇到极不均匀电场，架空线路就是一个例子。在雨雪等恶劣气候环境下，在高压输电线附近可听到电晕的咝咝声，夜色下还可看到导线周围的紫色晕光，一些高压设备上也会发生电晕。电晕放电会造成许多不利影响。气体放电过程中的光、声、热的效应以及化学反应等都要引起能量损耗;同时,放电的脉冲现象会产生高频电磁波,对无线电通讯造成干扰;电晕放电还使空气发生化学反应,生成臭氧、氮氧化物等产物,臭氧、氮氧化物是强氧化剂和腐蚀剂,会对气体中的固体介质及金属电极造成损伤或腐蚀。所以,在高压输电线路上应力求避免或限制电晕,特别是超高压系统中,限制电晕引起的能量损耗和电磁波对无线电的干扰已成为必须加以解决的重要问题。

限制电晕最有效的方法是改进电极的形状,增大电极的曲率半径,如采用均压环、屏蔽环;在某些载流量不能满足要求的场合,可采用空心的、薄壳的、扩大尺寸的球面或旋转椭圆等形式的电极,如超高压输电线路采用分裂导线。

电晕损失的大小,与导线表面的电场强度、导线表面状况、线路通过地区的气象条件、线路所在地区海拔高度等因素有关,而导线表面电场强度又和电压等级、实际运行电压、导线间距、导线对地高度、导线半径等情况有关。影响电晕能量损耗的因素很多,使电晕损失计算很复杂。许多国家,按本国的具体情况,采用适合于自己国家的计算方法,如按经验公式计算,按本国气象条件推算,按电晕损失概率曲线推算,查曲线图表等。

对交流电压作用下输电线路上的电晕最早作系统研究的是美国工程师皮克(Peek)。他在一系列实验研究的基础上,总结出了计算输电线路上电晕的经验公式,称为皮克公式。

导线表面起晕场强有效值 $E_{y,e}$:

$$E_{y,e} = 21.4\delta m_1 m_2 \left(1 + \frac{0.298}{\sqrt{r_0\delta}}\right), \text{kV/cm} \tag{1.8}$$

式中　r_0——起晕导线的半径,cm;

δ——空气的相对密度,标准情况下的空气密度为 1;

m_1——导线表面状态系数,根据不同情况,为 0.8~1.0;

m_2——气象系数,根据不同气象情况,为 0.8~1.0。

三相对称时,导线的起晕临界电压有效值为:

$$U_{y,e} = E_{y,e} r_0 \ln \frac{s}{r_0} = 21.4\delta m_1 m_2 \left(1 + \frac{0.298}{\sqrt{r_0\delta}}\right) r_0 \ln \frac{s}{r_0}, \text{kV} \tag{1.9}$$

式中　s——线间距离,cm;

r_0——导线半径,cm;

$U_{y,e}$——起晕临界电压(对地),kV。

导线水平排列时,则上式中的 s 应以 s_m 代替,s_m 为三相导线的几何平均距离,为:

$$s_m = \sqrt[3]{s_{ab}s_{bc}s_{ca}} \tag{1.10}$$

式中　s_{ab}, s_{bc}, s_{ca} 分别为 A-B,B-C,C-A 相间距离。

按以上计算公式,当导线水平排列时,边相导线的起晕电压较中相的略低。

电晕损耗功率的经验公式为:

$$P = \frac{241}{\delta}(f + 25)\sqrt{\frac{r_0}{s}}(U - U_0)^2 \times 10^{-5}, \text{kW/km} \tag{1.11}$$

式中　f——电源频率,Hz;

U——运行相电压,kV;

U_0——起晕临界相电压,kV;其他符号的意义同前。

上式纯粹是由实验得出的,适用于三相对称配置的线路,没有计及对击穿距离的影响,适用于电晕损失较大时,而不适用于较好天气情况和光滑导线。另外,皮克公式出现时,输电电压尚未超过 220kV,因此,对超高压线路也不适用。

随着输电电压的提高,在超高压系统中多采用分裂导线,以限制电晕放电和增加线路输送功率。此时很难再用某种简单的统一的公式来计算电晕损失,而只能根据在试验线路上的实验数据,制订出一系列曲线表格,进行综合计算。

在某些特定场合下,电晕放电也有其有利的一面。例如,电晕可削弱输电线上雷电冲击或操作冲击电压波的幅值及陡度;可利用电晕放电改善电场分布;可利用电晕除尘等。

(2)极性效应

在极不均匀电场中,间隙上所加电压不足以导致击穿时,在大曲率电极附近,电场最强,就可发生游离过程,形成电晕放电。在起晕电极附近积聚的空间电荷将对放电过程造成影响,使间隙击穿电压具有明显的极性效应。

决定极性要看表面场强较强的那个电极所具有的极性。在两个电极几何形状不同的场合(如棒-板间隙),极性取决于大曲率半径的那个电极的极性,而在两个电极几何形状相同的场合(如棒-棒间隙),则极性取决于不接地的那个电极的极性。

下面以棒-板间隙为例加以说明。

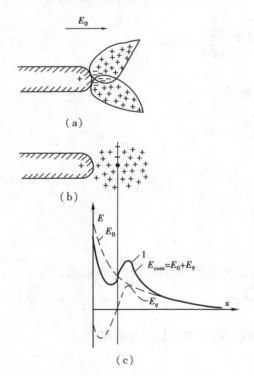

图 1.7　正棒-负板间隙中的电场畸变
E_0—原电场;E_q—空间电荷的附加电场;
E_{com}—合成电场

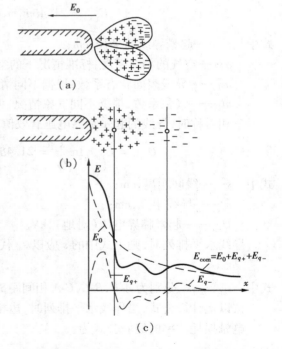

图 1.8　负棒-正板间隙中的电场畸变
E_0—原电场;E_q—空间电荷的附加电场;
E_{com}—合成电场

棒极为正极性时,如图 1.7(a)所示。电晕放电在棒极附近积聚起正的空间电荷,电子崩头部电子到达棒极后即被中和,如图 1.7(b)所示,从而削弱了紧贴棒极附近的电场,加强了外部空间的电场,如图 1.7(c)所示(图中曲线 1 为外电场的分布)。这样,随着电压升高,电晕放电区不断扩展,强场区将向板极方向推进,好像棒极向板极延伸了似的,使放电向板极迅速发展。

当棒极为负时,电晕产生后,电子崩由棒极表面出发向外发展,如图 1.8(a)所示。崩头的电子在离开强场区后,不能再引起新的碰撞游离,但仍向板极运行,而在棒极附近是电子崩留下的正的空间电荷,如图 1.8(b)所示,将加强与棒极之间的电场,而使其与板极间电场被削弱,如图 1.8(c)所示。继续升高电压时,电晕区不易向外扩展,整个间隙放电是不顺利的,因而此时间隙的击穿电压要比正极性时高得多,完成击穿的时间也比正极性时长得多。

正、负流注到达对面极板,间隙被击穿。

当间隙距离较长时,在流注不足以贯穿两极的情况下,仍可发展成击穿。此时将出现逐级推进的先导放电现象。此时流注已发展到足够长度,有较多的电子沿流注通道流向电极,所有电子都将通过通道的根部进入电极,由于剧烈的摩擦产生高温,出现热游离过程。这个具有热游离过程、不断伸长的通道称为先导。先导加强了前方电场,引起新的流注,使先导通道向前逐级伸长。当电压足够高,先导贯穿两极,导致主放电和最终的击穿,间隙被短路,失去绝缘性能,击穿过程就完成了。

综上所述,在极不均匀电场中,气隙较小时,间隙放电大致可分为电子崩、流注和主放电阶段,长间隙的放电则可分为电子崩、流注、先导和主放电阶段。间隙越长,先导过程就发展得越充分。

1.1.5　冲击电压下气体间隙的击穿特性

(1)标准波形

电力系统中的过电压大多数是一种冲击电压,其持续时间短,在冲击电压下气隙的击穿具有新的特性。

为了在实验室中模拟出实际系统中的过电压,以考验电气设备绝缘介质在过电压下的耐受能力,使所得结果便于比较,各国都制定了冲击电压标准波形。标准波形是根据电力系统中大量实测得到的雷电放电造成的电压波和操作过电压波制订的。

我国规定的标准雷电冲击电压波形与国际电工委员会 IEC 规定的标准波形一致,如图 1.9 所示。冲击波形是非周期性指数衰减波,可用波前时间 T_1 及半峰值时间 T_2 来确定。

雷电冲击波在实验室中获得时波前起始部分及峰值部分比较平坦,在示波图上不易确定原点及峰值的位置,采用了图中所示的等值斜角波头。取波峰值为 1.0。在 $0.3U_m$,$0.9U_m$ 和 $1.0U_m$ 处作三水平线,与波形分别相交于 a,b 点。直线 ab 与时间轴相交于 O 点,与峰值切线相交于 M 点,OM 线为规定的波前,OM 段在时间轴上的投影即为视在波前时间 $T_1 = T/0.6 = 1.67T$。视在半峰值时间 T_2 则从 O 点量至波幅降至 $0.5U_m$ 时对应的时间处。如波形有振荡时,应取其平均曲线为基本波形。国标 GB—311—93 中规定了雷电标准冲击电压波的参数为:$T_1 = 1.2 \pm 30\% \mu s$,$T_2 = 50 \pm 20\% \mu s$,峰值容许误差 ±3%,此外,还应指出其极性(不接地电极相对于地面而言的极性)。标准雷电冲击电压波可表示为 ±1.2/50μs。为模仿线路上有放电点将波截断时的情况,还规定了截断时间 $T_c = 2 \sim 5\mu s$ 的截波波形,如图 1.9 所示。

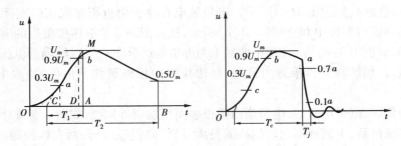

图 1.9　标准雷电冲击电压全波及截波波形

T_1—波前时间；T_2—半峰值时间；T_c—截波时间；T_j—截波视在持续时间

对操作过电压,过去一直用工频放电电压乘以操作冲击系数来反映操作冲击放电电压,对电力系统的绝缘子和 220kV 及以下空气间隙,一般取冲击系数为 1.1。但在超高压系统中已公认这种代替是极不合理的,必须用操作冲击电压来进行试验。由于操作过电压的类型很多,为了模拟操作过电压,近年来提出了两种试验电压波形:一类是如图 1.10 所示的长波头的冲击波,国标 GB311—93 规定操作冲击电压波形为 250/2 500 μs,容许误差分别为 ±20%,±60%。当标准波形不能满足要求时或不适用时,推荐使用 100/2 500 μs 或 500/2 500 μs 的冲击波;另一类是如图 1.11 所示的衰减振荡电压波,其第一个半波的持续时间在 2 000 ~ 3 000 μs 之间,反极性的第二半波的峰值约为第一个半波峰值的 80%。

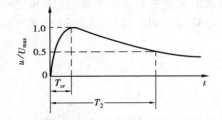

图 1.10　非周期性指数衰减操作冲击波

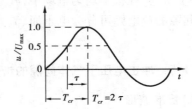

图 1.11　衰减振荡操作冲击波

(2)放电时延

对气隙加上冲击电压,电压随着时间增长迅速由零上升到峰值后,又逐渐缓慢衰减,如图 1.12 所示。由图可见,当时间经过 t_0,电压升高到持续电压作用下的击穿电压 U_0(称为气隙的静态击穿电压)时,间隙并未立即击穿,而是经过 t_d 才能完成击穿。可见,气隙的击穿需要一定的时间才能完成。对于非持续作用的冲击电压,气隙的击穿与电压作用时间有很大的关系。

在图 1.12 中,把从开始升压的瞬间起到气隙完全击穿为止总的时间称为击穿时间 t_d。它由 3 部分组成:

1)升压时间 t_0:电压从零上升到静态击穿电压 U_0 所需的时间。在这以前气隙中不可能发展击穿过程。欲使气隙击穿,外加电压必须大于 U_0。

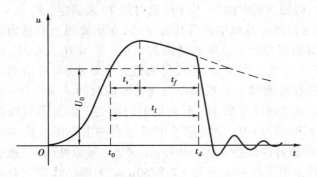

图 1.12　放电时间的形成

这是气隙击穿的必要条件。

2)统计时延 t_s：从电压达到 U_0 的瞬间起到气隙中出现第一个有效电子为止的时间。第一个有效电子是指能够引起气隙中游离过程并最终导致击穿的那个电子。它不一定在外加电压达到 U_0 时出现，也不一定是间隙中出现的第一个电子。原因是：第一，间隙中受到外界因素的作用而出现自由电子需要一定时间；第二，出现的自由电子有些可能被中性质点所俘获，形成负离子，失去游离能力，有的电子可能扩散到间隙以外，不可能产生游离；第三，即使已经引起游离，但由于一些不利因素的巧合，游离可能终止。因此，第一个有效电子的出现需要时间，上述这些过程都具有统计性，这个时间也服从统计规律。

3)放电发展时间 t_f：从出现第一个有效电子的瞬间到气隙完全被击穿的时间，也具有统计性。

显然，$t_d = t_0 + t_s + t_f$。

对短间隙（1cm 以下），特别是电场比较均匀时，$t_f \ll t_s$，这时 $t_l \approx t_s$，可以直接用示波器测量。由于每次放电统计时延不同，故通常讨论其平均值，称为平均统计时延。

平均统计时延与电压大小、照射强度等许多因素有关。平均统计时延随间隙外加电压增加而减少。这是此时气隙中出现的自由电子转变为有效电子的概率增加之故。用紫外线等高能射线照射气隙，使阴极释放出更多的电子，也能减少平均统计时延。利用球隙测量冲击电压时，有时需采用这一措施。阴极材料不同时，由于释放出电子的能力不同，平均统计时延也相异。电极裸露在空气中很久，或放电多次以后，由于金属表面发热，其平均统计时延会大大增加。在极不均匀场中，由于电场局部增强，出现有效电子的概率增加，其平均统计时延较小，且和外游离因素强度的关系较小。

在较长间隙中，放电时延主要决定于放电发展时间。在较均匀电场中，由于气隙中电场比较均匀，且处处相等，因此放电发展速度快，放电发展时间较短。在极不均匀电场中，则放电发展时间较长。显然，外施电压增加，放电发展时间也会减少。

（3）伏秒特性

由于气隙的击穿需要一定的时间才能完成，对于非持续作用的冲击电压，放电时延就不可忽略不计。同一气隙，在峰值较低但持续作用时间较长的冲击电压下可能击穿，而在峰值较高但持续作用时间较短的冲击电压下可能不击穿。因此，一个气隙的非持续时间电压下的击穿特性不能单一地用"击穿电压"来表达，而是对于某一定的电压波形，必须用电压峰值和击穿时间共同表达才行。工程上用气隙上出现的电压最大值与放电时间的关系来表征气隙在冲击电压下的击穿特性，称为气隙的伏秒特性。

伏秒特性是用实验方法求取。对同一间隙，施加一系列标准波形的冲击电压，使间隙击穿，用示波图来求取。电压较低时，击穿发生在波尾，在击穿前的瞬时电压虽已从峰值下降到一定数值，但该电压峰值仍是气隙击穿的主要因素。因此，以间隙上曾经出现的电压峰值为纵坐标，以击穿时间为横坐标，得伏秒特性上一点；升高电压，击穿时间减小，电压甚高时可在波头击穿，此时以击穿时间为横坐标，击穿时电压为纵坐标得伏秒特性上又一点。当每级电压下只有一个击穿时间时，可绘出伏秒特性如图 1.13 所示，为一条曲线。但击穿时间具有分散性，在每级电压下可得一系列击穿时间。所以实际的伏秒特性不是一条简单的曲线，而是以上下包络线为界的一个带状区域，如图 1.14 所示。这是一簇曲线。每级电压下，击穿时间低于下包络线横坐标的数值为 0%，该曲线以左区域完全不发生击穿；大于上包络线所示数值的击穿概率为 100%，该曲线以右区域每次都击穿。在上、下包络线之间的区域，可视为击穿时间具有不同击穿概率的数值。这样的一簇曲线,制作的工作量相当大,制作过程相当繁琐。因此工程上常用50%概率的伏秒特性来大致表示气隙的伏秒特性,即在这条曲线上的电压作用下,间隙有50%的击穿次数的击穿时间是小于曲线上所标的时间。同理,上、下包络线也相应地称为100%伏秒特性和0%伏秒特性。

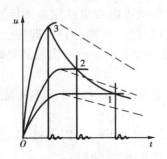

图 1.13　伏秒特性的绘制
1,2—波尾击穿;3—波头击穿

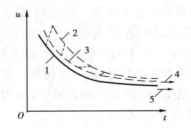

图 1.14　伏秒特性实际分散情况
1—0%伏秒特性;2—100%伏秒特性;
3—50%伏秒特性;4—50%冲击击穿电压;
5—0%冲击击穿电压(即静态击穿电压)

在工程上还常用"50%击穿电压"和"$2\mu s$冲击击穿电压"。50%击穿电压$U_{50\%}$是指在该电压下进行多次试验,气隙击穿概率为50%。该电压表征了气隙冲击击穿特性的基本耐电性能,是一个重要参数,反映了间隙能耐受多大峰值的冲击电压作用而不致被击穿的能力。这一电压已接近伏秒特性带的下边缘,在图1.14中已定性地标出。$2\mu s$冲击击穿电压$U_{2\mu s}$是指气隙在该电压下发生击穿放电,其击穿时间大于或小于$2\mu s$的概率各为50%。它也是击穿发生在标准波峰值附近的电压。用这两个电压可以大致反映出击穿电压和击穿时间的关系,但其测定就简单多了。

伏秒特性形状和间隙电场的均匀程度有关。对不均匀电场,由于平均击穿场强较低,且流注总是从强场区向弱场区发展,放电发展到完全击穿需较长时间,如不提高电压峰值,可相应减小击穿前时间,放电发展时间延长,分散性也大。因此伏秒特性在击穿时间还相当大时,便随时间t的减少而有明显的上翘。在均匀场或稍不均匀场中,平均击穿场强较高,流注发展较快,放电发展时间较短,因此,其伏秒特性较平坦,如图1.15所示。

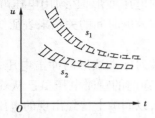

图 1.15　极不均匀场间隙(s_1)和均
匀及稍不均匀场间隙(s_2)的伏秒特性

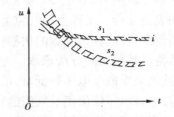

图 1.16　两个间隙伏秒特性交叉的情况

伏秒特性对于比较不同设备绝缘的冲击击穿特性具有重要意义。如果一个电压同时作用在两个并联的绝缘结构上,其中一个绝缘结构先击穿,则电压被截断短接,另一个就不会再被击穿,称前者保护了后者。若某间隙s_1的50%冲击击穿电压高于另一间隙s_2的数值,并且间隙s_1的伏秒特性始终位于间隙s_2之上,如图1.15所示,则在同一电压下,s_2都将先于s_1击穿,s_2就能可靠地保护s_1不被击穿。但如图1.16所示,间隙s_1和s_2的伏秒特性相交,则虽然在冲击电压峰值较低下，s_2 先于 s_1 击穿，能对 s_1 起保护作用；但在高峰值冲击电压作用下，s_1 先于 s_2 击穿，s_2 不起保护作用。这就与持续电压作用下的情况不同。由此可见，单是 50% 冲击击穿电压不能说明间隙的冲击击穿特性。在考虑不同绝缘结构的配合时，为了全面地反映问题的冲击击穿特性，就必须采用间隙的伏秒特性。从图 1.16 可知，如果要求保护设备能可靠地保护被保护设备，保护设备的伏秒特性必须全面低于被保护设备的伏秒特性，且越平坦越好。

另外，同一间隙，对不同电压波形，其伏秒特性不同，如无特殊说明，一般指标准波形下得到的伏秒特性。

1.2 影响气体放电电压的因素

1.2.1 电场形式对放电电压的影响

（1）均匀电场中的击穿电压

工程上很少遇到很大的均匀电场间隙，通常只有间隙不太大时电场均匀。在均匀电场中，间隙各处场强大致相等，因此在间隙中不可能出现持续的局部放电，流注一旦形成，间隙就被击穿。击穿电压就等于起始放电电压，且无极性效应。

均匀场中直流及工频击穿电压（峰值）及 50% 冲击击穿电压大致相同，其分散性很小。对空气，相应的经验公式为

$$U_b = 24.22\delta s + 6.08\sqrt{\delta s}\ \text{kV} \tag{1.12}$$

式中　　s——间隙距离，cm；

　　　　δ——空气相对密度

当 $s > 1\text{cm}$ 时，均匀电场中空气的电气强度大致等于 30kV/cm。

（2）稍不均匀电场中的击穿电压

稍不均匀电场中，一旦出现局部放电，立即导致整个间隙的完全击穿；电场不对称时，极性效应不很显著，其极性效应为大曲率半径的电极为负极性的击穿电压略低于为正极性时的数值。这是由于在稍不均匀场中，不能形成稳定的电晕放电。非自持放电形成的空间电荷使负极性下电晕起始电压比正极性时略低，而电晕起始电压就是其击穿电压。不论是直流电压还是冲击电压，不接地球为正极性时的击穿电压大于为负极性下的数值。工频电压下由于击穿发展在容易击穿的半周，所以击穿电压和负极性下的相同。

在稍不均匀场中击穿电压与电场均匀程度关系极大。没有能概括各种电场分布的试验数据，具体间隙的击穿电压要通过实验才能确定。但有这样一个规律：电场越均匀，同样间隙距离下的击穿电压就越高，其极限就是均匀电场中的击穿电压。

稍不均匀场的结构形式有多种多样。工程上较典型的电场结构形式有：球-球、球-板、圆柱-板、同轴圆柱、两平行圆柱、两垂直圆柱等，其中球-球间隙还可用来作为测量高电压峰值的一种手段，既简单，又有一定准确度，其击穿电压有国际标准表可查阅（见附录（一），（二），（三））。

（3）极不均匀电场下的击穿电压

工程上常用的电场，绝大多数是极不均匀电场。

在极不均匀场中，各处场强差别很大，在所加电压小于间隙击穿电压时，可出现局部的持

19

续的电晕放电。电晕放电的空间电荷使外电场强烈畸变,使得决定击穿电压的主要因素是间隙距离,电极形状对击穿电压的影响不大。根据这一现象,可以选择几种形状简单的电极如棒(尖)-板和棒(尖)-棒(尖)作为典型电极,它们的击穿电压具有代表性。工程上遇到极不均匀场时,可由这些典型电极的击穿电压来修正绝缘距离,对称电场参照棒-棒电极数据,不对称电场时参照棒-板电极的数据。

在极不均匀电场中,放电分散性较大,且极性效应显著,棒极为正极性时的击穿电压比棒极为负极性时的击穿电压低。

由此可见,间隙距离相同时,电场越均匀,气隙的击穿电压就越高。一般情况下,极间距离越大,放电电压越高,但不是成正比地增加。因此,可以改进电极形状,增大电极曲率半径,以改善电场分布,提高间隙的击穿电压。如高压静电电压表的电极就是电场比较均匀的结构;变压器套管端部加球型屏蔽罩等。同时,电极表面应避免毛刺、棱角,以消除电场局部增强的现象,如电极边缘做成弧形。

如要采用极不均匀电场,则尽可能采用棒-棒类型的对称电场。

1.2.2　电压波形对击穿电压的影响

气体间隙的击穿电压和电压种类有关。直流电压和交流电压统称为持续作用电压。这类电压的变化速度很小,击穿时间可忽略不计。电力系统中的雷电过电压和操作过电压,其持续时间极短,在这类电压下,放电发展速度就不可能忽略不计了。以下就分别介绍不同种类型电压作用下的击穿电压。

如前所述,电场均匀时,不同电压波形下击穿电压(峰值)是一致的,且放电分散性小,50%冲击击穿电压下击穿通常发生在波头峰值附近。

对稍不均匀场,直流、工频与冲击下的击穿电压和气隙0%冲击击穿电压基本相同,放电分散性不大,极性效应不显著,如图1.17所示。

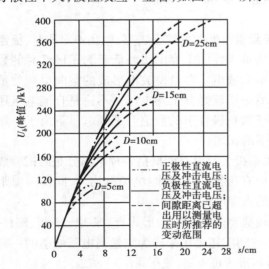

图 1.17　球-球空气间隙的击穿电压和间隙距离的关系

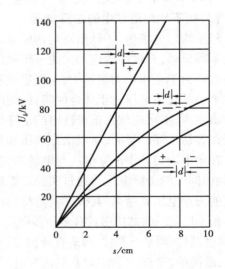

图 1.18　棒-板及棒-棒气隙的直流击穿电压和间隙距离的关系

对极不均匀电场,直流、工频及冲击击穿电压之间的差别较明显。分述如下:

(1)直流电压下的击穿电压

图 1.18 所示是棒-棒及棒-板空气间隙的直流击穿电压和间隙距离的关系。由图可见,对于电场极不均匀的棒-板间隙,其击穿电压存在着明显的极性效应,棒极为正时击穿电压比棒极为负时低得多。由图还可知,棒-棒电极间的击穿电压介于不同极性的棒-板电极之间。这是因为棒-棒电极中有正棒,放电易于发展,因此击穿电压比负棒-正板的低;但棒-棒有两个强电场区域,在同样间隙距离下,强场区增多后,其电场均匀程度会增加,因此击穿电压比正棒-负板的高。

在图所示范围内,击穿电压与间隙距离近似成正比,其平均击穿场强:正棒-负板约为 4.5kV/cm,负棒-正板约为 10kV/cm,棒-棒约为 5.4kV/cm。

(2)工频电压下的击穿电压

图 1.19 是棒-棒及棒-板空气间隙的工频击穿电压和间隙距离之间的关系曲线,间隙距离最大达到 250cm。间隙击穿总是在棒极为正,电压达到幅值时发生,且其击穿电压(峰值)和直流电压下的正棒-负板的击穿电压相近。从图中可以看出,除了起始部分外,击穿电压与距离近似成正比:棒-板间隙的平均击穿场强(峰值)约为 4.8kV/cm,比棒-棒稍低一些。但当间隙距离超过 2m 后,击穿电压与间隙距离的关系出现明显的饱和趋势,平均击穿场强明显降低,棒-板间隙尤其严重。这就使得棒-板间隙与棒-棒间隙击穿电压的差距拉大。因此,在电气设备中希望尽量采用"棒-棒"类型的电极结构而避免"棒-板"类型。

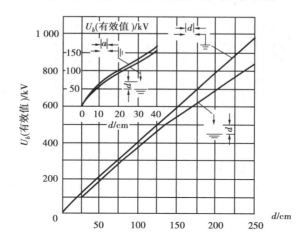

图 1.19　棒-棒及棒-板气隙的工频击穿电压和间隙距离的关系

(3)冲击电压作用下的击穿电压

冲击电压作用下,气体的击穿电压要比持续电压作用下的击穿电压高,它们的比值称为冲击系数,一般大于 1。

在 50% 冲击击穿电压下,当间隙较长时,击穿通常发生在波尾。图 1.20 是棒-棒及棒-板间隙的雷电冲击击穿电压与间隙距离之间的关系曲线。从图中可知,棒-板间隙有明显的极性效应,棒-棒间隙也有较小的极性效应。在图所示范围内,击穿电压与距离成正比,没有显著的饱和趋势。

图 1.21 是棒-板及棒-棒间隙在操作冲击电压下的 50% 击穿电压和间隙距离的关系。由

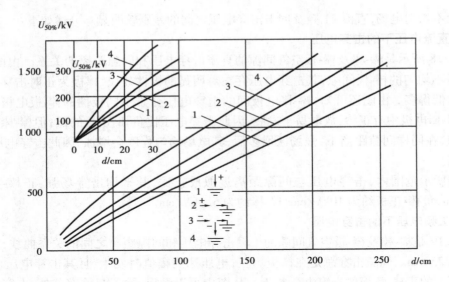

图 1.20 棒-棒及棒-板电极 $U_{50\%}$ 和间隙距离的关系

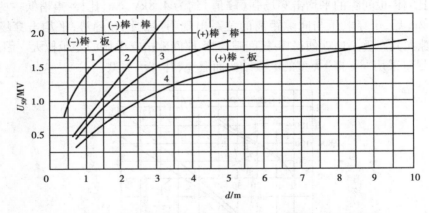

图 1.21 操作冲击电压（ +500/5 000μs）作用下棒-板及棒-棒
电极 50% 击穿电压和间隙距离的关系

图可知,操作冲击击穿电压有明显的极性效应,正极性的 50% 击穿电压低于负极性,所以更危险。

极不均匀场中操作冲击电压的波形对击穿电压有很大影响。操作冲击下气隙的击穿通常发生在波前部分,因而波尾对击穿电压没有多大的影响。图 1.22 是棒-板气隙的正极性操作冲击 50% 击穿电压与波前时间的关系。由图可知,50% 击穿电压与波前时间呈 U 形曲线, $U_{50\%}$ 具有极小值,对应于极小值的波前时间随着间隙加大而增大。7m 以下的间隙,为 50 ~ 200μs。这种现象,可能是由于放电时延和空间电荷这两类不同因素的影响造成的。由于放电需要一定时间,所以 U 形曲线极小值左半枝中,击穿电压随波前缩短而上升,随着波前增长放电时延的作用逐渐减小了,但击穿前电晕电极附近放电过程形成的空间电荷的作用却显著起来。电压作用时间较短时,电晕电极附近的空间电荷来不及迁移到离棒极较远的地方,集中在棒极附近,加强了前方电场,对先导发展是有利的。因此击穿电压降低。电压作用时间增大后,空间电荷的迁移范围扩大,扩大的空间电荷层起着减少电晕电极附近电场从而改善电场分

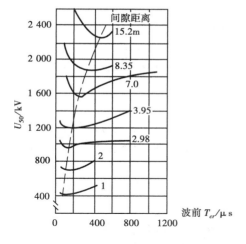

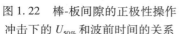

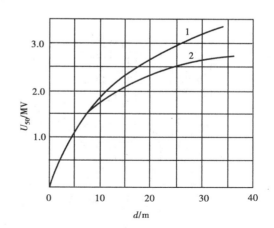

图 1.22 棒-板间隙的正极性操作
冲击下的 $U_{50\%}$ 和波前时间的关系

图 1.23 操作冲击电压下棒-板电极的
$U_{50\%}$ 和间隙距离的关系

布的作用,因而提高了击穿电压。在 U 形曲线极小值右半枝中,击穿电压随着波前时间增加而上升。实际上在极不均匀场中,可以利用电晕放电生成的空间电荷来改善电场分布,但对雷电冲击无效。

其他形式的气隙也大多存在 U 形曲线的规律,棒-板间隙最为显著;伸长形电极(如分裂导线)所形成的间隙最不显著,正极性电压的 U 形规律比负极性电压显著。

工频半波波前时间为 5 000μs,位于 U 形曲线的右半枝,故其击穿电压反而比临界波前操作冲击击穿电压高。

由于空间电荷的形成、扩散和放电时延有很大统计性,所以操作冲击击穿电压分散性大,且与间隙距离存在明显的"饱和"现象,如图 1.23 所示。

1.2.3 气体的性质和状态对放电电压的影响

气体间隙的击穿电压与气体的性质和状态有关。

(1)气体状态对放电电压的影响

在大气压下,气隙的击穿电压和绝缘子闪络电压与气体状态、大气条件有关。对其他外绝缘也有类似影响,放在一起说明时,应以标准条件下的电压为准。大气状态不同时,外绝缘的放电电压与标准状态时的放电电压可按国家标准 GB311—93 进行相互换算。换算的方法是从实验及物理学中的气体状态方程总结出来的。规定了标准大气状态为:压力 $p_0 = 760\text{mmHg}$ 或者 101.3kPa,温度 $t_0 = 20℃$,绝对湿度 $h_0 = 11\text{g/m}^3$,换算方法如下:

$$U = \frac{k_d}{k_h} U_0 \tag{1.13}$$

式中 U_0——标准大气状态下外绝缘的放电电压;

U——实际大气状态下外绝缘的放电电压;

k_d——空气密度校正系数;

k_h——空气湿度校正系数。

空气密度校正系数

$$k_d = \left(\frac{p}{p_0}\right)^m \cdot \left(\frac{273 + t_0}{273 + t}\right)^n \qquad (1.14)$$

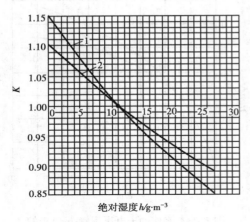

图 1.24 湿度校正系数 k 与绝对湿度的关系
1—交流电压，操作冲击电压；
2—直流电压，雷电冲击电压

式中 p, t——实际状态下气体压力、温度；

p_0, t_0——标准状态下气体压力、温度。

湿度校正系数

$$k_h = k^w$$

k(见图 1.24 所示)是绝对湿度的函数,与电压形式、电压极性、电场情况以及闪络距离有关。

m, n, w 取决于电压形式、极性和放电距离 d,可查阅有关标准。

外绝缘的放电电压随着空气密度增大而提高,这是因为随着密度增大,气体中自由电子的平均自由行程缩短,游离过程减弱。外绝缘的放电电压随着空气湿度的增大而增大,这可能是由于水分子容易吸附电子而形成负离子,并使游离因素的最主要参加者自由电子的数量减少,从而使游离过程减弱。均匀电场湿度的影响小,极不均匀场中,平均放电场强低,电子速度慢,湿度影响明显,但当湿度超过80%时,放电分散性大。

由以上可知,提高气体压力时,可以提高气隙的击穿电压,巴申定律也从实验上证实了这一点。因此,工程上为提高气隙的击穿电压,在电气设备中采用了压缩空气。

在均匀电场中,气隙击穿电压和压力及距离的乘积 ps 的关系如图 1.25 所示。

由图可见,当间隙距离不变时,击穿电压随压力提高而很快增加,但当压力增加到一定值后,击穿电压增加的速度逐渐减小,说明再继续升高气压的效果不大了。

在大气压下,击穿电压与阴极材料关系不大。而在高气压下,击穿电压与电极的表面状态及材料有很大的关系。电极表面不光洁,击穿电压下降,分散性也大。材料不同,击穿电压不同。如不锈钢电极的击穿电压比铝制电极的击穿电压要高。

在不均匀电场中,提高气压后,间隙的击穿电压也将高于标准大气压力下的数值。但在高气压下,电场均匀程度对击穿电压的影响比在标准大气压下要显著得多,击穿电压将随电场均匀程度下降而剧烈降低。极不均匀电场

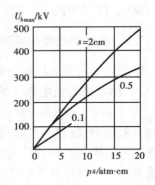

图 1.25 均匀电场中不同间隙
距离下空气的击穿电压和 ps 关系

中,当尖电极为正时,击穿电压随压力变化会出现极大值,即在压力较低时击穿电压随压力上升而增加,但压力超过某值后,击穿电压反而会下降,此后再随压力的增加而上升。

在高气压下,湿度对击穿电压也有很大影响。在压缩空气中湿度增加时,击穿电压明显下降,电场不均匀,下降更显著。

所以在高气压下,应尽可能改进电极形状,改善电场分布;电极应仔细加工使之光洁,气体

要过滤,滤掉尘埃及水分。如不可避免地出现极不均匀电场,则应根据实验结果,正确选择压力,以使气压提高后有较大效益。

从巴申定律可知,用高真空也可提高击穿电压。这是由于在间隙中气体质点极少,电子的自由行程增大,碰撞的机会减少。在真空时,击穿机理已发生变化,击穿电压与电极材料、电极表面光洁度等多种因素有关,分散性很大。在电力系统中,由于难以保持高真空,目前很少用此方法,只是在特殊场合使用。真空还具有很好的灭弧能力,因此,在真空断路器中使用,具有特别好的性能,但因制造困难,不及油断路器使用广泛。

我国幅员辽阔,有不少电力设施(特别是输电线路)位于高海拔地区。随着海拔高度的增大,空气变得逐渐稀薄,大气压力和相对密度减小了,因而空气的电气强度也将降低。

海拔高度对气隙的击穿电压和外绝缘的闪络电压的影响可利用一些经验公式求得。我国国家标准规定:对于安装在海拔高于 1 000m、但不超过 4 000m 处的电力设施外绝缘,其试验电压 U 应为平原地区外绝缘的试验电压 U_p 乘以海拔校正因数 K_a,即

$$U = K_a U_p \tag{1.15}$$

而

$$K_a = \frac{1}{1.1 - H \times 10^{-4}} \tag{1.16}$$

式中 H——安装点的海拔高度,m。

(2)气体性质对放电电压的影响

不同气体,具有不同的耐电强度。在间隙中采用高电强度气体,可以大大提高气隙的击穿电压或大大减少工作压力(气压太高,使制造工艺复杂,设备造价高,运行麻烦)。

所谓高电强度气体,是指其电气强度比空气高得多。采用这些气体代替空气,或在空气中混用一部分高电气强度气体。均可提高击穿电压。许多含卤族元素的化合物是高电气强度气体。如六氟化硫(SF_6)、氟利昂(CCl_2F_2)、四氯化碳(CCl_4)等等,表 1.3 中列出了几种气体的相对电气强度(电场、压力、距离相同的条件下,各该气体的电气强度和空气的电气强度之比)、分子量和大气压下的液化温度(或升华温度)。

卤化物气体电气强度高的原因主要是:第一,它们含有卤族元素,具有很强的电负性,气体分子容易与电子形成负离子,从而削弱了电子的碰撞游离能力,同时又加强了复合能力;第二,这些气体的分子量都较大,分子直径较大,使得电子的自由行程缩短,不易积累起能量,从而减少其碰撞游离的能力;第三,电子与这些气体分子相遇时,还易引起分子极化,增加极化损失,减弱其碰撞游离能力。

表 1.3 某些高电强度气体的性能

气体名称	化学式	分子量	相对耐电强度	一个大气压下液化温度/℃
氮	N_2	28	1.0	-195.8
二氧化碳	CO_2	44	0.9	-78.5
六氟化硫	SF_6	146	2.3 ~ 2.5	-63.8
氟利昂	CCl_2F_2	121	2.4 ~ 2.6	-28
四氯化碳	CCl_4	153.6	6.3	76

对高电气强度气体,除了满足击穿特性之外,还应满足以下物理化学特性:①液化温度要

低;②具有良好的化学稳定性;③不易腐蚀设备中的其他材料;④无毒;⑤不会爆炸,不易燃烧;⑥在放电过程中不易分解;⑦价格低廉,经济合理。如四氯化碳蒸气虽然电气强度很高,但液化温度过高,放电中能形成剧毒物质(碳二酰氯-光气),故不能用作绝缘材料。

目前工程上使用得最多的是 SF_6 气体。它除了具有较高的电气强度外,还是很好的灭弧材料,故适用于高压断路器。近年来还发展了各种组合电器,即将整套送变电设备组成一体,密封后充以 SF_6 气体,如全封闭组合电器、气体绝缘变电站(GIS)、充气输电管道等,其优点是节省占地面积,工作可靠,维护运行简单易行等。下面就 SF_6 气体说明高电强度气体的击穿特性。

SF_6 气体是无色、无味、无毒、不可燃的惰性气体,具有较高的电气强度,优良的灭弧性能,良好的冷却特性。将它应用于电气设备可免除火灾的威胁,缩小设备尺寸,提高系统运行的可靠性。在 SF_6 分子中,六个氟原子围绕着一个中心硫原子对称排布,呈正六面体结构。硫－氟之间键距小,键全能量高,因此 SF_6 的化学性能非常稳定,仅当温度很高($>1\,000°K$)时,SF_6 分子才会发生热分解。

SF_6 分子量大,为 146,密度大,属重气体。通常使用在 $-40℃ \leqslant$ 温度 $\leqslant 80℃$,压力 $<0.8MPa$ 的范围内,气态占优势,在很高压力下液化,只有当温度 $<-18℃$ 时,才须考虑用加热装置来防止其液化。由于 SF_6 比空气重,会积聚在地面附近使人窒息而造成生命危险,若 SF_6 气体纯度不够时,会含有一些有毒杂质,因此工作人员接触时须带防毒面具和防护手套,现场采取强力通风措施。

SF_6 是一种稳定的气体,但在电弧燃烧的高温下将发生分解,生成硫和氟原子。硫和氟原子对电气设备的击穿电压是无影响的,但当 SF_6 气体及电极材料中含有氧气、电极的金属蒸气时,将会发生继发反应,生成低氟化物 SOF_2,SO_2F_2,SF_4,SOF_4 和金属氟化物(如 WF_6)。如 SF_6 中含有水分,将发生水解,生成腐蚀性很强的氢氟酸:

$$SF_6 + H_2O \longrightarrow SO_2 + HF + O_2$$

这些生成物 HF,SF_4,SO_2 是强腐蚀剂,对绝缘材料、金属材料有腐蚀作用。因此,一方面要严格控制 SF_6 气体的含水量($<15ppm$)及纯度,另一方面应选用耐受腐蚀的性能较好的绝缘材料,如环氧树脂、聚四氟乙烯、氧化铝陶瓷等。

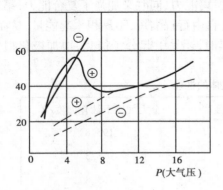

图 1.26　棒-板间隙不同极性直流电压下
SF_6 击穿电压(实线)和电晕起始电压
(虚线)对气压的关系曲线
⊕—棒极为正;其他棒极为负

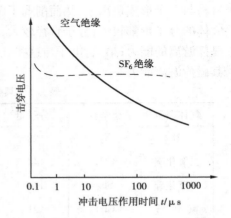

图 1.27　SF_6 与空气间隙的绝缘配合

由此可见,SF$_6$ 气体绝缘只适用于均匀电场和稍不均匀电场,不能用在极不均匀的电场中,后者有稳定的局部放电。在工程中,电场不可能完全均匀应尽可能地使用稍不均匀电场结构。在稍不均匀电场中,提高 SF$_6$ 气体的气压对提高 SF$_6$ 气体间隙的击穿电压的作用显著,但随着电场不均匀程度的增加,击穿电压的增加出现饱和趋势,如图 1.26 所示。在一定气压区域内,击穿电压与气压存在异常低谷,应避免。气压越高,电极表面粗糙度的影响和杂质影响越大,工艺处理越难。适用气压为 0.1MPa ~ 0.4MPa。

与空气相似,SF$_6$ 气体是自恢复绝缘,对电极表面光洁度和装置内部洁净度要求严格,表面上微小的突出物和导电微粒都会导致击穿场强大大降低。在 SF$_6$ 气体常用的电场情况和气压范围内,SF$_6$ 的击穿具有极性效应,曲率较大的电极为负极性时的击穿电压比正极性时低。因此,SF$_6$ 气体绝缘结构的绝缘水平是由负极性击穿电压决定的。

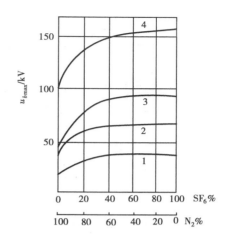

图 1.28 球间隙中 SF$_6$,N$_2$ 混合气体的交流击穿电压

1—间隙距离 $s = 2$mm,压力 $p = 2.2$kg
2—间隙距离 $s = 2$mm,$p = 4.35$kg
3—间隙距离 $s = 5$mm,$p = 2.2$kg
4—间隙距离 $s = 5$mm,$p = 4.352$kg

稍不均匀电场中 SF$_6$ 气体的伏秒特性较平坦,只是在放电时间降到 2 ~ 4μs 时,才有上翘;而电气设备中的空气间隙多为极不均匀电场结构,其伏秒特性较陡,如图 1.27 所示。在考虑 SF$_6$ 与空气间隙的绝缘配合时,应注意这一点。

对用气量较大的电气设备,如 SF$_6$ 电缆、GIS 组合电器,适合于用 SF$_6$ 与其他惰性气体组成的混合气体,经济,且电气强度可能比纯 SF$_6$ 气体更高,用此混合气体制造电气设备,其体积可更为缩小。

将 SF$_6$ 和 N$_2$ 混合使用时,当 SF$_6$ 含量超过 20% ~ 30%(容积百分数)时,绝缘强度已和全充 SF$_6$ 气体时的绝缘强度相同,如图 1.28。这对减小腐蚀很有实际意义。

1.3 沿 面 放 电

电气设备中用来固定支撑带电部分的固体介质,多数是在空气中。如输电线路的针式或悬式绝缘子、隔离开关的支柱绝缘子、变压器套管等,当导线电位超过一定限制时,常在固体介质和空气的分界面上出现沿着固体介质表面的气体放电现象,称为沿面放电(或称沿面闪络)。沿面放电是一种气体放电现象,沿面闪络电压比气体或固体单独作绝缘介质时的击穿电压都低,受表面状态、空气污秽程度、气候条件等因素影响很大。电力系统中的绝缘事故,很多是沿面放电造成的。如线路受雷击时绝缘子的闪络,大气污秽的工业区的线路、变电站绝缘子在雨、雾天时绝缘子闪络引起跳闸,都是沿面放电所致。所以,了解沿面放电现象,掌握其规律,对电气设备绝缘设计和运行都有重要的现实意义。

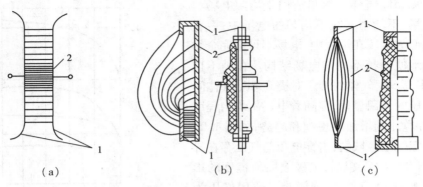

图 1.29 介质在电场中的典型布置方式

(a)均匀电场;(b)有强垂直分量的极不均匀电场;(c)有弱垂直分量的极不均匀电场

1—电极;2—固体介质

1.3.1 沿面放电的物理过程

沿面放电与固体介质表面的电场分布有很大关系,它直接受到电极形式和表面状态的影响。按电瓷绝缘结构分,固体介质处于电极间电场中的形式,有以下 3 种情况:

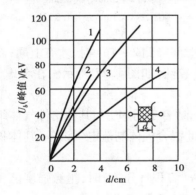

图 1.30 均匀场中不同介质沿面工频闪络电压

1—纯空气击穿;2—石蜡;3—陶瓷;
4—与电极接触不紧密的陶瓷

①固体介质处于均匀电场中,固、气体介质分界面平行于电力线,如图 1.29(a)所示。瓷柱的引入,虽未影响极板间的电场分布,但放电总是发生在瓷柱表面,且闪络电压比纯空气间隙的击穿电压要低得多。造成这种现象的原因是:第一,固体介质与电极吻合不紧密,存在气隙。由于空气的介电常数比固体介质低,气隙中场强比平均场强大得多,气体中首先发生局部放电。放电发生的带电质点到达固体介质表面,使原均匀电场畸变,变成不均匀电场,降低了沿面闪络电压,如图 1.30 中曲线 4 所示。第二,固体介质表面吸潮而形成水膜。水具有离子电导,离子在电场中受电场力作用而沿介质表面移动,在电极附近积聚起电荷,使介质表面电压不均匀,电极附近场强增强。因此沿面闪络电压低于纯空气间隙的击穿电压,

如图 1.30 所示。可见,沿面闪络电压和大气湿度及绝缘材料表面吸潮性有关。由图可知,瓷的闪络电压比石蜡的低,这是因为石蜡不易吸潮。第三,介质表面电阻分布不均匀,表面粗糙,有毛刺或损伤,都会引起沿介质表面分布不均匀,使闪络电压降低。

均匀电场中沿面放电现象在实际工程中较少。但人们常用改进电极形状的方法使电场接近均匀,如对圆柱形的支柱绝缘子,可采用环状附件改善沿面电压分布,使瓷柱处于稍不均匀场中,而具有类似均匀电场沿面放电的规律。

②固体介质在极不均匀电场中,电场强度具有较弱的垂直于表面的分量,如图 1.29(c)所示。

支柱绝缘子是一典型实例。此时,电极形状和布置已使电场很不均匀,因此,在不均匀电场中影响电场分布不均匀的因素对闪络电压的影响不如均匀场中显著,其他有关在均匀电场

中分析沿面放电的叙述,均可用来解释这类不均匀电场中的沿面放电,只是沿面闪络电压比纯空气间隙的击穿电压低得不多。为提高沿面放电电压,一般从改进电极形状以改善电极附近电场着手,具体见后。

③固体介质在极不均匀电场中,电场强度具有较强的垂直于表面的分量如图 1.29(b)所示。套管是一典型实例。

工程中具有这类结构的很多,它的闪络电压较低。下面就以套管为例分析沿面放电发展情况,如图 1.31 所示。

当电压较低时,由于法兰处的电场很强,首先在法兰边缘处出现电晕,如图 1.31(a)。随着电压升高,电晕向前延伸,逐渐形成具有辉光的细线状火花,如图 1.31(b)。细线火花放电通道中电流密度较小,压降较大,放电细线的长度随外加电压的升高而成正比地伸长。当电压继续升高,超过某一临界值后,放电性质发生变化。线状火花被电场法线分量紧紧地压在介质表面上,在切线分量作用下,线状火花与介质表面磨擦,又向前运动,

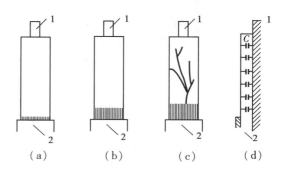

图 1.31　沿套管表面放电示意图
1—导杆;2—法兰

使表面局部发热。当电压增加而使放电电流增大时,在火花通道中个别地方的温度可能升得很高,可高到足以引起气体热游离的程度。热游离使通道中带电质点数目剧增,通道电导猛增。压降剧降,并使其头部场强增强,通道迅速向前发展,形成紫色、明亮的树枝状火花,这种树枝状火花此起彼伏,很不稳定,称为滑闪放电,如图 1.31(c)。因此,滑闪放电是以介质表面放电通道中发生了热游离作为内部特征的,其树枝状火花的长度,是随外加电压增加而迅速增长的。当滑闪放电的树枝状火花到达另一电极时就形成了全面击穿即闪络,电源被短接。此后依电源容量大小,放电可转入火花放电或电弧放电。由于电动力与放电通道发热的上浮力作用,可使火花或电弧离开介质表面,拉长熄灭。

由以上分析,放电转入滑闪放电阶段的条件是通道中带电质点剧增,流过放电通道中的电流经过通道与另一电极的电容构成通道,如图 1.31(d)所示。此时通道中的电流即通道中的带电质点的数目,随通道与另一电极间的电容量和电压速率加大而增大,前者用介质表面单位面积与另一电极的电容数值来表征,称为比电容 C_0(F/cm^2)。由于 C_0 的分流作用,套管表面各处电流不等,越靠近法兰电流越大,单位距离上压降也大,法兰处也就越容易发生游离,这就使套管表面的电压分布更不均匀。电压愈高,变化速度愈快,C_0 分流作用愈大电压分布愈不均匀,沿面闪络电压也就愈低。

1.3.2　影响沿面放电电压的因素

(1)电场分布情况和电压波形的影响

在均匀电场中或具有弱垂直分量的不均匀电场中,沿面闪络电压 U_f 与闪络距离近似成线性关系,如图 1.32,1.33 所示。在具有强垂直分量的不均匀电场中,直流电压下,沿面闪络电压 U_f 与闪络距离仍是线性关系,如图 1.34所示。但作用电压是工频、高频或冲击电压时,则

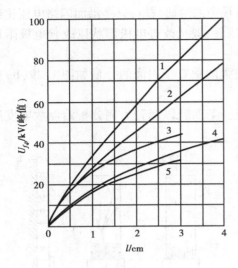

图 1.32　均匀电场沿玻璃表面空气中的
闪络电压与闪络距离的关系

1—纯气隙击穿；2—$f = 10^5$ Hz；

3—冲击电压；4—直流电压；

5—$f = 50$ Hz

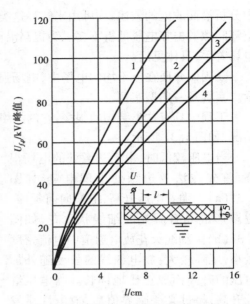

图 1.33　不均匀电场沿面闪络电压
与闪络距离的关系

1—纯空气隙；2—石蜡；

3—胶纸；4—陶瓷、玻璃

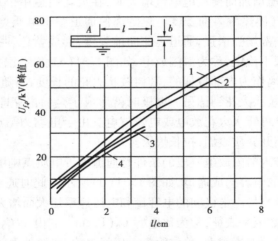

图 1.34　胶纸板的直流沿面闪络电压与闪络距离的关系

1,3—电极 A 为正；1,2—$b = 4$ mm；

2,4—电极 A 为负；3,4—$b = 1$ mm

随着沿面闪络距离的增长，沿面闪络电压的提高呈显著饱和趋势，如图 1.35 所示。这是因为闪络距离增长时，通过固体介质体积内的电容电流和漏导电流随之增长的速度很快，使沿面电压分布的不均匀程度增强，从而沿面闪络电压呈饱和趋势。

　　从图 1.32 中可见，沿面闪络电压与作用电压波形有关。由于离子移动、电荷积聚需要一定时间，因此沿面闪络电压在变化较慢的电压（如直流、工频）作用下的闪络电压比在变化较快的电压作用下的闪络电压要低。

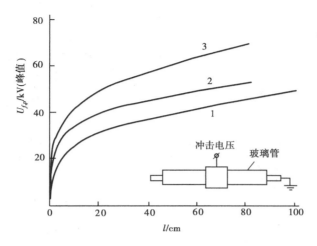

图 1.35　沿玻璃表面的冲击闪络电压与闪络距离的关系

玻璃管内、外径 ϕ_1/ϕ_2:

1—0.79/0.95;2—0.63/0.90;3—0.60/1.01

（2）介质材料的影响

介质材料的影响主要表现在介质表面的吸潮方面。吸潮性大的介质如玻璃、陶瓷比吸潮性小的介质如石蜡的沿面闪络电压低很多,但将玻璃、陶瓷烘干,则其沿面闪络电压可增高。

（3）气体状态的影响

和空气间隙一样,增加气体压力也能提高沿面闪络电压,但其程度不如纯气隙中显著。此时气体必须干燥,否则其相对湿度随气压增高而上升,介质表面凝聚水滴,沿面电压分布更不均匀,甚至出现高气压下的沿面闪络电压反而降低的现象。

其次,湿度对沿面闪络电压也有显著影响。在空气相对湿度低于 50% ~ 60% 时,沿面闪络电压受湿度影响较小,但当湿度大于 50% ~ 65% 时,表面吸附水分能力大的介质,闪络电压随湿度增加而显著下降。表面吸附水分能力大的介质（如陶瓷、玻璃）,受湿度的影响显著,其沿面闪络电压较纯空气间隙的击穿电压低很多;而表面吸附水分能力小的介质（如石蜡）,情况则相反。

温度影响同纯空气隙,但不如纯空气隙显著。

（4）电介质表面情况的影响

在户外工作的绝缘子或其他电气设备,如在运行过程中被雨水淋湿绝缘表面或表面受到脏污,沿面闪络电压都会急剧下降。下面分别讨论。

1）表面被雨淋湿的沿面放电

当固体绝缘表面被雨淋湿时,如图 1.36 所示,在其表面会形成一层导电性的水膜,放电电压迅速下降。为了防止这种状况,实际工程中的户外式绝缘子总是具有较大的裙边。下雨时仍淋湿裙边的上表面,上表面形成一层较厚的水膜,电导较大,裙边的下表面和金具表面 CBA' 不直接被雨淋湿,只是由落在下面一个绝缘子上的雨滴所溅湿,受湿程度较小,水膜不能贯通绝缘子的上下两极。这样,绝缘子总是存在一部分较干燥的表面,沿面闪络电压得以提高。

湿状态的绝缘子的闪络电压称为湿闪电压。以悬式绝缘子 X—4.5C 型为例,湿闪电压为

31

45kV,干状态下的闪络电压(称为干闪电压)为75kV,湿闪电压为干闪电压的60%,如图1.37所示。

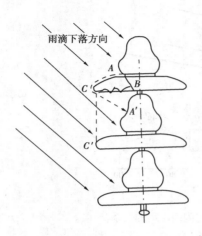

图1.36 雨淋时沿绝缘子串闪络情况

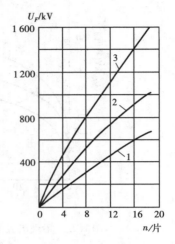

图1.37 悬式绝缘子串(X—4.5C)的放电特性
1—工频湿闪(eff);2—工频干闪(eff);
3—正极性1.5/40μs 冲击电压(干和湿)

雨水的特征,如雨量、雨水电导等,直接影响到沿淋雨表面放电过程的发展,且会使放电途径发生改变。如增加雨水电导,可使其沿绝缘表面发生放电,引起放电电压降低。因此,在进行湿闪试验时,试验条件应尽可能与实际运行情况相吻合。我国国家标准规定:雨量为每分钟3mm ±10%,雨水电阻率为10 000 ±5%Ω·cm,淋雨角度为45°,雨滴细小均匀连续,淋雨试验应在试品淋雨5min 之后加压。

在试验大气条件下,试验电压按下式计算:

$$U_s = U_{s0}\left(\frac{760 + p}{1\ 520}\right) \tag{1.17}$$

式中　U_{s0}——标准大气条件下外绝缘试验电压,kV;

　　　U_s——试验大气条件下淋雨状外绝缘试验电压,kV;

　　　P——试验大气压,mmHg

水温的影响已包含在雨水电阻率中,空气温度不考虑。

操作和雷电冲击电压下,表面淋雨对闪络电压的影响比工频电压下要小,工作时间越短,湿闪电压越接近于干闪电压,雷电冲击电压下的干、湿闪电压差别更小。

2)污秽的影响

电力系统中电气设备的外绝缘在运行中会受到工业污秽(化工、冶金、水泥、化肥等)或自然界盐、碱、飞尘等污秽的污染。干燥情况下,这些污秽物对绝缘子的沿面闪络电压没有多大的影响,但在毛毛雨、雾、露、雪等恶劣的气候条件下,会造成绝缘子沿面闪络电压下降,甚至可能在运行电压下绝缘子就发生闪络,引起线路跳闸,危及电力系统的安全运行。这种污闪事故一般为永久性故障,不能用自动重合闸消除,往往会引起大面积停电,检修恢复时间长,影响严重。据统计,污闪事故造成的损失已超过雷害事故。因此,研究污秽绝缘闪络,对大气脏污地区线路和变电所绝缘的设计与运行有很大意义。

运行中的绝缘子,在毛毛雨、雾、露等的作用下,其表面污秽层受潮湿润,在绝缘子表面形成导电水膜,表面电导大大增加,污层电导与污秽量、污秽中所含导电物质多少、污层吸潮性能的强弱、水分的导电性能等有关。表面电导增加,流过绝缘子表面泄漏电流急剧增大。由于绝缘子结构形状、污秽分布和受潮情况的不均匀等原因,表面各处电流密度不均匀,在铁帽和铁脚附近的电流密度最大,如图 1.37 所示。在这些地方,局部污层表面发热增大而被烘干,出现干燥区,电压降集中在此,易产生辉光放电。随着表面电阻增大,电压分布变化,最后形成局部电弧。局部电弧可能发展成整个绝缘子的闪络,也可能自行熄灭,取决于外加电压的高低和电弧中流过的电流。

当局部小弧产生时,局部电弧又迅速烘干邻近的湿润表面,并很快向前发展,此时,整个绝缘子表面可视为局部电弧燃烧与剩余湿润部分相串联,表面泄漏电流取决于电弧通道中的电导和剩余湿润层电导。

如果污秽较轻或绝缘子的泄漏距离较长或电源功率不足时,剩余湿润污层电阻较大,则干燥带上的电弧中电流较小,放电呈蓝紫色的细线状。当放电电弧长度延伸到一定程度时,如外施电压和电流不足以维持电弧燃烧,在交流电流过零时电弧熄灭。此时,干燥带已扩展到较大范围,使表面总的电阻增大,表面泄漏电流减小,烘干作用大为减弱。经过一些时间,干燥带又重新湿润,泄漏电流增大,又重复上述过程,整个过程就成为烘干与湿润、燃弧与熄弧间隙性交替的过程,表面泄漏电流具有跳变的特点。这样的过程可以持续几个小时而不发生整个绝缘子的全面闪络。

如果污秽严重或绝缘子泄漏距离较短,剩余湿润部分的电阻较小,流过干燥区中的局部电弧的电流较大,放电呈黄红色编织状,通道温度也增高到热游离程度,成为具有下降伏安特性的电弧放电。此时,通道所需场强变小,外施电压足以维持很长电弧燃烧而不熄灭。在合适条件下,电弧接通两极,形成表面闪络。

以上分析表明,沿脏污表面闪络的必要条件是局部电弧的产生,而流过污秽表面的泄漏电流足以维持一定程度的热游离是闪络的充分条件。因此,绝缘子污闪是绝缘子表面污层电导能力和电流流过污层引起的发热过程的联合作用。由此可见:

第一,增大绝缘子表面泄漏距离可以降低沿绝缘子表面的工作电位梯度,这实际上是增加了与局部电弧串联的湿润表面的电阻值,可以限制局部电弧中的电流,使电弧在连到另一极前就自动熄灭。

第二,污层电导愈大(电阻愈小),愈危险,故化工污秽和盐污是最严重的。

第三,在其他条件相同时,直径小的绝缘子,其表面电阻大,污闪电压高。

第四,污闪是热过程发展起来的。由局部电弧发展到全面闪络需较长时间,所以污闪通常发生在正常运行电压下。因此,污秽地区电网绝缘水平应根据工作电压下按污秽闪络条件来选择。

实际上影响绝缘子污闪的因素很多,污闪过程很复杂,且许多影响因素都是随机的,要确定各种影响因素,须要进行大量现场和实验室研究。归纳起来,有 3 个主要因素:作用电压、污秽程度和湿润强度。简述如下:

1)作用电压

由于绝缘子表面干燥过程和局部电弧发展到全面闪络需要较长时间,因此,短时电压作用下,放电来不及发展。故在雷电冲击电压作用下,绝缘子表面污秽不会对闪络电压造成多大影响,和表面干燥时的闪络电压一致,但会降低绝缘子串的操作冲击闪络电压。电力系统的操作过电压不能烘干湿润的污层,但能在干燥带上"点火",引起局部电弧,促使绝缘子污闪。试验结果表明,脏污能使绝缘子的操作冲击闪络电压显著下降,例如,4 片 XP—7 绝缘子组成的绝缘子串,表面清洁、淋雨时的操作冲击闪络电压约为 250kV,而表面脏污受潮时的操作冲击闪络电压只有 77kV。

在其他条件相同的情况下,直流电压作用时的积污程度比交流电压下的情况严重得多,且积污速度和积污程度与该处场强近似成正比。直流电压作用下,绝缘子的污闪性能又有其特点,须另行研究。

2)湿润程度

干燥污秽的电阻很大,通常不会降低绝缘子闪络电压,但空气相对湿度超过 50% ~70% 时,随着湿度增加,闪络电压迅速下降。雾、毛毛雨,持续时间长,湿度大,对污闪极为有利。运行经验表明,绝缘子污闪都发生在雾、露、毛毛雨等高湿度天气,但是在大雨时,雨水流动、下滴,会冲掉绝缘子表面污秽,闪络电压反而升高。

3)污秽程度

污秽强度对污闪电压的影响很大。绝缘表面积污量愈大,表面电导愈大,污闪电压愈低,特别是污秽中含有大量可溶性盐类或碱、酸的积污,使污闪电压降低更多。一些含可溶性盐类少且不粘附的积尘,只有严重污染时(几十 mg/cm^2)才有使绝缘子发生污闪的可能。运行中,这类污秽易被雨水冲掉,故对污闪电压影响较小。而一些粘附性强的积尘,如水泥厂的飞尘,不易清洗,使绝缘子表面粗糙,更易积污,对污闪电压影响较大。一般来说,绝缘子污秽闪络电压随污秽程度增加而降低,但严重污染时,下降已很缓慢了。

工程上表征绝缘子表面污秽程度的特征参数一般采用"污层等值盐沉积密度"。这是指与绝缘子表面单位面积上污秽物导电性相当的等值盐(NaCl)的毫克数(mg/cm^2)。等值是指这些量的盐溶于 300ml 容积的蒸馏水而形成的溶液的导电率相等。因此,等值盐沉积密度反映了污秽沉积层中可溶性物质的导电能力与数量。目前我国电力部门执行的《高压架空线路和发变电所电瓷外绝缘污秽分极标准》就是按污秽性质、污源距离、气象情况及等值盐密度分为不同等级的污秽地区,如表 1.4、1.5 所示。不同污区保证一定的泄漏比距(即绝缘子串总的泄漏距离与作用在绝缘子串上的最高电压之比,cm/kV)是防污闪的最根本、最重要的措施,在表 1.4、1.5 中同时列出了不同污秽等级时所要求的泄漏比距。

须要特别指出的是用等值盐沉积密度这一参数,能直观和简单地表达出绝缘子表面受污染的程度,且现场操作简单,曾得到广泛的应用。但进一步研究指出,用这种方法标定的等值盐在绝缘子上所产生的作用往往与被等值的该自然污秽所产生的作用有相当大的差异(即不等价),具有同一等值盐密,但其污秽的性质和状态不同的自然污秽绝缘子,其闪络电压也常有较大的差异。其原因为:

①有些自然形成的污层较厚,较坚实,在自然雾或雨下,很难使污层内部的可溶性物质溶解入绝缘子表面薄薄的一层水膜中,而我们在求其等值盐密时,却是将绝缘子表面的全部积污刮刷下来并溶于定量的水中,两者的作用有可能相差好几倍。

②自然污秽中含有多种成分,其中一部分是像 NaCl 那样的强电解质,而大部分则是像 $CaSO_4$ 那样的弱电解质。强电解质在实际遇到的较大的溶液浓度时,仍能充分离解,而弱电解质则不然,例如一定量的 $CaSO_4$ 在溶剂很少(如 10ml)时的离解度与溶剂很多(如 300ml)时的

离解度是大不相同的。曾对多条线路污秽性质不同的绝缘子,分别测其 10ml 和 300ml 水量下的等值盐密,后者与前者之比一般为 1.5 ~ 3.4,水泥污秽甚至高达 7.5。按规定,我们是以 300ml 溶剂来测定其等值盐密的,此时,不论是强或弱的电解质,均已能充分离解,测得的等值盐密就高;而实际自然情况却是:其溶剂仅仅是绝缘子表面薄薄的一层水膜,其量远小于 300ml,一般仅为 5 ~ 10ml,自然污秽中的弱电解质远不能充分离解,故实际起作用的等值盐密就低。

因此,国际电工委员会(IEC)推荐使用"污层电导率"这一参数来表征污秽强度。其含义为:在较低电压作用下,污秽绝缘子受潮时,测量表面污层电导,根据表面电导和绝缘子外形可计算得到污层电导率。它反映了绝缘子表面污层在受潮情况下的导电能力,对实际自然污层反映较好,与污闪电压有较好的相关关系。所以,IEC 用污秽电导率划分污区,我国准备向 IEC 标准接轨,有关标准也在研究中。

为了防止绝缘子发生污闪,通常须用以下措施:

①增加绝缘子片数或采用防污型绝缘子等,以增加绝缘子表面泄漏距离。

②定期清扫或更换绝缘子,制订合理的清扫周期。

③在绝缘子表面涂憎水性材料(如有机硅油、地蜡等),防止水膜连成一片,减小泄漏电流,提高污闪电压。

④采用半导体釉绝缘子,利用半导体釉层中的电流加热表面,使表面不易受潮,同时使电压分闪络电压提高,但半导体釉层易老化。

⑤采用合成绝缘子。

表 1.4　高压架空线路污秽分级标准

污秽等级	污秽条件		泄漏比距/(cm·kV⁻¹)	
	污 湿 特 征	盐 密/(mg·cm⁻²)	中性点直接接地	中性点非直接接地
0	大气清洁地区及离海岸 50km 以上地区	0 ~ 0.03	1.6	1.9
1	大气轻度污染地区或大气中等污染地区,盐碱地区,炉烟污秽地区,离海岸 10 ~ 50km 地区,在污闪季节中干燥少雾(含毛毛雨)或雨量较多	0.03 ~ 0.05	1.6 ~ 2.0	1.9 ~ 2.4
2	大气中等污染地区,盐碱地区,炉烟污秽地区,离海岸 3 ~ 10km 地区,在污闪季节中潮湿多雾(含毛毛雨)但雨量较少	0.05 ~ 0.10	2.0 ~ 2.5	2.4 ~ 3.0
3	大气严重污染地区,大气污秽而又有重雾的地区,离海岸 1 ~ 3km 地区及盐场附近重盐碱地区	0.10 ~ 0.25	2.5 ~ 3.2	3.0 ~ 3.8
4	大气特别严重污染地区,严重盐雾侵袭地区,离海岸 1km 以内地区	>0.25	3.2 ~ 3.8	3.8 ~ 4.5

表 1.5　发电厂、变电所污秽分级标准

污秽等级	污秽条件		泄漏比距/(cm·kV⁻¹)	
	污湿特征	盐密/(mg·cm⁻²)	中性点直接接地	中性点非直接接地
1	大气无明显污染地区;或大气轻度污染地区,在污闪季节中干燥少雾(含毛毛雨)或雨量较多	0～0.03	1.7	2.0
2	大气中等污染地区,沿海地区及盐场附近,在污闪季节中干燥多雾(含毛毛雨)且雨量较少	0.03～0.25	2.5	3.0
3	大气严重污秽地区,严重盐雾地区	＞0.25	3.5	4.0

1.3.3　提高沿面放电电压的措施

(1)屏障

从沿面放电产生的原因及过程可知,在固体介质上沿电场等位面方向安放突出的棱边(称为屏障),棱边缘与等位面平行,如图 1.39 所示,可以阻止带电质点在固体介质表面运动时从电场获得能量,从而阻止放电发展,增长闪络距离,提高闪络电压。现代绝缘子主要是应用屏障的原理构造的。

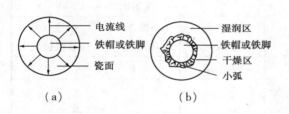

图 1.38　绝缘子铁帽或铁脚附近电流分布
(a)及烘干区局部电弧示意图(b)
(a)瓷面;(b)干燥区电弧

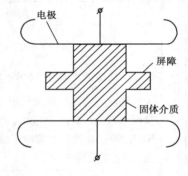

图 1.39　屏障示意图

(2)屏蔽

改进电极形状,可以改善电极附近电场,使沿固体介质表面的电位分布均匀,减小其最大电位梯度,也可以提高沿面闪络电压。电力系统中支撑高压配电装置和许多高压电器带电部分的支柱绝缘子,就是屏蔽的具体应用。高压架空线路上悬式绝缘子上的附加金具就是屏蔽的延伸。

由于绝缘子的金属部分与接地铁塔或带电导体间有电容存在,使得绝缘子串电压分布不均匀,如图 1.40 所示。绝缘子串越长,电压分布就越不均匀。一般靠近高压侧的第一个绝缘子电压降最高,可能会发生电晕。盘式绝缘子的电晕起始电压为 22～25kV,在 220kV 及以上的线路中,绝缘子串就可能在工作电压下发生电晕。采用均压环,增加绝缘子对导线电容,可

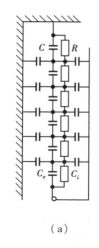
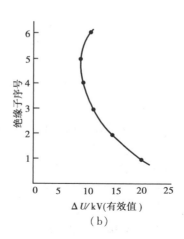

（a）　　　　　　　　　　　　　（b）

图 1.40　绝缘子串的等值电路和电压分布

C_e—对地电容；C_i—对高压导线电容；C—绝缘子的等值电容

（a）绝缘子串等值电路；（b）电压分布

改善电压分布。220kV 的线路中,虽有电晕,但在运行中绝缘子表面可能因电晕形成半导体薄膜,使第一片绝缘子上电压有所下降,电压分布均匀一些。而悬式绝缘子开始工作时电压允许达到 25～30kV,因此,一般地区 220kV 及以下的输电线路绝缘子串都不采用均压环。但对超高压系统,绝缘子串很长,安装均压环可改善电压分布,且闪络前的电晕效果不够强,还能提高沿面闪络电压。因此 330kV 及以上的线路中必须安装均压环。

在静电加速器、串接高压试验变压器等设备中,常常在高压绝缘筒上围以若干环形电极,分别接到分压器或电源的某些抽头上,以强制固定电位,使沿绝缘筒上电压分布均匀,不易发生沿面闪络。

（3）表面处理

绝缘子表面受潮,会使其闪络电压大大降低,而受潮程度与介质的吸潮性有关。陶瓷、玻璃等介质,虽不吸水和不透水,但它们都是离子型电介质,具有较强的亲水性,易在表面形成完整的水膜,增大表面电导,劣化其绝缘性能;以纤维素为基础的有机绝缘物,具有很强的吸水性,受潮后,绝缘性能大为恶化。在陶瓷、玻璃绝缘表面可以作憎水处理,使表面不易吸潮,即使受潮,也不易形成连续水膜;或采用含多种硅有机化合物的合成材料,因为它们具有较好的憎水性,机械强度好,直径可以较小,重量轻,体积小,具有很好的使用前途。

（4）应用半导体涂料

在法兰附近介质表面涂以半导体漆或釉,以减小该处的表面电阻,抑制沿面放电的发展。在高压电机绕组出槽处和电缆头盒处得到广泛的应用。

（5）阻抗调节

采用附加金具可使沿绝缘子的电压分布得到改善,但效果不够满意。根本的方法是适当调节单元绝缘子阻抗,使每个绝缘子本身的导纳大体相等,且远大于对地、对高压导线侧的导纳,这样沿串电压分布就比较均匀。例如,前面的半导体釉绝缘子就是一个应用。还可以加大瓷件厚度,采用相对介电常数小的材料,以调节绝缘子阻抗。

复习思考题

1.1 气体放电的汤逊理论与流注理论的主要区别在哪里？它们各自的适用范围如何？

1.2 在气体放电中，形成先导过程的条件是什么？

1.3 在不均匀电场中气体间隙放电的极性效应是什么？

1.4 什么是电晕放电？它有何效应？试列举工程上所采用的各种防晕措施。

1.5 标准大气条件下气隙中的起晕电压约为多少？

1.6 试述设计输电线路时对电晕损耗的考虑。

1.7 工频有效值500kV悬空电极的曲率半径应不小于多少才能避免发生电晕？

1.8 国家标准对各种试验电压波形的要求是怎样的？为什么要这样规定？

1.9 什么是气隙的伏秒特性？它是如何制作的？

1.10 试了解下列绝缘结构的伏秒特性(大致形状和趋势)，并相互比较之。
　　　空气隙:棒-棒、棒-板、平行导线之间、导线对平行平板、球-球。

1.11 标准大气条件下，下列气隙的击穿场强约为多少(气隙距离不超过2m，电压均以峰值计)？
　　　a)均匀电场，各种电压。
　　　b)不均匀电场，最不利的电场情况，最不利的电压极性时；直流电压、雷电冲击、操作冲击、工频电压。

1.12 为什么SF_6气体绝缘大多只在均匀电场和稍不均匀电场下应用？最经济适宜的气压范围约为多少？采用更高气压时，应注意哪些问题？

1.13 试小结各种提高气隙击穿电压的方法，并指出适用于何种条件？

1.14 在其他条件相同的情况下，为什么沿面闪络电压比纯空气间隙的击穿电压低？

1.15 为什么说用"污层电导率"来反映绝缘子受污染程度比用"等值盐密"更为合理？不同等级的污染地区要求外绝缘的泄漏比距各为多少？

1.16 试小结提高沿面放电电压的各种方法，并指出适用于何种条件。

第 2 章

液体和固体介质的绝缘强度

绝缘介质除气体外,还有液体、固体。液体绝缘介质,除了做绝缘外,还常做载流导体或磁导体(铁心)的冷却剂,在开关电器中可用作灭弧材料。固体介质可作为载流导体的支撑或作为极间屏障,以提高气体或液体间隙的绝缘强度。因此,对液体、固体物质结构以及它们在电场作用下所产生的物理现象进行研究,能使我们了解并确定它们的电气强度及其他性能。在本章中主要介绍液体、固体介质的电气性能和击穿机理以及影响其绝缘强度的因素,从而了解判断其绝缘老化或损坏程度,合理地选择和使用绝缘材料。研究绝缘材料在电场作用下的物理现象是高压电气设备绝缘的基础知识。

2.1 介质的极化、电导和损耗

2.1.1 电介质的极化

(1)介质的极化和相对介电常数

正常情况下,任何电介质都是呈中性的。但在电场作用下,其电荷质点就会沿电场方向产生有限的位移,这种现象称为电介质的极化。

图 2.1 为一平板电容器,极板面积为 A,距离为 d,电极间所加电压为直流电压 U。当极板间为真空时,电压 U 对真空电容器充电,极板上出现电荷为 Q_0。此时电容器的电容值 C_0 为:

$$C_0 = \frac{Q_0}{U} = \frac{\varepsilon_0 A}{d} \qquad (2.1)$$

式中　A——极板面积,cm^2;

　　　d——极板距离,cm;

　　　ε_0——真空的介电常数,8.86×10^{-14} F/cm

然后将一块厚度与极间距离 d 相同的固体介质放于电极间,施加同样电压,测得极板上的电荷增加

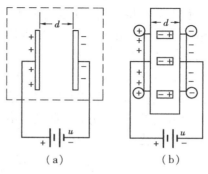

图 2.1　介质极化示意图
(a)极板部为真空;(b)极板部放入介质

到 $Q = Q_0 + \Delta Q$，这就是由电介质极化造成的。因为在外加电压作用下，介质中的正、负电荷产生位移，形成电矩，在极板上另外吸住了一部分电荷 ΔQ，所以极板上电荷增加了。此时电容值 C 为：

$$C = \frac{Q}{U} = \frac{(Q_0 + \Delta Q)}{U} = \frac{\varepsilon A}{d} \tag{2.2}$$

式中　ε——介质的介电常数

显然，$C > C_0$。

定义：

$$\varepsilon_r = \frac{C}{C_0} = \frac{(Q_0 + \Delta Q)}{Q} = \frac{\varepsilon A/d}{\varepsilon_0 A/d} = \frac{\varepsilon}{\varepsilon_0} \tag{2.3}$$

称为相对介电常数。它是充满介质时的几何电容和真空时的静电电容的比值。各种气体的 ε_r 均接近于 1，而常用的液固体介质的 ε_r 则各不相同，多在 2 ~ 6 之间，且和温度、电源频率的不同而各不相同，并和各种极化形式有关。

(2)极化的形式

极化的类型很多，基本形式有以下几种：

1)电子式位移极化

任何介质都是由原子组成，原子为带正电荷的原子核和带负电荷的外层电子组成，其电荷量相等，且正负电荷作用中心重合，对外不显电性。而在外电场作用下，原子外层电子轨道相对于原子核产生位移，其正、负电荷作用中心不再重合，对外呈现出一个电偶极子的状态，如图 2.2 所示。这就是电子式位移极化。

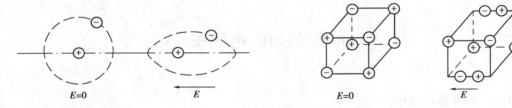

图 2.2　电子式极化　　　　　　图 2.3　离子式极化

电子式位移极化存在于一切介质中。它有以下特点：形成极化所需时间很短，约 10^{-14} ~ 10^{-15} s，在各种频率下都可能发生，故 ε_r 与外加电源频率无关；它具有弹性，当外施电压去掉后，正、负电荷的相互吸引力又可使极化原子恢复到原有状态，因是弹性的，故无能量损耗；温度对电子式极化的影响极小，ε_r 随温度上升略有降低，但工程上可忽略温度的影响。

2)离子式位移极化

固体有机化合物多属离子式结构，如云母、陶瓷、玻璃等材料。在无外电场时，正、负离子对称排列，各离子对的偶极矩互相抵消，故平均偶极矩为零。在外电场的作用下，正、负离子将发生相反方向的偏移，使平均偶极矩不再为零，而形成电矩，对外呈现出电性，如图 2.3 所示。

离子式极化与电子式极化一样，也属弹性极化，极化过程的时间较电子式极化稍长，为 10^{-12} ~ 10^{-13} s，几乎无损耗。因此，在一般使用的频率范围内，ε_r 与频率无关。

温度对离子式极化的影响，存在着相反的两种因素：即离子是结合力随温升升高而降，使极化程度增强；但温度升高，离子密度减小，极化程度降低。其中以第一种因素影响较大，所以其 ε_r 一般具有正的温度系数。

3）偶极子极化

偶极子是正、负电荷作用中心不重合的分子，分子的一端呈正电荷，另一端呈负电荷，分子本身就是一个永久性的偶极矩。如图 2.4 所示。由这种永久性的偶极子构成的介质叫极性介质。例如蓖麻油、氯化联苯、橡胶、胶木、纤维素等均是常用的极性绝缘材料。单个偶然极子虽具有极性，但无电场时，整个介质分子处于不停的热运动状态，宏观上是正负电荷是平衡的，对外不显电性。在外电场的作用下，原来混乱分布的极性分子沿电场方向作定向排列，因而呈现出极性。

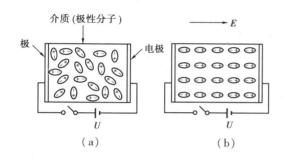
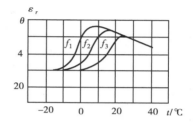

图 2.4　偶极子极化
（a）无外电场时；（b）有外电场时

图 2.5　苏伏油的 ε_r 与温度、频率的关系
$f_1 < f_2 < f_3$

偶极子极化是非弹性的，因为极化时极性分子旋转时克服分子间的吸引力而消耗的电场能量在复原时不可能收回；极化所需时间较长，为 $10^{-10} \sim 10^{-2}$s。因此，极性介质的 ε_r 与电源频率有较大的关系，随频率的增高而上升，频率很高时，偶极子来不及转向，因而其 ε_r 减小，如图 2.5 所示，给出了极性液体-苏伏油（氯化联苯）的相对介电常数 ε_r 与频繁的关系。图中 $f_1 < f_2 < f_3$。

从图可见温度对极性介质的 ε_r 有很大影响。温度升高时，分子间联系减弱，转向容易，极化加强；但分子热运动加剧，妨碍它们有规律地运动，这又使极化减弱。所以极性电介质的 ε_r 最初随温度或高而增加，以后当热运动变得较强烈时，ε_r 又随温度升高而减小。

综上所述，可知：

①气体介质由于密度很小，也即单位体积内所含分子的数目很少，所以不论是非极性气体还是极性气体，其 ε_r 均很小，在工程上可近似地认为其等于1。

②液体介质可分为非极性、极性与强极性 3 种。非极性（或弱极性）液体的 ε_r 在 $1.8 \sim 2.5$，变压器油等矿物油属此类。极性液体的 ε_r 在 $2 \sim 6$，如蓖麻油、氯化联苯即属此类。强极性液体的 ε_r 很大（$\varepsilon_r > 10$），如酒精、水等，但这类液体介质的电导也很大，所以不能用做绝缘材料。

③固体介质的情况比较复杂。用作高压设备绝缘材料的极性介质（如酚醛树脂、聚氯乙烯等），非极性介质（聚乙烯、聚苯乙烯等），以及离子介质（如云母、陶瓷等），其 ε_r 约在 $2 \sim 10$ 的范围内，还有一些 ε_r 很大的固体介质，如钛酸钡等，$\varepsilon_r > 1\,000$，不能用做绝缘材料。

一些电介质的相对介电常见表 2.1。

表2.1　几种电介质的相对介电常数和电导率

材料类别		名称	相对介电常数 ε_r（工频,20℃）	电导率(20℃,$\Omega^{-1}\cdot cm^{-1}$)
气体介质(标准大气条件)		空气	1.000 59	
液体介质	弱极性	变压器油	2.2	$10^{-12}\sim10^{-15}$
		硅有机油类	2.2~2.8	$10^{-14}\sim10^{-15}$
	极性	蓖麻油	4.5	$10^{-10}\sim10^{-12}$
固体介质	中性	石蜡	1.9~2.2	10^{-16}
		聚苯乙烯	2.4~2.6	$10^{-17}\sim10^{-18}$
		聚四氯乙烯	2	$10^{-17}\sim10^{-18}$
	极性	松香	2.5~2.6	$10^{-15}\sim10^{-16}$
		纤维素	6.5	10^{-14}
		胶木	4.5	$10^{-13}\sim10^{-14}$
		聚氯乙烯	3.3	$10^{-15}\sim10^{-16}$
		沥青	2.6~2.7	$10^{-15}\sim10^{-16}$
	离子性	云母	5~7	$10^{-15}\sim10^{-16}$
		陶瓷	6~7	$10^{-15}\sim10^{-16}$

4)夹层极化

以上是单一介质的情况。在高压设备中,常应用多种介质绝缘,如电缆、电容器、电机和变压器绕组等,两层介质中常夹有油层、胶层等,这时在介质的分界面上产生"夹层极化"现象。这种极化过程特别缓慢,且有能量损耗,属有损极化。

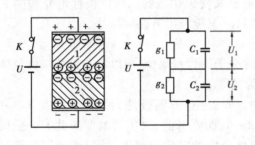

图2.6　夹层极化现象

以平板电极间的双层介质为例说明夹层极化,如图2.6所示。在图中,每层介质的面积及厚度均相等,外电压为直流电压 U_0。在合闸瞬间,两层之间的电压 U 与各层的电容成反比(突然合闸的瞬间相当于很高频率的电压),即

$$\left.\frac{U_1}{U_2}\right|_{t=0}=\frac{C_2}{C_1} \tag{2.4}$$

到达稳定时,各层电压与电阻成正比,即与电导成反比。

$$\left.\frac{U_1}{U_2}\right|_{t=\infty}=\frac{G_2}{G_1} \tag{2.5}$$

如介质是单一均匀的,则 $\varepsilon_{r1}=\varepsilon_{r2}$,$C_1=C_2$,$G_1=G_2$,则

$$\left.\frac{U_1}{U_2}\right|_{t=0}=\left.\frac{U_1}{U_2}\right|_{t=\infty} \tag{2.6}$$

即合闸后,两层介质之间不会产生电压重新分配过程。

如介质不均匀，即 $\varepsilon_{r1} \neq \varepsilon_{r2}$，$C_1 \neq C_2$，$G_1 \neq G_2$，则

$$\left.\frac{U_1}{U_2}\right|_{t=0} \neq \left.\frac{U_1}{U_2}\right|_{t=\infty} \tag{2.7}$$

合闸后，两层介质之间有一个电压重新分配的过程。也即 C_1、C_2 上电荷要重新分配。设 $C_1 > C_2$，$G_1 < G_2$，则在 $t = 0$ 时，$U_1 < U_2$；$t \rightarrow \infty$ 时，$U_1 > U_2$。即 $t = 0$ 以后，随时间 t 的增大，U_1 逐渐增大而 U_2 逐渐下降（因为 $U_1 + U_2 = U$ 是一个常数）。也即 C_2 上一部分电荷要通过 G_2 放掉，而 C_1 要从电源再吸收一部分电荷，这一部分电荷称为吸收电荷。由于夹层的存在，使得在介质分界面上出现吸收电荷，整个介质的等值电容增大，这一过程称为吸收过程。吸收过程完毕，极化过程结束，因而该极化称为夹层极化。吸收过程要经过 C_1、C_2 和 G_1、G_2 进行，其放电时间常数为 $\tau = (C_1 + C_2)/(G_1 + G_2)$。由于电导 G 的数值很小，因而时间常数 τ 很大，极化速度非常缓慢。当介质受潮，电导增大，τ 将大大降低。假如外加电压频率高，因电荷来不及动作而无此极化。同样道理，去掉外加电压之后，介质内部电荷释放也是十分缓慢的。因此，对使用过的大电容量设备，应将两极短接充分放电，以免过一定时间后吸收电荷陆续释放出来，危及人身安全。

夹层极化是有能量损耗的，且是非弹性的。

（3）讨论介质极化在工程实际中的意义：

①选择电容器中的绝缘材料时，在相同耐电强度的情况下，要选择 ε_r 大的材料，以使电容器单位容量的体积、重量减小；在其他绝缘结构里，希望材料的 ε_r 要小些，如电缆，以减少工作时的充电电流，如电机定子绕组出口槽和套管情况，以提高交流下沿面放电电压。

②在使用组合绝缘时，要注意各种材料的 ε_r 的适当配合，否则会降低整体绝缘的绝缘能力。如图 2.7 所示，设有厚度为 d_1、d_2 的两种材料 1、2，其介电常数分别为 ε_1、ε_2，电容量 C_1、C_2。当施加交流电压 U 后，若略去材料的电导不计，则有：

$$\frac{U_1}{U_2} = \frac{C_2}{C_1} = \frac{\varepsilon_2 d_1}{\varepsilon_1 d_2}$$

$$U_1 + U_2 = U$$

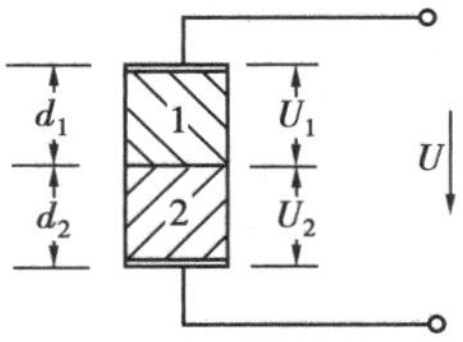

图 2.7　双层电介质

由此可得：

$$U_1 = (\varepsilon_2 d_1 U)/(\varepsilon_1 d_2 + \varepsilon_2 d_1)$$
$$U_2 = (\varepsilon_1 d_2 U)/(\varepsilon_1 d_2 + \varepsilon_2 d_1)$$

而 $E_1 d_1 = U_1$，$E_2 d_2 = U_2$

所以　　　　$E_1 = (\varepsilon_2 d_1)/(\varepsilon_1 d_2 + \varepsilon_2 d_1)$　　　　$E_2 = (\varepsilon_1 d_2)/(\varepsilon_1 d_2 + \varepsilon_2 d_1)$

则

$$\frac{E_1}{E_2} = \frac{\varepsilon_2}{\varepsilon_1} \tag{2.8}$$

由式（2.8）可知，双层串联介质结构中的电场强度是不相同的，与绝缘材料的介电常数成反比，即在介电常数小的材料中承受较大的电场强度。如果绝缘中存在气泡，由于气体的 ε_r 是最小的，所以气泡将承受较大的电场强度，首先在气泡处发生游离，引起局部放电，使整体材料的绝缘能力降低。利用式（2.8）所示特性，可以改善电缆中的电场分布。在电缆心处使用 ε_r 较大的材料，可减小电缆心处场强，电缆中电场分布均匀一些，从而提高整体的耐电强度。

③材料的介质损耗与极化形式有关，而介质损耗是影响绝缘劣化和热击穿的一个重要因素。

④在绝缘预防性试验中,夹层极化现象可用来判断绝缘受潮情况。在使用电容器等大电容量设备时,须特别注意吸收电荷对人身安全的威胁。

2.1.2 电介质的电导

任何电介质都不是理想的绝缘体,在它们内部总有一些联系较弱的带电质点存在。在外电场作用下,这些带电质点作定向运动,形成电流。因而任何电介质都具有电导。

(1)泄漏电流和绝缘电阻

在电介质上加上直流电压,初始瞬时由于各种极化的存在,流过介质的电流很大,之后随时间而变化。经过一定时间后,极化过程结束,流过介质的电流趋于一定值I,这一稳定电流称为泄漏电流,与之相应的电阻称为电介质的绝缘电阻R_∞。

$$R_\infty = \frac{U}{I} \tag{2.9}$$

这个电阻值包括了绝缘介质的体积绝缘电阻和表面绝缘电阻

$$R_\infty = \frac{R_1 R_2}{R_1 + R_2} \tag{2.10}$$

式中 R_1——体积绝缘电阻;

R_2——表面绝缘电阻。

介质的绝缘电阻或介质电导决定了介质中的泄漏电流。泄漏电流大,将引起介质发热,加快绝缘介质的老化。因此,一般所指泄漏电流是流过介质内部的泄漏电流,相应的绝缘电阻是体积绝缘电阻,以此来反映介质内部的情况,由于表面电阻受外界的影响很大,因此在工程上测量绝缘电阻时,应在测量回路中加以辅助电极,使表面泄漏电流不通过测量表。以后如不加以特殊说明,绝缘电阻均指体积绝缘电阻。

介质电导是离子电导,比金属电导小得多。这种电导一般包括两个方面:一是介质分子中的带电质点在热运动和电场作用下离解成自由质点,沿电场方向作定向运动而形成电导;二是介质中的杂质在电场作用下离解成沿电场方向运动而形成的电导。介质电导的大小与带电质点的密度、速度、电荷量、外施电场有关。温度越高,参与漏导的离子越多,即电导电流越大。因此,介质电阻具有负的温度系数,与金属电阻相反。当介质中出现自由电子构成的电子电流时,表明介质即将击穿或已击穿,此时介质不能再作绝缘体,这时绝缘电阻值将急剧下降。

电介质的绝缘电阻随温度上升而增大,近似于指数关系:

$$R_{it} = R_0 e^{\alpha t} \tag{2.11}$$

式中 R_0——温度为0℃的绝缘电阻;

R_{it}——温度为t℃的绝缘电阻;

α——温度系数,根据不同的设备、材料和结构的试验来确定。

(2)电介质的电导电流

在图2.8(a)所示电路中加上直流电压,流过介质的电流变化情况。如图2.8(b)所示,它是由3部分组成:i_1为纯电容电流分量,由电极间几何电容C_0以及介质中的无损极化决定,故又称为几何电流,其存在时间很短,很快衰减到零;i_2由介质的有损极化过程所决定,其存在时间较长,可达数分钟到数十分钟,它与时间轴的所夹面积即为吸收电荷;i_3是泄漏电流,又称为电导电流,不随时间而变,与绝缘电阻相对应,服从欧姆定律。因此,流过介质的总电流为:$i =$

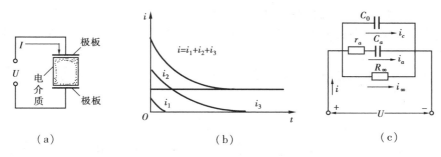

图 2.8　电介质中的电流及其等效电路

（a）在电荷介质上施加直流电压；（b）流过电介质中的电流；（c）介质等值电路

$i_1 + i_2 + i_3$。据此可画出介质等值电路如图 2.8（c）所示，其中 C_0 为纯电容支路，代表介质的几何电容及无损极化过程，流过的电流 $i_c = i_1$；r_a，C_a 代表有损极化电流支路，流过电流 $i_a = i_2$；R_∞ 代表电导电流支路，流过的电流为 $i_\infty = i_3$。

（3）工程介质电导的性质

1）气体介质电导

在工程中使用得最多的是空气，其带电质点来源主要有两方面：一是外界紫外线、宇宙射线等照射，产生游离；二是在强电场作用下，气体中电子的碰撞游离。空气中电流和电压的关系如图 1.1 所示。

当外加电压小于击穿场强时，空气的电导率是很小的，为 $10^{-15} \sim 10^{-16}$（$\Omega^{-1} \cdot cm^{-1}$），故是良好的绝缘体。气体电导主要是电子电导。

2）液体介质电导

液体介质中形成电导电流的带电质点主要有两种：一是构成液体的基本分子或杂质离解而成带电质点，构成离子电导。二是由于相当大的带有电荷的胶体质点构成电泳电导。中性和弱极性液体，在纯净时，电导很小，而当含有杂质和水分时，其电导显著增加，绝缘性能下降，其电导主要由杂质离子构成。极性和强极性液体介质，其分解作用很强，离子数多，电导很大，一般情况下，不能作绝缘材料。可见，液体的分子结构、极性强弱、纯净程度、介质温度等对电导影响很大，各种液体电介质的电导可能相差悬殊，工程上常用的变压器油、漆和树脂等都属于弱极性。表 2.1 中同时列出了常用的几种介质的电导率。

3）固体介质电导

固体介质电导分为离子电导和电子电导两部分。离子电导很大程度取决于介质中所含杂质，特别是对中性及弱极性介质，杂质离子起主要作用。当电场很高时，由于碰撞游离和阴极电子发射，电子电导急增，预示绝缘接近击穿。

固体介质的表面在干燥、清洁时，其电导很小，故其表面电导主要是附着于介质表面的水分与其他污物引起的，此外与介质本身性质有关。对中性和弱极性介质（如石蜡、聚苯乙烯、硅有机物等），水分在其上不能形成连续水膜，故表面电阻较高，电导较小，称这类介质为憎水性介质。极性介质（如云母、玻璃等），很容易吸附水分，形成边疆水膜，表面电导较大，且与湿度有关，称这类介质为亲水性介质。对多孔性介质，其表面、体积电阻均小，如纤维材料就属于这类。

（4）讨论电介质电导的意义

①在绝缘预防性试验中，以绝缘电阻值判断绝缘是否受潮或有其他劣化现象。测量绝缘

电阻,实际上就是测量介质在直流电压作用下的电流。对于干燥、完整良好的绝缘,其电流很小,绝缘电阻值很高;而受潮、含有杂质或存在贯穿性损伤后,极化加强,吸收电流、电导电流增大,绝缘电阻显著下降。

由于介质存在吸收现象,在试验中把加压60s测量的绝缘电阻与加压15s测量的绝缘电阻的比值称为吸收比,即

$$K = \frac{R_{60''}}{R_{15''}} \tag{2.12}$$

根据吸收比的大小,可以有效地判断绝缘的好坏。如良好、干燥的绝缘,吸收电流较大($R_{15''}$较小),K值较大;受潮或有缺陷的绝缘,吸收比较小。

②多层介质在直流电压下,电压分布与电导成反比,故设计用于直流的设备要注意所用介质的电导,应使材料使用合理。

③设计时要考虑绝缘的使用环境,特别是湿度的影响。有时需要作表面防潮处理,如在胶布(或纸)筒外表面刷环氧漆,绝缘子表面涂硅有机物或地蜡等。

④非所有的情况下均要求绝缘电阻值高,有些情况下要设法减小绝缘电阻值。如在高压套管法兰附近涂半导体釉,高压电机定子绕组出槽口部分涂半导体釉等,都是为了改善电压分布。以消除电晕。

2.1.3 电介质的损耗

(1)电介质损耗及介质损失角正切

介质在电压作用下有能量损耗。一种是电导引起的损耗;另一种是由有损极化引起的损耗。在直流电压下,由于无周期性极化过程,因此,当外施电压低于发生局部放电电压时,介质中损耗仍由电导引起,此时用绝缘电阻这一物理量就足以表达,而在交流电压下,除了电导损耗外,还由于存在周期性极化引起的能量损耗,因此,引入介质损耗这一新的物理量来表示。定义为:在交流电压下,介质的有功功率损耗为介质损耗。

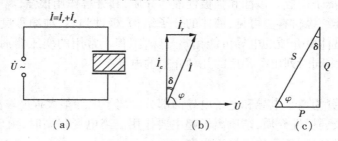

图2.9 介质在交流电压作用时的电流相量图及功率三角形
(a)接线图;(b)相量图;(c)功率三角形

图2.9所示电路中,在介质两端施加交流电压$\dot{U}$,由于介质中有损耗,电流$\dot{i}$不是纯电容电流,可分为两个分量:

$$\dot{i} = \dot{i}_r + \dot{i}_c \tag{2.13}$$

式中 $\dot{i}_r$——有功电流分量;

$\dot{i}_c$——无功电流分量。

电源提供的视在功率为：

$$S = P + jQ = UI_r + jUI_c \qquad (2.14)$$

由图 2.9 所示的功率三角形可见，介质损耗为：

$$P = Q\tan\delta = U^2\omega C\tan\delta \qquad (2.15)$$

用介质损耗 P 来表示介质品质好坏是不方便的，因为从式(2.15)中可以看出，P 值与试验电压的平方和电源频率成正比，与试品尺寸、放置位置有关，不同试品之间难以进行比较。而当外加电压和频率一定时，P 与介质的物理电容 C 成正比，对一定结构的试品而言，电容 C 是定值，P 与 $\tan\delta$ 成正比，故对同类试品绝缘的优劣，可直接用 $\tan\delta$ 来代替 P 值，对绝缘进行判断。因此，定义 δ 为介质损失角，它是功率因数角 φ 的余角。介质损失角正切值 $\tan\delta$，如同 ε_r 一样，仍取决于材料的特性，而与材料尺寸无关，可以方便地表示介质的品质。

有损介质可以用一个无损耗的理想电容和一个有效电阻并联或串联来表示，如图 2.10 所示。

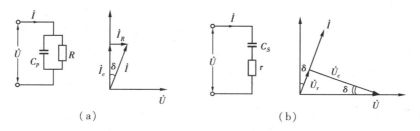

图 2.10　有损介质的等值电路和相量图
(a)并联等值电路；(b)串联等值电路

从图(a)中可得：

$$\tan\delta = \frac{I_R}{I_c} = \frac{U/R}{U\omega C_p} = \frac{1}{\omega C_p R} \qquad (2.16)$$

$$P = \frac{U^2}{R} = U^2\omega C_p\tan\delta \qquad (2.17)$$

从(b)中可得：

$$\tan\delta = \frac{U_r}{U_c} = \frac{Ir}{I/\omega C_s} = \omega C_s r \qquad (2.18)$$

$$P = I^2 r = \frac{U^2 r}{r^2 + (1/\omega C_s)^2} = \frac{U^2\omega^2 C_s^2 r}{1 + (\omega C_s r)^2} = \frac{U^2\omega C_s\tan\delta}{1 + \tan^2\delta} \qquad (2.19)$$

但所述等值电路只有计算上的意义，不能确切地反映介质的物理过程。如果损耗主要是由电导引起的，常使用并联等值电路，如果损耗主要是由介质极化及连接导线引起的，则常应用串联等值电路。但要注意其中参数不同，由式(2.17)和式(2.19)可得：

$$C_p = \frac{C_s}{1 + \tan^2\delta} \qquad (2.20)$$

因此，在测量 $\tan\delta$ 时设备的电容量计算公式与采用哪一种等值电路有关。但由于绝缘的 $\tan\delta$ 一般很小，$1 + \tan^2\delta \approx 1$，故 $C_p \approx C_s$，此时，并、串联等值电路的介质损耗表达式可用同一公式表示：$P = U^2\omega C\tan\delta$。

实际上电导损耗和极化都是存在的，介质的等值电路应用图 2.8 中所示，用三支路并联等值电路来等值。

(2) 影响 $\tan\delta$ 的因素

影响 $\tan\delta$ 的因素主要有温度、频率和电压等。

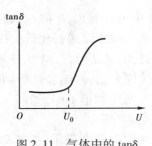

图 2.11　气体中的 $\tan\delta$
与电压的关系

气体介质的损耗除了有电导、极化两种以外，还有气体游离引起的损耗。当场强不足以产生碰撞游离时，气体中的损耗主要是由电导引起的，损耗极小（$\tan\delta < 10^{-8}$），所以常用气体（如空气，N_2，CO_2，SF_6 等）作为标准电容器的介质。当外施电压 U 超过起始放电电压 U_0 时，将发生局部放电，损耗急剧增加，如图 2.11 所示，这种现象在高压输电线上表现得极为突出，称为电晕放电。

在固体介质中含有气泡时，气泡在高压下会发生游离，并使固体介质逐渐劣化。所以常用浸油、充胶等措施来消除固体介质中的气泡。对于固体介质与金属电极接触处的空气隙，则经常用适中的方法，使气隙内场强为零。如 35kV 瓷套内壁上涂半导体釉。通过弹性铜片与导电杆相连；高压电机定子线圈槽内绝缘外包半导体层后，再嵌入槽内等。

中性或弱极性液体介质的损耗主要来源于电导，损耗较小，损耗与温度的关系也和电导相似。

极性液体（如蓖麻油、氯化联苯等）以及极性与中性液体的混合物（如电缆胶，由松香和变压器油混合而成）都具有电导和极化损耗，故损耗与温度、频率都有关系。如图 2.12 所示。当温度 $t \leq t_1$ 时，由于温度很低，故电导和极化损耗均较小，随着温度升高，两种损耗均增大，到 t_1 时达到最大。在 $t_1 < t < t_2$ 范围内，由于分子热运动加剧，妨碍偶极子转向极化，极化损耗减小，极化损耗的减小比电导损耗的增加更快，故总的 $\tan\delta$ 随温度升高而下降，在 $t = t_2$

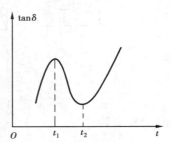

图 2.12　极性液体介质 $\tan\delta$
与温度的关系

时，出现极小值。$t > t_2$ 后，电导损耗占主导地位，$\tan\delta$ 又重新随温度升高而增加。

电压频率对 $\tan\delta$ 的影响很大，且与绝缘材料性质有关。随着频率增加，介质中离子往复运动的速度增快，损耗加大，但频率过高偶极子转向来不及跟随电压的变化，损耗反而下降。要使极化充分，必须升高温度以减小粘度。在电力系统中电源频率固定为 50Hz，一般频率只有很小变化，可视为对 $\tan\delta$ 无影响。

固体介质的情况比较复杂。根据其结构，可分为分子式结构、离子式结构、不均匀结构和强极性介质 4 类。强极性介质在高压设备中一般不采用。

分子式结构中有中性和极性两种。中性介质如石蜡、聚乙烯、聚苯乙烯、聚四氯乙烯等，其损耗主要由电导引起，通常很小，在高频下也可使用。极性的纤维材料——纸、纤维板等和含有极性基的有机材料——聚氯乙烯、有机玻璃、酚醛树脂、硬橡胶等，此类介质的 $\tan\delta$ 与温度、频率的关系与极性液体相似，$\tan\delta$ 值较大，高频下更为严重。

离子式结构的介质，其 $\tan\delta$ 与结构特性有关。结构紧密的不含杂质的离子晶体，如云母，其 $\tan\delta$ 主要是由电导引起，$\tan\delta$ 极小，且云母的电气强度高，耐热性能好，耐局部放电性能也好，故云母是优良的绝缘材料，在高频下也可使用。结构不紧密的离子结构中，有极化损耗，故

介质的 $\tan\delta$ 较大,玻璃、陶瓷属此类,但随成分和结构的不同,$\tan\delta$ 相差悬殊。

在不均匀结构的介质,在工程上常常遇到,如电机绝缘中使用的云母制品和广泛使用的油浸纸、胶纸绝缘等,其损耗取决于各成分的性能和数量间比例。不均匀介质损耗是很复杂的,但它又具有很大的现实意义。目前尚无完整的、系统的理论来说明各种复杂的物理过程。但夹层极化这类有损极化是产生损耗的重要原因。一般这种损耗较大,是占整体损耗的主要部分。

(3)讨论介质损耗的意义

①设计绝缘结构时,应注意到绝缘材料的 $\tan\delta$ 值。若 $\tan\delta$ 过大会引起严重发热,使材料劣化,甚至可能导致热击穿。

②用于冲击测量的连接电缆,其 $\tan\delta$ 必须要小,否则冲击电压波在其中传播时将发生畸变,影响测量精度。

③在绝缘试验中,$\tan\delta$ 的测量是一项基本测试项目。当绝缘受潮劣化或含有杂质时,$\tan\delta$ 将显著增加,绝缘内部是否存在局部放电,可通过测 $\tan\delta \sim U$ 的关系曲线加以判断。

④用做绝缘材料的介质,希望 $\tan\delta$ 小。在其他场合,可利用 $\tan\delta$ 引起的介质发热,如电瓷泥坯的阴干需较长时间,在泥坯上加适当的交流电压,则可利用介质损耗发热,加速干燥过程。

2.2　液体介质的击穿

2.2.1　液体介质的击穿机理

对液体介质的击穿可分为两种情况。

对于纯净的液体介质,其击穿强度很高。在高电场下发生击穿的机理有各种理论,主要分为电击穿理论和气泡击穿理论,前者以液体分子由电子碰撞而发生游离为前提条件,后者则认为液体分子由电子碰撞而发生气泡,或在电场作用下因其他原因发生气泡,由气泡内气体放电而引起液体介质的热击穿。

纯净液体电介质的击穿场强虽然很高,但其精制、提纯极其复杂,而且设备在制造及运输中又难免产生杂质,所以工程上使用的液体中总含有一些杂质,称为工程纯液体,可用小桥理论说明其击穿过程。例如变压器油常因受潮而含有水分,并有从固体材料中脱落的纤维,它们对油的击穿过程都有影响。由于水和纤维的介电常数非常大,在电场作用下,它们易极化,沿电场方向排列成杂质"小桥"。当小桥贯穿两极时,则由于水分及纤维等的电导大,引起流过杂质小桥的泄漏电流增大,发热增多,促使水分汽化,形成气泡;既使是杂质小桥未连通两极,由于纤维的存在,可使纤维端部油中场强显著增高,高场强下油发生游离分解出气体形成气泡,而气体的 ε_r 最小,分担的电压最高,其击穿场强比油低得多。所以气泡首先发生游离放电,游离出的带电质点再撞击油分子,使油又分解出气体,气体体积膨胀,游离进一步发展;游离的气泡不断增大,在电场作用下容易排列成连通两极的气体小桥时,就可能在气泡通道中形成击穿。

小桥理论虽不能作定量估计,但有实验依据,可以解释工程纯液体的许多现象。

目前最常用的液体介质主要是从石油中提炼出来的矿物油,广泛地应用在变压器、断路器、套管、电缆和电容器等设备中,分别称为变压器油、电容器油。由于矿物油的介电常数低,易老化,会燃烧,有爆炸危险等,所以国内外正致力于研究将硅油、十二烷基苯等绝缘介质用于高压电力设备中。

2.2.2 影响液体介质击穿的因素和改进措施

从小桥理论可以看出,液体介质的击穿过程比较复杂,影响因素较多,各种影响因素的变动很大,击穿电压的分散性大。但实验表明,同一试品的多次试验电压平均值和最小值仍较稳定。下面以应用最广泛的变压器油为例说明几种主要的影响因素。

(1)油品质的影响

从小桥理论可知,液体介质的击穿,首先是由于液体中含有杂质,在电场作用下,杂质形成杂质小桥,使液体介质抗电强度下降。因此,液体中所含杂质成分及数量对液体介质中的击穿电压有显著影响。杂质的影响要以水分,特别是含水纤维影响最为严重。

水分如果溶解于液体介质中,对击穿电压的影响不大。水分在液体中如呈悬浮状态,则在电场作用下被拉长,有相当数量的水分时,易形成小桥使击穿电压显著下降,在一定温度下,液体中只能含有一定量的水分,过多的水将沉于容器底部,因此水分增多,击穿电压下降是有限的。而当纤维吸收水分后,易形成小桥,对击穿电压的影响就特别明显,如图 2.13,2.14 所示。此外还有放电所产生的碳粒和氧化所生成的残渣等,会使得电场变得不均匀,还可附着于固体表面,降低沿面放电电压。油中溶解的气体一遇温度变化或搅动就易释出,形成气泡。这些气泡在较低的电压下可能游离,游离气泡的温度升高而蒸发,沿电场方向也易形成小桥,导致击穿电压下降。即使是溶解于液体中的气体,也会使液体逐渐氧化、老化,粘度降低。电场越均匀,杂质的影响越大,击穿电压的分散性也越大。在不均匀电场中,因为场强高处发生了局部放电,使液体产生了的扰动,杂质不易形成小桥,其影响较小。

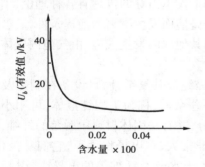

图 2.13　在标准油杯中变压器油
的工频击穿电压和含水量的关系

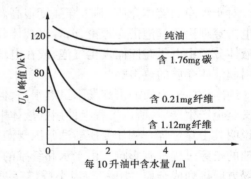

图 2.14　水分、杂质对变压器油
击穿电压的影响

(2)温度的影响

液体介质的击穿电压与温度的关系较复杂。受潮的油的击穿电压随温度升高而上升,如图 2.15 所示。其原因是由于油中悬浮状态的水分随温度升高而转入溶解状态,以致受潮的变压器在温度较高时,击穿电压可能出现最大值。而当温度更高时,油中所含水分汽化增多,在油中产生大量气泡,击穿电压反而降低。干燥的油受温度影响较小。

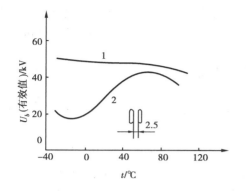

图 2.15　变压器油工频击穿电压与温度的关系
1—干燥的油；2—潮湿的油

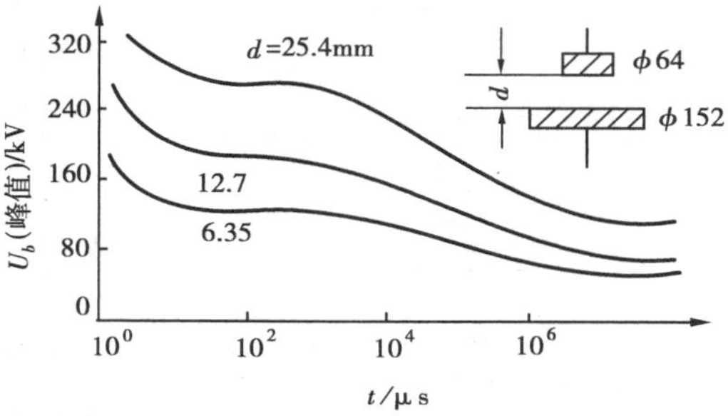

图 2.16　变压器油的击穿电压与
电压作用时间的关系

（3）电压作用时间的影响

油的击穿电压与电压作用时间有关。由于油的击穿电压需要一定的时间（杂质小桥形成需要时间，气体逸出需要时间），所以油间隙击穿电压会随所加电压时间的增加而下降，如图 2.16 所示。

当电压作用时间较长时，油中杂质有足够时间在间隙中形成杂质小桥，击穿电压下降。电压作用时间较短时，杂质小桥来不及形成小桥，击穿电压显著提高。作用时间愈短，击穿电压愈高。经长时工作后，由于油劣化、脏污等原因，击穿电压缓慢下降，油不太脏时，1min 的击穿电压和长时间作用下的击穿电压相差不大，故变压器油做工频耐压试验时加压时间通常为 1min。

（4）电场均匀程度的影响

油的纯度较高时，改善电场的均匀程度能有效地提高工频或直流击穿电压，但在较脏的油中，杂质的积聚和排列已使电场畸变，电场均匀的好处并不明显。在受到冲击电压作用时，由于杂质小桥不易形成，则改善电场均匀程度能提高冲击击穿电压。

因此，考虑油浸式绝缘结构时，如在运行中能保持油的清洁，或绝缘结构主要承受冲击电压的作用，则尽可能使电场均匀，反之，绝缘结构如果长期承受运行电压的作用，或在运行中易劣化或老化，则可以使用不均匀电场，或采用其他措施来减小杂质的影响。

（5）压力的影响

工程用变压器油，当压力增大时，其工频击穿电压会随之升高，如图 2.17 所示。因为压力增加，气体在油中的溶解度增大，且气泡的起始放电电压也提高。祛气后，压力的影响减小。

由此可见对液体介质的击穿电压影响最大的是杂质。因此，液体介质中应尽可能除去杂质，提高并保持液体品质。通常通过标准油杯试验来检查油的品质。我国试验用的标准油杯电极的尺寸如图 2.18 所示。其电极由黄铜棒车制而成，圆盘直径 25mm，油间隙为 2.5mm，外壳为绝缘制品。平板电极间电场均匀，因而油中稍有

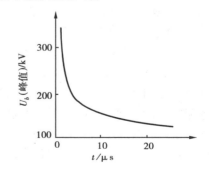

图 2.17　变压器油工频击穿
电压与压力的关系

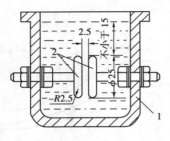

图 2.18 标准油杯
1—绝缘外壳；2—黄铜电极

受潮、含杂质，击穿电压将明显下降。因此，油杯试验得到的油的耐压强度只能作为对油品质的衡量标准，不能作为计算不同条件下油间隙的耐受电压。油的品质高低主要用来判断油中所含杂质情况。我国规程规定用来灌注高压电力变压器等设备的变压器油，在油杯试验中的工频击穿电压要求在 25～40kV 以上（与设备的额定电压有关），灌注高压电缆和电容器的用油，在油杯中的工频击穿电压常要求在 50 或 60kV 以上。为了减少杂质，提高油的品质，最常用的方法是过滤。用滤纸过滤可除去油中的纤维和部分水分，运行中也常用过滤的方法来恢复油的绝缘强度。对浸在油中的绝缘件，浸油前烘干；或在空气进口处采用带干燥器的呼吸器；或以真空注油，防潮和祛气。此外，还在绝缘结构上采用覆盖或绝缘层和屏障等，以减小杂质的影响，提高油间隙和击穿电压。

在电场中曲率半径小的电极上，覆盖以薄电缆纸、黄蜡布或涂漆膜，称为覆盖层，如图2.19所示。覆盖层虽然很薄（零点几毫米以下），但它能限制泄漏电流，阻止杂质小桥与电极接触，限制其形成和发展，使工频击穿电压显著提高，放电分散性降低。例如在均匀电场中击穿电压可提高 70%～100%，在极不均匀电场中也可提高 10%～15%，因此，在充油设备中极少采用裸导体。

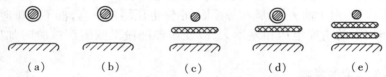

图 2.19 油-屏障绝缘
(a)覆盖层；(b)绝缘层；(c)屏障；(d)覆盖加屏障；(e)多层屏障

在极不均匀电场中曲率半径小的电极上包缠较厚（可达几毫米）的电缆纸或黄蜡布、皱纹纸等固体绝缘层，称为绝缘层。如图 2.19(b)所示。它既可像覆盖层那样减小油中杂质的影响，又可承担一定电压，使该电极附近油中的最大场强降低，提高整个间隙的工频及冲击击穿电压。例如，变压器引线对箱壁间的油间隙为 100mm 时，当引线包以 3mm 厚绝缘层后，击穿电压较裸线时可提高一倍左右。变压器中的线盘及静电板上加绝缘层，充油套管导电杆上包绝缘层也是这一个道理。

在油间隙中放置尺寸圈套、厚度常为 1～3mm 的层压纸隔板或层压布板屏障，称为极屏障，如图 2.19(c)所示。它的作用是既能阻止小桥的形成，又有屏障作用。当曲率半径小的电极其附近因电场强而先发生游离时，游离出的离子积聚在屏障一侧，使屏障与另一电极间的电场变得均匀了。所以在极不均匀场中屏障效果最显著，稍不均匀场中的作用主要是阻止杂质小桥的形成，有屏障时可使平均击穿电压比无间隙时提高约 25% 以上。所以充油套管、多油断路器、变压器等充油设备中都广泛采用了油-屏障绝缘。

将油间隙用多重屏障分隔成许多较短的油间隙，如图 2.19(e)所示，则击穿电压可以明显提高，但在长期电压作用下抗局部放电的能力差，且细而长的油间隙中油的对流困难，不利于散热，因此，障间隙距离不宜太小，我国生产的电力变压器已广泛采用了这种小油道绝缘结构，可大大缩小变压器的尺寸。

2.3　固体介质的击穿

2.3.1　固体介质的击穿机理

固体介质的击穿电压与外施电压作用时间长短有密切关系,其击穿电压随电压作用时间的缩短而迅速上升到其上限——固有击穿电压。固体介质一旦击穿后,便丧失了绝缘性能,有了固有导电通道,即使去掉外施电压,也不像气体、液体介质那样能自己恢复绝缘性能,固体介质这类绝缘称为非自恢复绝缘。

固体介质的击穿可分为电击穿、热击穿、电化学击穿。

(1)电击穿

在强电场作用下,介质内的少量自由电子得到加速,产生碰撞游离,使介质中带电质点数目增多,导致击穿,这种击穿称为电击穿。其特点是:击穿过程极短,为 $10^{-6} \sim 10^{-8}$ s;击穿电压高,介质温度不高;击穿场强与电场均匀程度关系密切,与周围环境温度无关。

(2)热击穿

当固体介质受到电压作用时,由于介质中发生损耗引起发热。当单位时间内介质发出的热量大于发散的热量时,介质的温度升高。而介质具有负的温度系数,这就使电流进一步增大,损耗发热也随之增大,最后温升过高,导致绝缘性能完全丧失,介质即被击穿。这种与热过程相关的击穿称为热击穿。当绝缘原来存在局部缺陷时,则该处损耗增大,温升增高,击穿就易发生在这种绝缘局部弱点处。热击穿的特点是:击穿与环境有关,与电压作用时间有关,与电源频率有关,还与周围媒质的热导、散热条件及介质本身导热系数、损耗、厚度等有关。击穿需要较长时间,击穿电压较低。

(3)电化学击穿

电气设备在运行了很长时间后(数十小时甚至数年),运行中绝缘受到电、热、化学、机械力作用,绝缘性能逐渐变坏,这一过程是不可逆的,称此过程为老化。使介质发生老化的原因是:局部过热,高电压下由于电极边缘,电极和绝缘接触处的气隙或者绝缘内部存在的气泡等处发生局部放电,放电过程中形成的氧化氮、臭氧对绝缘产生腐蚀作用;同时,游离产生的带电质点也将碰撞绝缘,造成破坏作用,这种作用对有机绝缘材料(如纸、布、漆、油等)特别严重;局部放电产生时,由于热的作用还会使局部电导和损耗增加,甚至引起局部烧焦现象;或介质不均匀及电场边缘场强集中引起局部过电压。以上过程可能同时作用于介质,导致绝缘性能下降,以致绝缘在工作电压下或短时过电压下发生击穿,称此击穿为电化学击穿。

实际上,电介质击穿往往是上述 3 种击穿形式同时存在的。一般来说,tanδ 大、耐热性能差的介质,处于工作温度高,散热又不好的条件下,热击穿的几率就大些。至于单纯的电击穿,只有在非常纯洁和均匀的介质中都有可能;或者电压非常高而作用时间又非常短,如在冲击电压下的击穿,基本上属电击穿。电击穿的击穿强度比热击穿高,而电化学击穿则决定于介质中气泡和杂质。因此固体介质的击穿电压分散性较大。

2.3.2　影响固体介质击穿的因素和改进措施

影响固体介质击穿的因素比较多,主要有以下几种因素:

(1)电压作用时间

外施电压作用时间对击穿电压的影响很大。以常用的电工纸板为例,击穿电压与外施电压作用时间的关系如图 2.20 所示。在图中较宽的区域(A 区)击穿电压与电压作用时间无关,只在时间小于微秒级时击穿电压才升高,这与气体放电的伏秒特性相似。A 区属电击穿范围,这是因为此时电压作用很短,热和化学的作用尚不起作用。在 B 区属热击穿。电压作用时间较长时,热的过程起决定性作用。电压作用时间越长,其击穿电压越低。在使用时应注意,很多有机绝缘材料的短时电气强度很高,而其耐局部放电性能往往很差,以致长时间电气强度很低。在不可能用油浸等方法来消除局部放电的绝缘结构中(如高压电机),则需要采用特别耐局部放电的无机绝缘材料(如云母等)。

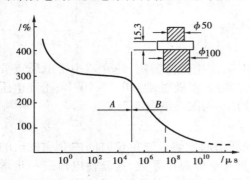

图 2.20　电工纸板的伏秒特性

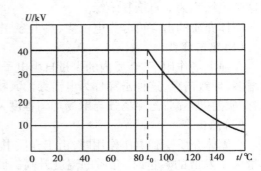

图 2.21　工频下电瓷的击穿电压与温度的关系

(2)温度

如图 2.21 所示。当 $t < t_0$ 时,击穿电压很高,且与温度几乎无关,属电击穿;在 $t > t_0$ 时,周围温度越高,散热条件越差,热击穿电压就越低。不同材料的转折温度 t_0 不同,即使同一介质材料,厚度越大,散热越困难,t_0 就越低,即在较低温度时就出现热击穿。因此,应改善绝缘的工作条件,加强散热冷却,防止臭氧及有害气体与绝缘介质接触等。

(3)电场均匀程度

均匀致密的介质,在均匀电场中的击穿电压较高,且与介质厚度有直线关系;在不均匀电场下,击穿电压随介质厚度增加而下降,当厚度增加时,散热困难,可能出现热击穿,故增加厚度的意义更小。实际工程中使用的固体介质往往很不均匀致密,即使处于均匀电场中,由于含有气泡和杂质或其他缺陷都将使电场畸变,气泡中先行游离,也会逐渐损害到固体介质。因此,经过干燥、浸油、浸胶等工艺过程可使固体介质除去气泡、杂质可以提高其电气强度,在绝缘材料组合上,使各部分尽可能合理承担电压。

(4)受潮

介质受潮后击穿电压迅速下降,对易吸潮的纤维影响特别大。因此,高压的绝缘结构在制造中要注意除去水分,在运行中注意防潮,并定期检查受潮情况。

(5)累积效应

在不均匀电场中,当外施电压较高而作用时间较短时,特别是在雷电等冲击电压作用下,虽然已发生较强的局部放电,但由于电压作用时间较短,尚未形成贯穿的放电通道,只是在介质内形成局部损伤或不完全击穿;在多次冲击或工频试验电压下,一系列的不完全击穿将导致介质的完全击穿,反映出随着施加冲击或工频试验电压次数增多,固体介质的击穿电压将下降的现象,称为累积效应。在绝缘设计时必须考虑这一效应,给予一定的裕度。

(6)机械负荷

固体介质在使用时可能受到机械负荷的作用,使介质发生裂缝,其击穿电压显著降低。例如,悬式绝缘子工作时受机械和电的作用,故出厂前要经机电负荷联合试验。

此外,有机固体介质在运行中因热、化学等作用,可能变脆、开裂或松散,失去弹性,击穿电压、机械强度都要下降很多。因此,电气设备要注意散热,避免过负荷运行。

2.4　绝缘介质的其他特性

以上讨论的是介质在电场作用下的极化、电导、损耗、击穿等电气性能。除了电气性能外,在实际使用时,介质的其他性能也是很重要的。

2.4.1　热性能

电气设备在运行中,导体或磁性材料所发的热都要传到介质中,并且其自身也因损耗而发热。设备工作在高温环境中,其绝缘介质的工作温度由其耐热性能决定的。所谓的电介质耐热性能是保证运行可靠而不产生热损坏的最高允许温度。温度过高,会引起热击穿;有机材料在高温下易氧化、分解,性能劣化。考虑到电介质运行时的安全裕度,其工作温度不应超过最高容许温度。根据绝缘介质的耐热性能,确定其工作温度,并划分为几个耐热等级,如表2.2所示。

表2.2　绝缘材料的耐热等级

耐热等级	O	A	E	B	F	H	C
允许长期使用的最高温度/℃	90	105	120	130	155	180	>180

使用温度如超过表2.2中所规定的温度,则绝缘材料迅速劣化,寿命大大缩短。如A级绝缘温度如超过8℃,则寿命缩短一半左右,这通常称为热劣化的8℃规则。对其他各级绝缘有相应的温度,如B级绝缘约为10℃,H级绝缘约为12℃。

一些材料在低温下使用时,常发生固化、变脆或开裂,所以对运行在低温环境下的设备,也要注意其耐寒性。如选择变压器油时要注意其凝固点应低于环境的最低温度。变压器油的牌号10#,25#,40#分别表示其凝固温度为 -10℃ , -25℃ , -40℃ 。

耐弧性能对可能发生沿面闪络的情况尤为重要。有的材料难经受电弧的高温作用而不破坏,有的会留下烧伤的痕迹,有的则会被电弧完全破坏。所以,须根据工作条件选择材料。

脆性材料(如玻璃、陶瓷、硬塑料等)在骤冷骤热的温度下,由于材料内外层间温差和不均匀地膨胀(或收缩)能形成裂缝,这种性质称为耐热冲击稳定性,对户外装置是很重要的。例如,电瓷的出厂试验中,就有冷热试验项目。

材料的导热性能,与材料的热击穿强度及其稳定性等关系很大,常用的大部分绝缘材料的导热系数比金属小得多,液体的远比固体、气体的更小。

其他还有固体的软化点,液体的粘度等也都属于热性能参数。

2.4.2 机械性能

绝缘材料有脆性、塑性和弹性材料3种,其机械性能相差很大。应注意:各种材料的抗拉、抗压和抗弯强度可能相差很大,如瓷的抗压强度比抗拉、抗弯强度高得多。所以在进行绝缘结构设计时,必须根据受力情况,选择适当材料,充分发挥此材料强度的特点。在选择材料时,还须注意材料的形变性能,如作为标准电容器的支柱如选用较软材料时,电容量将难以保证。

2.4.3 吸潮性能

吸潮性直接影响到绝缘的电导和损耗,从而影响到绝缘的耐电强度。对运行于湿度大的地区的电气设备,选用材料时应注意选用吸潮性小的材料或对材料作防潮处理。

2.4.4 生化性能

化学性能主要是指材料的化学稳定性,如固体介质的抗腐蚀性(氧、臭氧、酸、碱、盐等的作用)和抗溶剂的稳定性(耐油性、耐漆性等),液体介质的抗氧化性(液体酸价等)应根据工作条件予以重视,工作在湿热地区的绝缘还应注意其抗生物性(霉菌、昆虫的危害等)。

复习思考题

2.1 试比较电介质中各种极化的性质。

2.2 极性液体或极性固体电介质的介电常数与温度、电压频率的关系如何? 为什么?

2.3 试将下列常用电介质按极性强弱分类(中性、弱极性、强极性),并指出它们在常温、工频电压下的介电常数约为多少?

气体类:N_2,O_2,H_2O,CH_4,CO_2,SF_6,空气

液体类:纯水、酒精、变压器油、蓖麻油、硅油、电缆油

固体类:电瓷、玻璃、云母、石板、石棉;木材、棉纱、丝绸、纸、天然橡胶、松香、石蜡、沥青、油浸纸、聚乙烯、聚丙烯、聚苯乙烯、聚四氯乙烯、聚氧乙烯、酚醛树脂、环氧树脂、有机玻璃、酚醛纸板、环氧玻璃布板、虫胶漆膜、硅有机漆膜、硅有机橡胶

2.4 电介质电导的本质是什么? 高压电气设备的绝缘电阻对应的电流是什么电流?

2.5 什么叫介质损失?

2.6 电介质的等值电路是什么样的? 某些电容量较大的设备如电容器、长电缆、大容量电机等,经高电压试验后,其接地放电时间要求长达 $5\sim10\min$,为什么?

2.7 工程纯液体的击穿过程是什么样的?

2.8 小结提高液体介质击穿电压的各种方法。

2.9 影响固体介质击穿的因素有哪些?

第3章

电气设备绝缘试验

　　工程上的电介质在电场作用下的主要物理现象如极化、电导、损耗和击穿在前面已经进行了讨论。有些现象尚未能从理论上得到圆满的解释,这样在很大程度上要依靠试验技术进行解释和判断。同时,为了保证电气设备的安全运行,需对设备进行各种试验。通过试验,掌握电气设备绝缘的情况,保证产品的质量或尽早发现绝缘缺陷,从而进行相应的维护与检修,防患于未然,以保证设备的安全运行。电气设备的出厂试验、安装时的交接试验和运行中定期进行的预防性试验,都是为了这一目的。

　　电气设备的绝缘缺陷一般可分为两类:第一类是集中性缺陷。这是指电气设备在制造过程中形成的绝缘局部缺损(例如,固体介质中含气泡、杂质等);在运输或运行中绝缘受到局部损伤,如电缆中含有气泡发生局部放电而损坏;由机械损伤而受潮等。这一类绝缘缺陷在一定条件下会发展扩大,波及整体。第二类是分布性缺陷。这是指高压电气设备整体绝缘性能下降,如电机、变压器等绝缘全面受潮、老化、变质等。

　　绝缘内有了缺陷后,其特性往往要发生变化。因此,可以通过试验测量绝缘的特性及其变化,把隐藏的缺陷查出来,以判断绝缘状况。高压绝缘的试验方法很多,可分为两类:一类是非破坏性试验,或称为检查性试验或称为特性试验。它是指较低电压下或用其他不损伤绝缘的方法来测定电气设备绝缘的某些特性及其变化情况,从而判断在加工制造过程和运输、运行过程中出现的绝缘缺陷;另一类是破坏性试验或称为耐压试验。它是模拟设备在运行过程中实际可能碰到的危险的过电压状况,对绝缘加上与之等价的高电压来进行试验,从而考核绝缘的耐电强度。这类试验对绝缘的考核是严格的,能揭露那些危险性较大的集中性缺陷,它能保证绝缘有一定的绝缘水平或裕度,但在试验中可能对绝缘造成损伤或击穿,因而称之为破坏性试验。为了避免在试验中损坏设备,破坏性试验是在非破坏试验之后进行。如果在非破坏性试验时已发现绝缘有不正常情况存在,则须查明原因并消除后,方可进行耐压试验。由于放电理论不够完善,还不能从检查性试验中推导得出绝缘的击穿电压是多少,因此必须进行耐压试验,才能最终判断电气设备能否继续投入运行,所以,两者是相辅相成的。

　　非破坏试验的方法很多,如测量绝缘电阻及泄漏电流、介质损耗、局部放电、色谱分析、X射线及超声波探测绝缘缺陷等。各种方法对不同的绝缘材料和结构型式的有效性各不相同,能够判断的绝缘缺陷也各不相同。在具体判断某一电气设备的绝缘状况时,应根据多种非破坏性试验的结果,注意与历史资料并与同类设备进行比较,才能进行综合判断,才能较为确切地判断绝缘缺陷。

随着电力系统电压等级的不断提高,各种非破坏性试验的带电试验法、非电量测试法等得到了很快发展。对于综合判断设备的绝缘状况、及时发现绝缘缺陷是极为有利的,可以提高综合判断的可靠性。

3.1 绝缘电阻及吸收比的测量

最简单而常用的是绝缘电阻的测量,即测量被试品的绝缘电阻。

3.1.1 吸收比的测量

当直流电压加在电介质上时,通过它的电流可包含 3 部分:纯电容电流、吸收电流和泄漏电流。其中,纯电容电流衰减很快,吸收电流衰减较慢,与介质的有损极化有关,泄漏电流与时间无关,与之相对应的介质电阻就是绝缘电阻。

对单一的介质,在直流电压作用下,电流很快达到稳定,所以测量这类绝缘体的绝缘电阻时,也很快地达到稳定值。

高压工程上用的绝缘,有很多是多层绝缘(如变压器、电缆、电机等)。多层绝缘介质在直流电压作用下,有前述的吸收现象,即电流随加压时间延长而逐渐减小,最后趋于一恒定值(泄漏电流)。因此,多层绝缘介质的绝缘电阻,也将随时间变化而变化,随时间而变化的关系可作为判断绝缘状态的依据。对于大电容量设备,这一现象更为明显。当设备绝缘状况良好时,吸收过程进行得慢,泄漏电流小,绝缘电阻大;绝缘受潮严重,或有集中性的导电通道时,吸收过程快,泄漏电流大,绝缘电阻小。因此,可根据的绝缘电阻的变化情况来判断绝缘的状况。为方便计算,在试品上加一定电压,绝缘电阻与电流成反比,用绝缘电阻来判断设备绝缘状况;为反映电流的变化,用吸收比反映吸收过程。吸收比 K 是加压 60s 时的绝缘电阻与 15s 时的绝缘电阻的比值,即 $K = R_{60''}/R_{15''}$,它与设备尺寸无关,可有利于反映绝缘状态。当绝缘受潮严重或有集中性的导电通道时,K 接近于 1。例如,对于干燥的发电机定子绕组,在 10~30℃ 时吸收比远大于 1.3;若受潮严重,则绝缘电阻值显著降低,吸收电流衰减迅速,使 $R_{60''}$ 与 $R_{15''}$ 的比值大大下降,$K \approx 1$。如 $K < 1.3$,则可判断绝缘可能受潮。对大电容量的设备,还可采用 10min 和 1min 时的绝缘电阻之比,即 $R_{10'}/R_{1'}$。

有些绝缘内部某些集中性缺陷已发展得很严重,以致在耐压试验中被击穿,但耐压试验前的绝缘电阻值和吸收比均很高,因为这些缺陷虽然严重,但还没有贯穿。因此,只凭绝缘电阻的测量来判断绝缘状况是不可靠的。但它简单、有一定效果,故使用十分普遍。

3.1.2 绝缘电阻的测量

工程上常用兆欧表(又称摇表)进行测量。以加压 60s 后兆欧表的读数为该试品的绝缘电阻。

兆欧表结构如图 3.1 所示。M 为手摇发电机,其电源电压有 500V,1 000V,2 500V。对额定电压为 1 000V 以上的电气设备进行试验,用 2 500V 的兆欧表;对 1 000V 及以下设备常用 1 000V 的兆欧表。兆欧表的外部有 3 个接线端子:线路端(或称为火线端)L,接地端 E,屏蔽端

G。被试品接入 L 和 E 之间。兆欧表的内部有两个绕向相反的线圈 L_A（电流线圈），L_V（电压线圈）固定在同一个转轴上，并处于一永久磁场中。转轴上带有指针，可一同旋转。由于没有弹簧游丝，故无反作用力矩，当线圈中无电流通过时，指针可取任一位置。

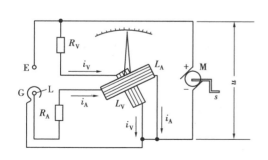

图 3.1　兆欧表原理接线图

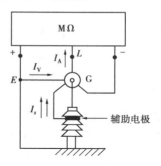

图 3.2　用辅助电极排除表面
泄漏电流的接线图

当 L, E 两端头间开路时，摇动手柄，电流线圈 L_A 中无电流，$I_A = 0$，仅在电压线圈 L_V 中有电流 I_V 流过，产生单方向转动的力矩，使指针逆时针偏转最大位置，指向"∞"，即被测绝缘电阻为 ∞。

当 L, E 两端头间短路时，摇动手柄，电压线圈 L_V，电流线圈 L_A 中有电流，但 I_A 最大，其转动力矩远大于 I_V 产生的力矩，使指针顺时针转到最大位置，指向"0"，即被测绝缘电阻为 0。

当 L, E 两端头间接入被测绝缘电阻，$0 < R_X < \infty$，指针停留位置由通过两线圈的电流 I_V、I_A 的比值来决定（此测量机构称为流比计），即指针偏转角 $\alpha = f(I_V/I_A)$。兆欧表在额定电压下，I_V 为一定值，而 I_A 大小随 R_X 数值而改变，即 $I_A = U/(R_X + R_A)$。于是 R_X 的大小决定了指针偏转角，即

$$\alpha = f\left(\frac{I_V}{I_A}\right) = f\left(\frac{R_X + R_A}{R_V}\right) = f'(R_X) \tag{3.1}$$

将刻度盘上直接刻上经校准后的电阻值，就可直接读取绝缘电阻值。由于流比计磁场不均匀，线圈通过电流产生的力矩 M 也就不均匀，所以，兆欧表的表盘刻度是不均匀的，绝缘电阻数值愈大，刻度愈密。

当被试品表面泄漏电流较大时，如测量电瓷试品时，表面易脏污、受潮，泄漏电流较大，此时需要使用屏蔽电极 G，如图 3.2 所示。在被试品上靠近 L 端用裸铜线绕几圈作为辅助电极，与 G 相连，则表面泄漏电流经屏蔽电极 G 流回电源负极，不再经流比计；同样，兆欧表接线端 E 与 L 间的泄漏电流也经 G 直接回到电源负极，不会引起测量误差，而测得的绝缘电阻为体积绝缘电阻。

工程中还有使用电池供电的晶体管兆欧表，除电源供体不同外，其端子符号和测量原理均相同。

对于大电容量设备，测量其吸收比更能反映绝缘的优劣。其测量方法与测量绝缘电阻相同，以加压后 10′时的绝缘电阻值与 1′时的绝缘电阻值之比为所求。

3.1.3　结果分析及测量时的注意事项

根据所测电气设备绝缘电阻或吸收比做绝缘状况判断时，必须将所测得的值与自身历史

记录进行纵向比较；与同一设备不同相或同期同类型产品进行横向比较时，才能判断有无贯穿性缺陷或整体受潮。这是因为电气设备的绝缘电阻与其尺寸、结构类型及运行状况有关，与测试时的温度、湿度、表面状况等因素有关。根据一次测量值是无法作出正确判断的，且无一定的判断标准。

测量绝缘电阻能发现的缺陷为：

两极间有贯穿性的导电通道、受潮、瓷质绝缘表面污秽（比较有无屏蔽环电极时所测得的数值即可）。

不能发现的缺陷为：

绝缘中的局部缺陷，如未贯穿的导电通道、含有气泡、分层脱开等；绝缘的整体老化。

测量绝缘电阻时应注意以下几点：

①被试品的电源及对外连线应拆除，并充分放电。

②在测量中，保持手摇发电机手柄的转速均匀，大约每分钟 120 转，待转速稳定后 1min 时读数。

③测试完后，先断开接线端 L，再停止摇手柄 M，以免被试品电容在测量时充电电荷经兆欧表放电而损坏兆欧表。这一点在测试大电容量设备时更要注意。

④测量时，同时记录温度。因为温度对绝缘电阻有影响。一般情况下，温度升高，绝缘电阻降低。不同温度下的测量值应换算到同一温度下方可进行比较。

⑤注意消除试品上残余电荷的影响。试品绝缘中的残余电荷是否放净，会直接影响到绝缘电阻和吸收比的测量结果：当残余电荷与摇表的极性相反时，会使测量结果的虚假性增大，这是因为摇表要输出较多的异号电荷去中和残余电荷的缘故；当残余电荷的极性与摇表的极性相同时则减小。为消除影响，试验前应将被试品充分放电，大电容量设备放电时间至少需要 5min。

3.2　泄漏电流的测量

测量泄漏电流的原理与测量绝缘电阻的原理基本相同，所不同的是前者的电压比兆欧表电压高，可达 10kV 以上，并可任意调节；比兆欧表发现缺陷更有效，能发现一些尚未贯穿的集中性缺陷，如瓷质绝缘的裂纹，夹层绝缘的内部受潮及局部松散断裂，绝缘油的劣化，绝缘的沿面碳化等；还可以在试验中随电压升高，观察泄漏电流的变化及电流与时间的关系，绘出曲线进行全面分析，克服了绝缘电阻随所加电压升高而下降的这一现象造成的误差。图 3.3 所示为一台 30MW，10.5kV 汽轮发电机各相绕组的直流泄漏电流试验曲线。当试验电压升至 14kV 时，A 相泄漏电流剧增，经查，A 相端部对滑环有一处放电。这是兆欧表无法测到的。

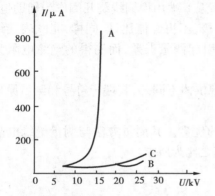

图 3.3　汽轮发电机的泄漏电流测量结果

试验设备及接线回路如图 3.4 所示。图中，D 是高压硅堆，为高压整流元件，加在被试品上的电压是经高压硅堆整流得到的脉动直流。对 35kV

以下的设备用 10 ~ 30kV,对 110kV 及以上
设备用 40kV。为了使被试品上的直流电压
脉动减小,对小电容试品进行试验时,需接
入稳压电容 C。测量被试品的泄漏电流的
微安表最好直接接在高压侧(图 3.4 中 A
处),以便能直接反映出绝缘内部的泄漏电
流。为了防止微安表内部电晕以及避免由
微安表到被试品这一段导线发生电晕而产
生的电晕电流和绝缘表面的杂散电流流过
微安表,将微安表 μA 和到被试品的高压引
线屏蔽起来,测量准确。但由于微安表处于
高压侧,应特别注意安全。现场中常用电压
互感器作为试验变压器,它是两极不接地的

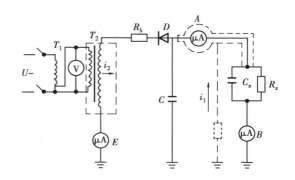

图 3.4　泄漏电流试验接线图
T_1—自耦调压器;T_2—试验变压器;
R_b—保护电阻;D—高压硅堆;
R_x,C_x—被试品

电源。当电源不接地时,可把微安表移到电源接地端(即图 3.4 中 E 处),这种微安表一般是
与试验变压器的操作箱装在一起,称为内装式微安表。此时,变压器高压绕组对外壳的泄漏电
流和高压引线对地泄漏电流都要通过微安表,使读数过大,造成测量误差,这可利用接入被试
品前后两次读数之差来求泄漏电流,但其误差仍然很大;而读数和微安表的换挡操作都方便,
安全。若被试品可以用绝缘台垫起来不接地时,微安表可接在试品低压侧(图 3.4 中 B 处),
读数安全,方便,而高压侧的杂散电流都不流入微安表,测量准确且安全。

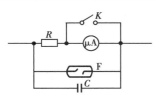

图 3.5　微安表的保护回路

被试品在试验中可能出现放电或击穿。为保护高压
硅堆,在回路中串联电阻 R_b 以限制被试品击穿或放电时
的短路电流。在试验回路中还必须对微安表进行保护,
如图 3.5 所示。与微安表并联一开关 K,将微安表短接,
只有在读数时把开关打开;放电管 F 起保护作用,当流过
微安表的电流超过一定值时,电阻 R 上的压降使 F 放电,
从而保护了微安表;并联电容 C 使微安表读数稳定。

试验时应注意:

①试验完毕,应将被试品充分放电后,才能触摸,以免被试品上的残余电荷对人体发生放
电,造成人身伤亡事故。

②试验中可能出现微安表指针指向不稳,这可能是有交流分量通过微安表。此时应检查
微安表保护回路,或加大滤波电容;或可能是被试品绝缘不良,产生周期性放电,应停止试验,
查明原因并消除,然后再重新进行试验。

③对绝缘状况判断时,也应进行比较后作出。

3.3　介质损失角正切值 tanδ 的测量

介质损失角正切值 tanδ 的测量,对于判断电气设备的绝缘状况是比较灵敏有效的方法,
因而在工程上得到了广泛的应用。

3.3.1 测量 tanδ 的意义及适用范围

如前所述,介质损失角正切值 tanδ 是在交流电压作用下,电介质中的有功电流和无功电流的比值。在通常情况下,有功分量甚小,故 δ 很小,tanδ 也很小。在一定电压和频率下,对均匀介质,tanδ 反映了介质内单位体积中有功功率的大小,与绝缘的尺寸、体积大小无关。因此,能从测得的 tanδ 值直接了解绝缘的状况。对整体受潮、劣化等分布性缺陷比较灵敏。而实际的电气设备绝缘总是不均匀的。由于结构不同,材料成分不同造成了介质不均匀,尽管测得总体绝缘的 tanδ 值很小,但其中局部缺陷可能已经很大了而反映不出,尤其是大体积的绝缘介质,其中含有集中性缺陷时,这种情况尤为显著。绝缘体积越大,测 tanδ 就越不灵敏。这种情况可视为由良好部分与缺陷部分并联或串联组成的绝缘,如图 3.6 所示。测得的 tanδ 是串、并联后的综合值。

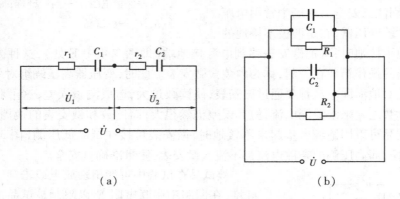

图 3.6 有局部缺陷的介质等值电路
(a)串联等值电路;(b)并联等值电路

对图(a)整体有功损失为:

$$\omega CU^2\tan\delta = \omega C_1 U^2\tan\delta_1 + \omega C_2 U^2\tan\delta_2$$

$$\tan\delta = \frac{C_1\tan\delta_1 + C_2\tan\delta_2}{C_1 + C_2} \qquad (3.2)$$

整体绝缘中只有小部分缺陷,即 $V_2 \ll V_1$,则 $C_2 \ll C_1$,可得:

$$\tan\delta = \tan\delta_1 + \frac{C_2}{C_1 + C_2}\tan\delta_2 \qquad (3.3)$$

当绝缘良好时,$V_2 = 0$,$\tan\delta = \tan\delta_1$。当部分缺陷时,尽管 $\tan\delta_2$ 增大,但 $\frac{C_2}{C_1 + C_2}\tan\delta_2$ 很小,$\tan\delta \approx \tan\delta_1$,反映不出,而当 V_2 增大时,才能在整体中明显反映。

用串联等值电路得到的结论一致。

所以,对电机、电缆这类大体积、大电容量的电气设备,虽然运行中的故障多为集中性缺陷发展所致,但测 tanδ 的效果差。故通常对运行中的电机、电缆等设备,不做该试验。而对套管等这类小容量、小体积的设备,测 tanδ 是有效的,灵敏的,不仅可以反映绝缘的全面情况,有时可检查出某些集中性缺陷。

在用 tanδ 值判断绝缘状况时,同样必须着重于与该设备历年的 tanδ 值相比较,以及和处于同样运行条件下的同类型设备相比较,单一的 tanδ 值是毫无意义的。即使 tanδ 值未超标,但和过去以及和同样运行条件的其他设备比,有明显增大时,就必须要进行处理,以免在运行中发生事故。

3.3.2　测试回路

测量 tanδ 一般采用交流高压电桥,有平衡电桥和不平衡电桥两种。此外,还有低功率因数瓦特表法,一般不常用。

（1）交流高压平衡电桥测量

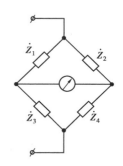

平衡电桥原理如图 3.7 所示。电桥各臂上的阻抗分别为 $\dot{Z}_1$, $\dot{Z}_2$, $\dot{Z}_3$, $\dot{Z}_4$。在交流电路中,复阻抗可写成 $\dot{Z} = Z\angle\varphi$。由电路理论知,电桥平衡条件为对应臂阻抗乘积相等。即:

$$\dot{Z}_1 \dot{Z}_4 = \dot{Z}_2 \dot{Z}_3 \tag{3.4}$$

平衡时,A、B 两点的电位差 $\dot{U}_{AB} = 0$,流过检流计 G 电流 $\dot{I}_{AB} = 0$。上述条件可写成:

$$\begin{cases} Z_1 Z_4 = Z_2 Z_3 \\ \varphi_1 + \varphi_4 = \varphi_2 + \varphi_3 \end{cases} \tag{3.5}$$

图 3.7　电桥原理图

西林电桥就是根据这一原理构成的,其原理接线图如图 3.8 所示。图中,$\dot{Z}_1$ 为 C_x,R_x 表示被试品;为测量方便,令 $\varphi_2 + \varphi_3 = -\dfrac{\pi}{2}$,取 $\dot{Z}_2$ 为纯电容元件,用无损标准电容器 C_N 来充当(其损耗很小,可以忽略不计);则 $\dot{Z}_3$ 为纯电阻,用可变无感电阻 R_3 来充当;那么 $\dot{Z}_4$ 就与被试品相对应,为阻容元件,C_4 是可变 10 进制电容箱,R_4 是无感固定电阻;G 是检流计。外加交流电压一般为 10kV。当被试品处于高压侧,两端都不接地,如图 3.8(a)所示,称为正接线。正接线中,电桥 E 点直接接地,调节元件 R_3、C_4 处于低压臂,操作安全。而对运行中的设备,往往只有一端是接地的,因而用如图 3.8(b)所示的反接线。在反接线中,电桥 F 点接地,电桥内各桥桥臂及调节元件 R_3、C_4 处于高压臂,因此,R_3、C_4 的调节手柄必须用绝缘柄,耐压 15kV 以上,电桥的带高电位部分都放在接地的屏蔽箱内,电桥内的全部元件对机壳必须具有高绝缘强度。A,B 两点与外壳间接有放电器 P,以免操作不当时,A,B 两点上出现高电位。QS1 型即属此类电桥。进行测量时,被试品作为桥的一臂,C_N 为另一臂,按图 3.8(b)接线成完整的桥路。

无论是正接还是反接,电桥平衡时,$\dot{U}_{AB} = 0$,检流计 G 中电流 $I_G = 0$。即有:

$$\frac{Z_x}{Z_3} = \frac{Z_N}{Z_4} \tag{3.6}$$

以 $Z_X = \dfrac{1}{1/R_X + \mathrm{j}\omega C_X}$,$Z_N = \dfrac{1}{\mathrm{j}\omega C_N}$,$Z_3 = R_3$,$Z_4 = \dfrac{1}{1/R_4 + \mathrm{j}\omega C_4}$

代入上式,并令等式左右的实、虚部分别相等,可得:

$$\tan\delta = \frac{1}{\omega C_x R_x} = \omega C_4 R_4$$

$$C_x = C_N \frac{R_4}{R_3} \cdot \frac{1}{1 + \tan^2\delta} \approx \frac{C_N R_4}{R_3} \quad (\text{因为 } \tan\delta \ll 1) \tag{3.7}$$

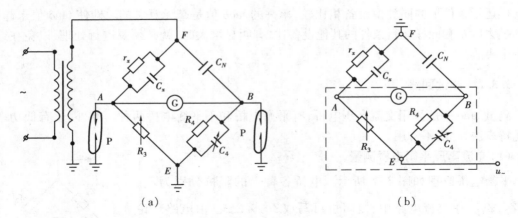

（a）　　　　　　　　　　　　（b）

图 3.8　QS1 型电桥的基本线路

（a）正接法；（b）反接法

在使用的电压频率 $f = 50\text{Hz}$ 时，$\omega = 2\pi f = 100\pi$。为便于计算，在仪器制造时就令 $R_4 = 10\,000/\pi = 3\,183.09\Omega$，则：

$$\tan\delta = 100\pi \cdot \frac{10\,000}{\pi} \cdot C_4 = 10^{-6} C_4 \quad （C_4 \text{以法拉计}） = \quad\quad (3.8)$$

$$C_4 \quad （C_4 \text{以微法计}）$$

即当电桥调至平衡时，C_4 的微法数就等于被试品的 $\tan\delta$ 值。在 C_4 的分度盘上直接以 $\tan\delta(\%)$ 来表示，读数极为方便。如 $C_4 = 0.1\mu\text{F}$，则 $\tan\delta = 0.1 = 10\%$。

综上所述，要使电桥平衡，只要调节 R_3，C_4，使可调节桥臂电压的大小和相位，使之相等即可。

C_X 的测量是一个副产品，但其值对判断绝缘状况也有价值。例如，对电容型套管测得，如 C_X 明显增加，常表示内部电容层间有短路现象，或有水分浸入。

在测量中，反接线测量误差较大。这是由于高压引线对地杂散电容与 C_X 并联所致，因此，将电桥到被试品和 C_N 的连线采用屏蔽线，接在 E 点，即可基本消除。现场测量时，特别是在 110kV 及以上变电所进行测量时，往往由于周围带电部分的电场和磁场干扰使测量误差增大，尤其是 C_X 较小时更为严重。

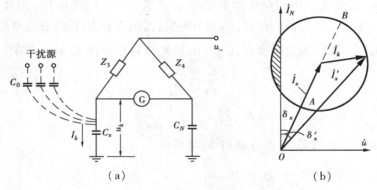

（a）　　　　　　　　　　　　（b）

图 3.9　电场干扰情况

（a）电场干扰情况；（b）干扰电流矢量图

电场干扰主要是通过与电桥臂的电容耦合产生电流流入桥臂造成的干扰,如图 3.9(a)所示。干扰电流 $\dot{I}_k$ 通过耦合电容 C_0 流过被试品电容 C_x,因此,电桥平衡后,测得被试品上的电流为 $\dot{I}_x + \dot{I}_k$,变成了 $\dot{I}'_x$,使 δ_x 变成 δ'_x。$\dot{I}_k$ 引起 $\tan\delta_x$ 和 C_x 测量值的变化将随 $\dot{I}_k$ 的数值和相位而定。在干扰源固定时,$\dot{I}_k$ 与原被试品电流 $\dot{I}_x$ 可以有 0°～360° 的相位差,这就形成了如图 3.9(b)中所示的圆(以向量 $\dot{I}_x$ 的端点为圆心,$\dot{I}_k$ 大小为半径)。当干扰源使 $\dot{I}'_x$ 的终端落在阴影圆弧上时,$\tan\delta$ 将变为负,此时电桥不可能调到平衡;当 $\dot{I}'_x$ 的终端落在图中 A、B 两点时,即 $\dot{I}_k$ 与 $\dot{I}_x$ 同相或反相,$\tan\delta$ 不变,但 $\dot{I}_x$ 变大或变小,使 C_x 测得的值变大或变小。

为消除干扰,根本措施是远离干扰源,或加屏蔽。对于同频率的干扰源还可采用移相法或倒相法来减小或消除测量误差。

倒相法较简便。轮流取三相为试验电源,每相又在正、反两种极性下测出 $\tan\delta_1$ 和 $\tan\delta_2$。由于干扰电流 $\dot{I}_k$ 的相位不变,可认为电源不变,$\dot{I}_k$ 反相,如图 3.10 所示。三相中选取 $\tan\delta_1$ 和 $\tan\delta_2$ 差值最小的一相,以平均值为所求的近似值,即

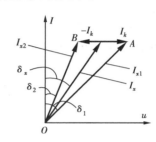

图 3.10　倒相法测量原理图

$$\tan\delta \approx \frac{\tan\delta_1 + \tan\delta_2}{2} \tag{3.9}$$

测量误差可大大减少。要完全消除 $\tan\delta$ 的测量误差,$\dot{I}_x$ 与 $\dot{I}_k$ 须相差 180°或同相。用二台普通的移相器可方便地改变试验电源的相位,正、反相各测一次,取平均值为所求。这就是移相法。

磁场干扰主要由于磁场作用于电桥检流计内的电流线圈产生感应电势所致。可将检流计转换开关置于中间断开位置,观察光带扩展的宽度,就可检验有无磁场干扰,宽度较大说明存在磁场干扰。为消除干扰,最好远离干扰源。要减小测量误差,可取检流计在正、反两极性下进行测量,取平均值,其原理与倒相法相似。

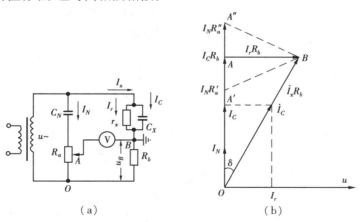

图 3.11　M 型介质电桥原理接线图
(a)接线图;(b)相量图

（2）不平衡电桥的工作原理

M 型介质试验器或称 2 500V 介质试验器，是一种不平衡电桥。它是基于介质损失角 δ 通常很小，$\tan\delta \approx \sin\delta$，转而直接测量 $\sin\delta$，$\sin\delta = P/S$。

图 3.11 为其原理接线图和矢量图。图中，标准支路由无损电容器 C_N 和无感可调电阻 R_a 组成；被试支路由被试品 C_x，r_x 及无感电阻 R_b 组成；电源和测量回路，由变压器、调压器和放大器、表头 V 组成，表头接在 A、B 之间。R_a，R_b 数值较小，不影响两个支路中电流 $\dot I_N$，$\dot I_r$，$\dot I_c$。以电压 $\dot u$ 为参考，可画出相量图如图 3.11（b）所示。由图可见，电压 $\dot I_N R_a$ 与 $\dot I_c R_b$ 同相位，R_a 可调，R_a 上压降由 $\dot I_N R_a'$ 变化到 $\dot I_N R_a''$。当用表 V 跨接在 A，B 两点，滑动 R_a 的可动触头，测得 $\dot u_{AB}$（$= \dot u_B - \dot u_A = \dot I_r R_b - \mathrm{j}\,\dot I_N R_a''$）也随着改变。当 $AB \perp OA$ 时，$\dot u_{AB}$ 最小，此时电压表仅指示 $\dot I_r R_b$ 为有功功率，而 $\angle AOB = \delta$。因此，只要调节 A 点，使 $\dot u_{AB}$ 最小，读取 $\dot u_{AB}$，量出 u_B，可得

$$\tan\delta \approx \frac{P}{S} = \frac{I_r}{I_x} = \frac{u_{AB}}{u_B} \tag{3.10}$$

$$C_x \approx \frac{u_B}{\omega R_b u} \tag{3.11}$$

电桥不可能调到 $\dot u_{AB} = 0$，故称为不平衡电桥。这种电桥调节方便，但精度低于西林电桥，仍能满足现场要求。

3.3.3 试验结果分析

在排除了外界干扰后，正确地测出 $\tan\delta$ 值后，还需对 $\tan\delta$ 的数值进行比较，正确分析判断绝缘状况。

测量 $\tan\delta$ 能有效发现的缺陷是：整体受潮，贯穿性的放电通道，绝缘内含有气泡，绝缘分层、脱壳、老化、劣化，绕组上附积油泥，绝缘油脏污、劣化等。不能发现的缺陷是：非贯穿性的局部损伤，很小部分绝缘的老化劣化，个别的绝缘弱点。

根据 $\tan\delta$ 及测量特点，除不考虑频率的影响（因外加电压频率基本保持不变）外，应注意以下几个方面：

（1）温度的影响

如前所述，温度对 $\tan\delta$ 有直接影响，影响的程度随材料、结构不同而异。

一般情况下，$\tan\delta$ 随温度上升而增加。现场测量时，设备温度是变化的，为便于比较，应将不同温度下测得的 $\tan\delta$ 换算到 $20℃$ 时的 $\tan\delta$ 值，以便使用时易于比较。由于被试品真实的平均温度难以准确测定，换算后往往有很大误差。因此，应尽可能地在 $10 \sim 30℃$ 的温度下进行测量，不应在低于 $5℃$ 时进行。因为，绝缘受潮后，在 $0℃$

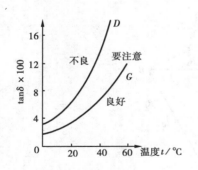

图 3.12 变压器绝缘状态的
判定曲线

以下时水分冻结，$\tan\delta$ 会降低，此时测量 $\tan\delta$ 易得出错误的结论。图 3.12 所示为判断油浸变压器绝缘状态的参考曲线。对普通变压器线圈的绝缘而言，温度升高 $\tan\delta$ 值增大，绝缘吸潮时，$\tan\delta$ 值变大，随温度增加 $\tan\delta$ 的增加率亦变大。如果 $\tan\delta$ 比曲线 G 所示的值小时，则绝缘良好；比 D 所示的值大时为绝缘不良状态；在 G 与 D 之间时要对绝缘加以注意。

（2）试验电压的影响

良好绝缘的 $\tan\delta$ 不随电压的升高而明显增加。若绝缘内部有缺陷时,则其 $\tan\delta$ 将随试验电压的升高而明显增加。实测到的电气设备的 $\tan\delta \sim U$（电压）特性曲线按绝缘状态的不同成各种形状,如图 3.13 所示。

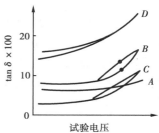

图 3.13　$\tan\delta$ 与试验电压的
关系曲线

曲线 A 是良好绝缘的情况。其 $\tan\delta$ 几乎不随试验电压的升高而增大,仅在电压很高时才略有增加。曲线 B 为绝缘老化的示例。在气隙起始游离前,$\tan\delta$ 比良好绝缘的低;过了起始游离电压后则迅速增高,且起始游离电压也比良好绝缘的低;当逐步降压测量时,由于气体放电随时间和电压的增加而增强,故 $\tan\delta$ 高于升压时相同电压下的值,直至气体放电终止,曲线才又重合,因而形成闭合回路。曲线 C 为绝缘含有气隙的示例。在试验电压未达到气体的起始游离电压之前,$\tan\delta$ 保持稳定,但电压增高到气隙游离后,$\tan\delta$ 急剧增大,曲线出现转折,且也具有闭口回路部分。曲线 D 为受潮绝缘的情况。在较低电压下 $\tan\delta$ 已很大了,随电压的升高 $\tan\delta$ 继续增大,但当逐步降压时,因绝缘发热、温度升高,$\tan\delta$ 不能与原数值相重合,形成了开口曲线。

从曲线 D 可明显看出,$\tan\delta$ 与温度的关系很大。介质吸潮后,电导损耗增大,还会出现夹层极化,因而 $\tan\delta$ 将大为增加。这对多孔的纤维性材料如纸等,以及对于极性电介质,特别显著。

综上所述,$\tan\delta$ 与介质的温度、湿度、内部有无气泡、缺陷部分体积大小等有关,通过 $\tan\delta$ 的测量能发现的缺陷主要是:设备普遍受潮,绝缘油或固体有机绝缘材料的普遍老化;而对小电容量设备,还可发现局部缺陷。必要时,可以作出 $\tan\delta$ 与电压的关系曲线,以便分析绝缘中是否夹杂较多的气隙。对 $\tan\delta$ 进行判断的基本方法除应与有关"标准"规定值比较外,还应与历年值进行比较,观察其发展趋势。根据设备的具体情况,有时即使数值仍低于标准,但增长迅速,也应引起充分注意。此外,还要和同类设备比较,看是否有明显差异。在比较时,除 $\tan\delta$ 外,还应注意 C_x 的变化。如发生明显变化,可配合其他试验方法,如绝缘油的分析、直流泄漏电流试验或提高测量 $\tan\delta$ 值的试验电压等进行综合判断。

3.4　局部放电的测量

对于当前大量采用的高分子类绝缘材料,老化的主要原因不是吸潮,而是材料中有局部缺陷,在局部缺陷处发生放电老化。因此,对绝缘中的局部放电强度进行测量可以有效地检测出绝缘内部的局部缺陷的存在、发展情况。这是一种判断绝缘在长期运行中性能优劣的有效方法。

高压电气设备的绝缘内部总是存在一些缺陷,如气泡空隙、杂质等。在强电场作用下,这些缺陷处有可能发生局部放电,特别是绝缘内部存在气泡时,在气泡处首先发生游离,产生局部放电。局部放电产生的同时,有热、声、臭氧、氧化氮等产生,腐蚀绝缘材料,使之脆化、碳化等,造成不可恢复的损伤;同时,放电将产生带电质点,在电场作用下撞击气隙表面的绝缘材料。这种腐蚀和撞击的损伤若扩大,可使整个绝缘击穿或闪络。局部放电测量。可查清局部放电的特征,定量测出其放电强度,以便及早发现隐患。

3.4.1 局部放电测量原理

在加上高压的电力设备中存在气泡的情况,可视为如图 3.14 所示的等值电路。气泡的电容为 C_0,与气泡串联的绝缘其电容为 C_1,与气泡并联的无气泡绝缘其电容为 C_2,$C_0 \ll C_1 < C_2$,C_0 上并联一间隙 g,表示气泡放电,则间隙 g 击穿。这样,由于电压的分配与电容大小成正比,所以在 C_0 上的电压高于 C_1 上的电压。当外加电压升高到一定值,C_0 上的电压 U_0 等于间隙放电电压时,间隙中发生放电。如外加电压是交流的,则放电可反复发生。

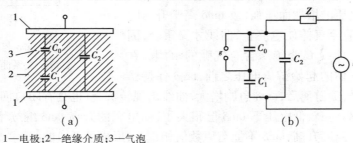

1—电极;2—绝缘介质;3—气泡

图 3.14　含气泡的介质

（a）示意图;（b）等值电路

设两极间距离为 d,气泡为 δ。放电前,极间电容为 $C_x = C_2 + \dfrac{C_1 C_0}{C_1 + C_0}$。间隙放电时,电容 C_0 上电荷通过间隙 g 放掉,其电压迅速下降;同时,C_2 通过间隙 g 对 C 充电,使 C 上的电压迅速上升,从而 C_1 上的电压即电极间的电压要下降一个 Δu(此过程是一个高频过程,电源被阻断)。当 U_0 下降到较小值时,间隙 g 的放电电流几乎为零,电弧熄灭。由于外加电压的存在,对 C_0 重新充电,又重复上述过程,这种充放电继续下去,就形成了燃烧、熄灭交替出现的放电过程,使得局部放电电流呈现出脉冲性质,两极间也产生脉冲变化,同时有高频电磁辐射波产生。

令 $q_x = C_x \Delta u$,则称 q_x 视在电荷量或视在放电量。它表示当绝缘内部气泡放电时,反映在极板上好像有 q_x 电荷被中和掉一样。因此极板电压要下降一个 Δu。局部放电测量就是要测量出这种放电来作判断,测出的参数有:起始放电电压、视在电荷量、放电电流频率、放电脉冲电流峰值、放电波形等。

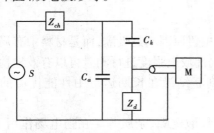

图 3.15　局部放电测量的原理回路

3.4.2 局部放电的测量法

局部放电测量的方法有电测法和声测法,前者的优点是可以定量测出微小的局部放电,后者使用方便。

电测法测量回路的原理如图 3.15 所示,在被试品 C_x 上加测量回路可测绝缘内部产生的局部放电。当视在放电量为 q_x 时,q_x 在 C_x、耦合电容 C_k 和检测阻抗 Z_d 组成的闭合回路上产生电流,在 Z_d 上产生与 q_x 成正比例的电压;将此电压经放大送到检测装置 M 进行测量。为防止外界电源的干扰,在电源与 C_x 之间接入阻抗 Z_{ch} 以阻断高频。这种方法为直接测量,抗干扰能力较差,使现场应用受到了限制。

近年来,随着电子计算机和电子技术的高速发展,超声波检测技术也取得了很大的成绩。例如,用超声波定期检测设备有无异常,绝缘材料内部有无缺陷等。在变压器和 SF_6 气体绝缘全封闭组合电器设备(简称 GIS)中已有广泛而有效的应用。

目前常用的超声波检测方法是用声波监视装置进行探测,其工作原理是:当电气设备内部发生局部放电时,在放电处产生了超声波,可以在材料或设备表面安装带有压电元件的变换器,将材料或设备中产生的声波转变为电信号,以监视绝缘材料的异常情况,推断缺陷发生的部位及绝缘内部是否发生了局部放电。

图 3.16　超声波探测器的原理方框图

图 3.16 为声波探测器的原理方框图。声电换能器及前置放电器装在一起,称为探头,放在被试物体表面。声能换能器常包含两片锆钛酸铅压电元件,称为振子,其后粘薄铜片作电极并接往前置放大器。当超声波的机械振动传到振子上时,使振子产生振动,在振子的两个电极之间产生高频电压,其大小与超声波的强度成正比,使超声波的机械振动被接收后转变为电振动。对前置放大器的要求是低噪声、宽频带,能将微伏级输入信号放大。前置放大器的输出端经双芯屏蔽电缆与探测器的其他部分连接以防干扰。衰减器系用以适应不同强度的信号测量。调谐放大器的范围为 $40 \sim 90 kHz$,可提高仪器的选择性和抗干扰能力。信号经检波后送到显示器,可得波形。

超声波在固体及液体中易于传播。当碰到空气时,由于空气的波阻抗很大,因此超声波将反射回去,穿入空气的甚少。因此,在使用时在探头或测试部位涂水、油或甘油等使两者紧密接触。此外,为了使探测器检测的是被试物内部局部放电处传来的超声波而不是外界干扰,可以用空心铁盒放在探头与被测物之间。如果此时仪器指示较小,为一般干扰噪声值,则说明除去空心铁盒时探测器的指示反映了绝缘内部的放电,但对于被试设备的机械振动,则难以与绝缘中局部放电相区别,有时可以观察超声波波形,做进一步分析。

随着光纤电缆的采用,超声波法提高了抗干扰的能力,取得了较好的效果。如须用多个声波发射接收通道,则可用来确定故障位置。

3.5　绝缘油的色谱分析

3.5.1　充油设备因内部故障产生的气体

在变压器、互感器、断路器和充油套管等充油设备中,绝缘油性能的优劣,直接影响到这些设备绝缘的绝缘强度。绝缘油是高压电气设备绝缘的重要组成部分,除了起绝缘作用外,还起冷却或灭弧作用。因此,对绝缘油的性能指标要求(包括油的闪点、酸值、水分、游离碳、电气强度、介质损耗等)可通过标准油杯试验和油的 $\tan\delta$ 的测量来检查,但设备中局部放电或局部过热等缺陷,则用 tanδ 等测量方法是不可能检测出来的,而对绝缘油中所含气体成分进行检测,则可发现局部放电或局部过热。

在电气设备内部有局部过热或局部放电缺陷时,缺陷附近的绝缘会受热老化、分解,产生 H_2,CO,CO_2,烃类气体。这些气体在绝缘油中的饱和熔解度很大,所以有相当数量的气体溶于绝缘油中。如果变压器内部的裸金属部分(分接开关、铁心、裸接头、箱壳等)局部过热引起绝缘油热分解,则绝缘油中熔解气体主要是烃类,且甲烷(CH_4)、乙烯(C_2H_4)也较多。如果固体绝缘(引线绝缘、铁轭绝缘、穿心螺丝绝缘等)过热,则油中 CO,CO_2 含量将增大;如固体绝缘过热,但温度不高(连续式绕组的端部因堵塞造成纸绝缘过热),油中总烃类量不高,而 CO,CO_2 含量则较高,所以,CO,CO_2 含量高是固体绝缘(如纸、木材等)热分解的主要特征。当变压器内部存在局部过热,油中 C_2H_4 和 H_2 的含量较大。分析绝缘油中溶解的气体中上述各种成分及含量,既可判断变压器中隐藏缺陷的性质,也可作为事故后分析故障性质的依据之一。

3.5.2 气相色谱分析法简介

分析油中含气体成分检测异常的方法,就是用质谱仪和气相色谱仪之类仪器分析溶于油中的气体,根据气体的组成和各种气体的含量及其逐年的变化情况,以判断故障的种类、部位和程度。这种方法能有效地判断出用电气试验不易确定的轻度故障、铁心的局部事故之类的毛病;还可以在初期阶段发现正在缓慢发展的故障。但是在目前还不能事先判断绝缘击穿之类的突发事故,但事故后可鉴别引起事故的原因。

分析油中所含气体成分的方法按下列步骤进行:①取油样。从变压器下部的放油阀处采集油样。采油样时必须考虑尽可能使油样不与空气接触。②抽出油样中溶解的气体。将采得的油样注入真空罐内,让油中溶解的气体迅速释放出来,然后将脱出的气体压缩至常压,用注射器抽取试样后进行分析。③用气相色谱仪分析气体成分及含量。④判断和确定异常的情况。根据分析结果判明变压器内部有无异常,然后推断变压器内部异常的种类部位和程度。

图 3.17 为 102G—D 气相色谱仪的使用流程图。N_2,H_2 为载气,气体进口处在 Ⅰ,Ⅱ 处。色谱柱 Ⅰ,Ⅱ 以便分出气体中所含各种成分,色谱柱为一种 U 形或圆盘形管,装有吸附剂,如柱Ⅰ内装碳分子筛吸附剂(80 ~ 100 目),可依次分离出 H_2,O_2,CO,CH_4,CO_2,柱Ⅱ可用微球硅胶(80 ~ 100 目),可分离出烃类气体 C_2H_4,CH_4,C_2H_6,C_3H_8 等。采用热导池鉴测器及氢焰鉴测器检测各成分及含量。热导池鉴测器用来检测气体中的 H_2,O_2,它由 4 个钨丝电阻组成。未有气体流过前电桥平衡,无输出信号;有检测气体流入时,则改变了钨丝的导热系数,电桥不平衡

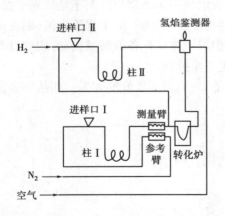

图 3.17 102G—D 气相色谱仪使用流程图

而输出信号,信号的大小与检测气体种类、含量有关。氢焰鉴测器更灵敏,通过氢气在空气中燃烧使被检气体电离,去掉电离电流,以电流大小反映被检气体含量。这样可检测烃类气体和 CO,CO_2。CO 和 CO_2 经转化炉转化成 CH_4 才能被检。

被分析的各种气体成分经过鉴定器后将其浓度变为电信号,再由记录仪记录下来,并按先

后次序排列成开关个数的脉冲尖峰图,即"色谱图"。如图 3.18 所示,该图为一台变压器油中溶解气体的色谱图。

色谱图中一个脉冲尖峰表示一种气体组成成分,而峰的高度或面积则反应了该气体的浓度。因此从色谱图上对被分析的气体既可定性又可定量。首先是定性。色谱图有这样一个性质:即从进样时开始算起,代表各组分的色谱峰的最高点出现的时间 t_r 是一定的。也就是说,在色谱柱、温度、载气流速一定时,各种气体都有一个确定的 t_r 值,称为"保留时间"。事先用已知的气体作为样品进入色谱仪,求得各种气体的 t_r 值,在以后重复的例行试验中,只要根据色谱图上各峰的先后次序称为出峰的时间,就可断定哪个峰对应的电荷是什么气体。色谱峰的高度(h)或面积($A = 1.065h \times 0.5b$,其中 $0.5b$ 为半峰宽)表示了某种气体的浓度。

正常变压器的油中烃类气体总量 <0.1%。若烃类气体总量 >0.5%,一般存在缺陷。新的变压器油中 CO 含量应 <0.8%。

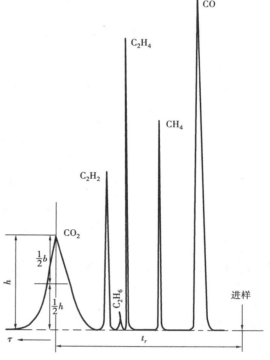

图 3.18 色谱图举例

近年来,国内外采用气敏半导体元件来鉴别油中的含气成分,简单、快捷,是简易的色谱法。气敏半导体由 N 型金属氧化物制成,放在气路流程中。当温度一定及载气(用空气)流量一定的情况下,气敏半导体有一定阻值。当被测气体吸附到气敏半导体表面时,其表面层电子数升高,电阻值下降,外电路电流增大,发出信号。

3.6 工频交流耐压试验

交流耐压试验是考核电气设备绝缘裕度的主要方法,能有效地发现较危险的集中性缺陷,这是非破坏性试验不能相比的。但在试验中可能会导致绝缘内部的累积效应,在一定程度上损伤绝缘,使其内部的一些缺陷更加发展,特别是对固体有机绝缘材料而言更加显著。因此,试验电压数值的确定,是整个试验的关键,过高,对设备绝缘造成损伤大,考验过于严格,使设备投资大,价格高;过低,不足以发现绝缘内部缺陷,则运行维护费用高,且影响供电可靠性。故电气设备的试验电压标准称为电气设备的绝缘水平,电气设备的绝缘水平是按照电气设备在运行中可能遇到的各种过电压和长期运行工作电压来决定的。我国国家标准(GB311—93)规定了各种电压等级的电气设备试验电压值。在实际工作中可根据试验规程的要求选用,对不同情况的电气设备,根据运行经验区别对待。

交流耐压试验是最简便、使用较广泛的最基本的试验。根据国家标准,规定在设备绝缘上加上工频试验电压1min,不发生闪络或击穿现象,则认为设备绝缘是合格的;否则,是不合格的。运行经验表明,通过1min工频耐压试验的设备在运行中一般都能安全运行。

3.6.1　工频高电压试验设备及接线

工频耐压试验原理接线如图3.19所示。其试验设备由调压设备 T_1、试验变压器 T_2、测量球隙 G 及过电流保护装置 R_1 等组成。核心设备是试验变压器。

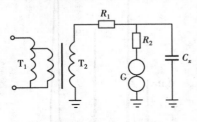

图 3.19　工频耐压试验原理接线

(1)试验变压器

试验变压器是高压试验的基本设备之一,它产生50Hz的正弦波工频高压。

试验变压器的工作原理与普通单相电力变压器相同,但工作电压高,容量小,持续工作时间短。因此,试验变压器与电力变压器相比,具有下述特点:第一,试验变压器造成单相,若需三相,将三台单相变压器接成三相即可。第二,绝缘裕度低。试验变压器在运行中不会受到大气过电压及系统操作过电压的作用,所以绝缘裕度可以选得低些,以降低造价。第三,没有散热装置。试验变压器持续工作时间短,过热不大。第四,具有较大的漏抗。试验变压器电压高而容量小,高压绕组采用较厚的绝缘及较宽的油道,增加了其漏抗。

在试验中,试品放电前,可视为一电容。试验变压器的主要负荷是被试品的电容负载可根据被试品电容量及试验电压来选择试验变压器容量。其原则是,在正常工作时,试验装置保证被试品上所需的试验电压,在试品击穿放电时有一定的短路电流。一般情况下,按正式计算试验变压器的最小容量:

$$S = 2\pi f C U^2 \times 10^{-3} \, \text{kVA} \tag{3.12}$$

式中　　C——被试品电容(μF);

　　　　U——试验电压(kV)

试验变压器容量 S_e:

$$S_e > S \tag{3.13}$$

250kV以上的试验变压器通常按1kVA/1kV的原则来选择容量,一般都能满足要求。常见的被试品的电容量如表3.1所示,表3.2列出了国产试验变压器的参数。

表3.1　常见被试品的电容量

被试品名称	电容量/pF	被试品名称	电容量/pF
线路绝缘子	<50	高压断路器	100~1 000
高压套管	50~600	电流互感器	
电容式电压互感器	3 000~5 000	电磁式电压互感器	
电力变压器	1 000~15 000	电力电缆/公尺	150~400

表 3.2　常用试验变压器的参数

型　　号	额定容量/kVA	额定电压/kV		阻抗电压
		高　　压	低　　压	/%
YDJ5/50	5	50	0.32	4.6
YDJ10/100	10	100	0.38	6.1
YDJ25/100	25	100	0.38	6.5
YDJ25/150	25	150	0.38	6.5
YDJ100/150	100	150	0.38	6.45
YDJ250/250	250	250	10	4.35
YDJ500/500	500	500	6 或 3	4.9
YDJ750/750	750	750	6 或 3	5.0

　　单台试验变压器的额定容量超过 500~750kV 时,变压器的制造困难,体积和重量大大增加,不仅成本增加,且运输安装均不方便。因此,为了获得更高的试验电压,常采用几台变压器串级联接的方法以获得所需电压值。

　　图 3.20 是常用的串级联接方式。第 Ⅱ 台变压器的励磁由第 Ⅰ 台变压器的高压绕组中的附加绕组 ω 提供。因此,第 Ⅱ 台变压器的铁心和外壳对地电位为 u,故用绝缘支架 J 将第 Ⅱ 台变压器支撑起来。如两台变压器的输出电压均为 u,则串接后总的输出电压为 $2u$。

　　当试验电压较高时,还可采用双高压套管引出的试验变压器,每级试验变压器的高压绕组的中点与铁心及外壳相连。如图 3.21 所示。于是

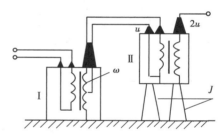

图 3.20　带励磁绕组供电的串级变压器
ω—供给第 Ⅱ 级的励磁绕组;J—绝缘支架

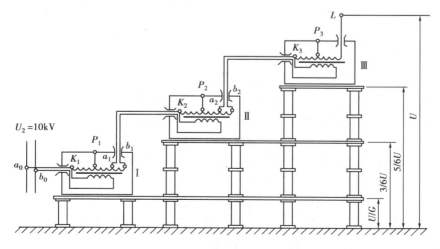

图 3.21　高压绕组中点接壳的串接变压器原理电路图

每个高压套管只需承受高压绕组总电压的一半,高压绕组(含励磁绕组)与低压绕组之间的主绝缘上只需承受 $U/2$ 的电压,故可降低试验变压器的绝缘水平。

根据能量守恒定律,高一级变压器的能量是由低一级变压器供给的。因此,各级变压器的容量是不相同的,越靠近电源的变压器,其容量越大。两台串接时,第 1 台与第 2 台的容量之比为 2:1,3 台串接时,其容量之比为 3:2:1。

串接变压器的缺点是漏抗比较大,随串接台数的增加而迅速增加。所以串接级数一般不超过三级。

(2)调压方式

调压装置应能使试验变压器从零至最大值均匀地调节;不引起电压波形的畸变;无很大电压损耗;调压设备应简单,可靠价格便宜等。常用的调压方式有自耦调压器调压和移圈调压器调压两种。在容量很大或对波形要求严格等特殊场合,可采用电动发电机组调压方式,但价格昂贵。

自耦调压器是通过改变炭刷在绕组上的位置来调节试验变压器的初级电压。其调压范围广,功率损耗低,波形畸变小,价格低,体积小,其缺点是调压不均匀,由于滑动触头的发热,自耦调压器容量不能太大,一般适用于容量在 10kVA 以下电压较低的变压器中,当使用油绝缘时,单台容量可达 30kVA。

移圈调压器调压均匀,功率损耗低,不存在炭刷之类的滑动触头,其容量可以做得相当大,可达 2 000kVA,但本身感抗大,且随动圈所处位置而变,对波形稍有畸变,适用于对波形要求不十分严格,额定电压为 100kV 以上的试验变压器。

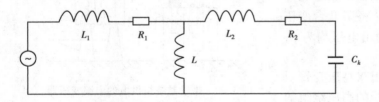

图 3.22　工频试验的等值电路

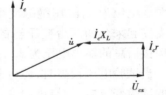

图 3.23　电容效应引起的
电压升高

3.6.2　工频试验中的过电压

由于被试品一般是容性的。试验时的等值电路如图 3.22 所示。图中($R_1 + \mathrm{j}\omega L_1$)表示电源、调压器、试验变压器初级绕组的漏阻抗,$\omega L$ 表示变压器的励磁阻抗。通常 L 比 L_1,L_2 大得多,故可视为开路。($R_2 + \mathrm{j}\omega L_2$)表示变压器的次级绕组的漏阻抗。$1/\omega C_x$ 表示负载的容抗。进行交流耐压试验时,试验变压器流过的是电容性负载电流,将在变压器的漏抗 X_L 上产生漏抗压降。如图 3.23 所示。由图 3.23 可得,被试品上电压 U_{Cx} 比电源电压 U 高。这种现象称为电容效应。由于电容效应的存在,要求对被试品两端电压要直接测量,不能按变比进行换算,否则,会使被试品上的电压高于预期的试验电压,损坏绝缘。若试验中出现 $\omega(L_1 + L_2) = 1/\omega C_x$ 时,会产生串联谐振,此时被试品上的实际电压可达到预期电压的 20～50 倍,这是非常危险的。在进行电容性负载试验时发生这种谐振的可能性最大,因为试验时电流接近其最大极限,而电压相对较低。在电缆试验中就发生过这种谐振,引起了恶性爆炸事故。这种谐振在接通电源后较低电压范围内,不可能发生,而在较高电压范围会突然发生。

此外,若存在由变压器铁心引起的谐振电流,则可能产生谐波串联谐振,3 次谐波的幅值可达到很高,甚至有高次谐波过电压,引起波形畸变。因此,在调压设备后常接有 L,C 串联的 3 次及高次谐波滤波器,以避免发生谐振过电压,还可通过控制电路闭锁来避免发生谐振过电压。在电缆制造厂,也有用串联谐振电路作为电缆的工频高压试验电源来进行试验的。

如果在试验变压器初级绕组上突然加压而不是从零开始升压,由于励磁涌流在被试品上产生过高的电压,或者在试验中突然切断电源,由于切除空载变压器也将引起过电压。因此,必须通过调压器升压和降压,通常还在初级绕组侧接入保护设备以防止过电压。

在试验中,被试品可能会突然击穿或放电,这时将有很大的短路电流通过变压器,且由于绕组内部电磁振荡过程在试验变压器匝间绝缘上引起过电压。为此,在试验变压器高压侧出线端串接一个保护电阻 R_1,以限制过电流和过电压,其值不应太大或太小。太小起不到保护作用,太大又会在正常工作时由于负载电流下产生较高压降与功率损耗。根据实际运行经验,一般取 $1\Omega/V$,并应有足够的热容量,通常用水阻作为保护电阻。

图 3.19 中球隙 G 是保护球隙,其放电电压调至耐压试验电压的 1.1 倍。当误动作或谐振出现过电压时,球隙击穿,使被试品不至于受损。R_2 是限制球隙放电电流的保护电阻,以防止球隙表面严重灼烧受损。

3.6.3　交流高压的测量

可采用以下方式进行测量。

(1)静电电压表

图 3.24 所示为静电电压表的工作原理。固定电极 1 接入被测高压,圆形的可动电极 3 由悬丝吊挂于屏蔽(保护)电极 2 的中心,通过连线与屏蔽电极接在一起,接地。悬丝上安有反光镜。屏蔽电极的作用是消除边沿效应的影响。因此,屏蔽电极 2 和固定电极 3 的边沿有足够的曲率半径以避免电晕产生,它们的直径相对于它们的距离要比较大。这样,在可动电极 3 和固定电极 1 之间就是一种消除了边沿效应的均匀电场,测量时,在均匀电场静电力

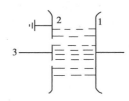

图 3.24　静电电压表原理图
1—固定电极,接高压;
2—屏蔽电极;3—可动电极,接地

的作用下,可动电极产生旋转,悬丝的扭矩与静电力的转矩平衡时,存在以下关系:

$$\alpha = \frac{1}{2k}u^2\frac{\mathrm{d}c}{\mathrm{d}\alpha} \tag{3.14}$$

式中　k——扭转常数;

$\quad\quad C$——电极 1,3 之间的电容量;

$\quad\quad \alpha$——电极 3 的转角

α 与电压 U^2 成正比,故可测出交流电压的有效值。

在表内,当悬丝旋转时,带动悬丝上的反光镜随之转动,表内附加的光源照射在反光镜的光线反向到标尺上与电压相应的刻度上,从而读出电压值。

静电电压表高低压两极间电容不大,为 5～50pF,表内绝缘电阻很高,测量频率可达数兆周。因此表的接入,一般不引起被测电压的变化,使用十分方便。国产 30kV 级静电电压表可

用于室内外测量,100kV 及以上一般只作室内测量。国外在 1940 年就研制出了可测量 600kV 的静电电压表。

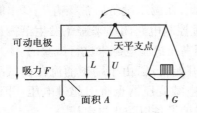

图 3.25 绝对静电电压表示意图

这种间接测量静电电场力,将静电电场力转换为可动电极的位移的静电电压表,其准确度只有 1 ~ 2.5 级,其刻度需要用其他准确的测量系统校正。将其作成直接用天秤测量静电电场力,如图 3.25 所示。极板面积 A 和加压前极间距离 L 均已精确确定,加压后,利用平衡砝码和天平指示,严格保持极间距离 L 不变。在天平平衡时,由砝码重量和尺寸 L,A 可求得外加电压的大小,不需要其他测量系统来校正,故称为绝对静电电压表,其精度高,可达 0.01%,但操作麻烦。一般只作为研究单位的高压测量的标准计量之一。

静电电压表可用来测量直流和交流高压。

(2)球隙

一定直径的球形电极构成的空气间隙,在球隙距离不太大时,其间电场可接近于均匀电场。在外界各种条件不变时,球隙放电电压与球隙距离具有一一对应的关系,距离改变,放电电压也随之改变。这一特性为工程上提供了利用球隙测量高电压的可能性。一般均利用稍不均匀场的球隙进行高电压测量。

事先用不同大小的已知电压对球隙进行放电试验,求得放电电压和间隙距离的关系,并列表或绘成曲线,以此作为测量的依据。测量时,将欲测电压加在球隙上,从大到小改变球隙距离,直到球隙发生放电,记录此时的间隙距离,从已制成的表上或曲线上查找出被测电压的幅值;或者固定球隙距离,从小到大改变电压,直到球隙放电为止。

通过多年的研究,已有标准球隙的放电电压数值。国际电工委员会(IEC)制订有用球隙测量电压的标准,如附录 I 所示。表中给出了不同球径的球隙在不同距离下的各种形式的放电电压。为了保证一定的测量精度,两球间的距离 d 不应大于 0.5D(球径),也不应小于 0.05D。在此范围内,遵守符合国标(GB311—93)要求的测量球隙,测量交流电压的误差在 ±3% 以内。球可垂直安装(一球接地),也可水平安装(两球均绝缘)。一般较大直径的球多垂直安装。

试验中,球隙放电时,电源会自动切断。因此,不能用球隙直接测量试验中的电压。通常,在试品接入后先加较低电压,用球隙测出此电压,并读取相应低压仪表读数,在一定范围内逐级改变试品上电压(低于试验电压),用球隙测出电压与低压仪表读数的比例作出校正曲线,然后把球隙距离加大到试验电压上放电距离的 1.1 ~ 1.15 倍,球隙作了为了保护球隙,最后通过校正曲线,利用外推法查到与试验电压对应的低压仪表读数。升高电压,使低压仪表达到应有指示为止,考虑到气体放电的统计性,应测量 3 ~ 5 次,取平均值。

球隙在使用时,必须接上保护电阻,以限制球隙放电时的电流,避免电流过大烧伤球面而影响测量精度,同时阻尼放电时可能产生的振荡。测量交流或直流时,保护电阻可取 100kΩ 到 1MΩ,但在没交流时,通过球隙电容的电流不会在此电阻上产生过高的压降,以造成测量误差。工频下,该压降不应超过 1%,可按 0.1 ~ 0.5Ω/V 来选择。直流下可选择大一些,冲击电压下,应选得较小,或者不用。因为此时电压作用时间短,球体不易灼伤,而且电容电流很大,电阻压降过大会造成测量误差。

球隙在峰值放电,故测量的电压值是峰值。可用来测量直流、交流和冲击高压。

(3)电容分压器

利用串联电路中各元件上的电压与各元件阻抗成正比的关系,可制成分压器。将高阻抗元件(高压臂)和低阻抗元件(低压臂)串联,被测高压加在高压臂上,在低压臂上接上指示仪表测量其电压,从而测量所加高压。

利用分压器来进行测量,它应满足以下 3 个基本要求:①将被测电压波形的各部分按一定比例准确地缩小后,再输出,即无波形畸变;②分压比恒定,不随大气条件或被测电压的波形、频率、幅值等因素而变;③分压器的接入对被测电压过程影响应微小到容许程度。

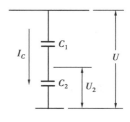

图 3.26　电容分压器

测量交流高压时,高、低压臂元件一般使用电容器,称为电容分压器。如图 3.26 所示。此时有

$$U_2 = \frac{C_1}{C_1 + C_2}U = \frac{U}{K} \tag{3.15}$$

式中　$K = \dfrac{C_1 + C_2}{C_1}$ 为分压比。

在低压臂上接入不同的低压仪表和回路,可测量交流电压有效值或峰值,配用示波器或谐波分析仪可测量波形或谐波分量。

电容分压器中高压臂电容器 C_1 的电容量要小,且又能承受大部分高压以及较小的损耗,故多采用标准电容器;低压臂电容器 C_2 的电容要大,因承受电压较低,故可采用油浸纸电容器、云母电容器等。

由于电容分压器的各部分对地有杂散电容,形成容纳分支,会在一定程度上影响其分压比,但因主电路也是容性的,故只要周围环境不变,则这种影响将是恒定的,不会随被测电压的波形、幅值或大气条件等因素而变,分压比也就恒定不变了,只要一次准确地测出即可。为尽量减小杂散电容的影响,对无屏蔽的电容分压器,应适当增大高压臂的电容值。

电容分压器的另一优点是它几乎不吸收有功功率,不存在温升和随温度而引起各部分参数的变化,因而可直接用来测量,直到极高电压。

3.6.4　大容量试品的工频耐压试验

对大容量试品如电缆、电容器、大容量电机等设备进行交流耐压试验时,需要的工频试验变压器和调压器就很笨重。因而现场试验十分困难。如对 1 280MVA 的大型发电机需试验装置的容量约为 650kVA。故常用一些代替的试验方法,如串联谐振法、交流电流法、超低频试验法等。

(1)串联谐振法

如图 3.27(a)所示为串联谐振试验的一种线路原理图。图中,TY 为调压器,B 为试验变压器,1 为外加可调补偿电感,可用变压器/电抗器组构成,2 为被试品。图 3.27(b)是其等值电路,R 为整个试验回路中损耗的等值串联电阻,L 为补偿电感和电源设备漏感之和,U 为 B 空载时高压端对地电压。由此可得:

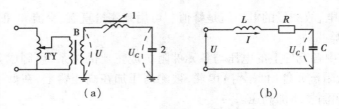

图 3.27 串联谐振试验原理图

$$U_C = IX_C = \frac{U}{\sqrt{R^2 + (X_L - X_C)^2}}X_C \qquad (3.16)$$

调节电感使回路发生谐振,即 $X_L = X_C$,$U_C = \dfrac{U}{R}X_C = U\dfrac{X_L}{R}$,令 $Q = \dfrac{\omega L}{R} = \dfrac{1}{\omega CR}$,称为谐振回路的品质因数。谐振时回路电流 $I = \dfrac{U}{R}$,很大,此时电源输入功率为 $P_i = UI$,负载无功功率 $Q_C = U_c I = QUI$。

$$\frac{Q_C}{P_{iC}} = \frac{QUI}{UI} = Q \qquad (3.17)$$

因此,电源设备的容量可以减小到试品容量的 $1/Q$。

串联谐振耐压不仅可以减小电源容量,而且由于回路呈工频谐振状态,试验电压波形较好。此外,在试验中如试品击穿放电时,击穿点的故障电流比通常交流耐压时小,可避免试品的烧坏。

(2)交流电流法

在试品上加以交流电压时,测量流过试品的电流随着外加电压增加而增加的变化情况,来判断绝缘性能的好坏。

如图 3.28 所示。当 $U < U_1$ 时,绝缘内无放电,交流电流 I 与 U 成比例增大。当试验电压达到 U_1 时,绝缘内发生局部放电(P_1)点,电流 I 开始以另一斜率增加,当继续升高电压时,更多的气隙发生放电。试验电压达到 U_2 后,放电到激增(P_2)点,I 以

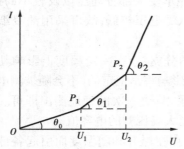

图 3.28 交流电流与电压的关系

另一斜率增加,U 继续上升,最后终将击穿。

第 1 电流激增点 P_1 电流变化率的增加倍数为:

$$m_1 = \frac{\tan\theta_1}{\tan\theta_0}$$

第 2 电流激增点 P_2 电流变化率的增加倍数为:

$$m_2 = \frac{\tan\theta_2}{\tan\theta_0}$$

对发电机线圈进行大量试验表明:线圈的短时交流击穿电压 U_b 与出现第 2 激增点的试验电压 u_2 之比为 $\alpha = \dfrac{U_b}{U_2}$,对于已老化或含气泡很多的绝缘,$m_2$ 在 1.6 以上,新的或气隙较少的绝缘,m_2 在 1.3 以下。单线圈的 α 平均为 2.36,且受温度影响很小。因此,可按 $I \sim U$ 试验结果来判

断绝缘的老化程度及预测其击穿电压 U_b。当线圈明显出现第 2 激增点时,且 $m_2 > 1.6$,则预测击穿电压在 $(2.5 \sim 3) U_2$ 以下,再根据电机历次运行经验及运行情况、其他试验结果,可鉴定其老化程度。

试验接线如图 3.29 所示。与直流电压下测量泄漏电流相同,只是这时用交流高压和交流电流表。图中 L、C 为低能滤波器,以改善电压波形,试验电压用电压互感器 PT 测量。交流电流表置于 A_1 或 A_2 处。

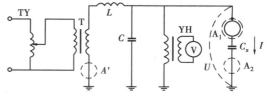

图 3.29　交流电流法的接线图

目前此方法只限于发电机绝缘,有较多的试验结果,对其他设备尚待研究。

(3)超低频试验法

用超低频电源对大容量试品进行耐压试验,试验所需电容电流减小,当频率越低,电容电流越小,所需试验变压器的容量也就越小,试验设备越轻便。

试验表明,频率在 $0.1 \sim 50Hz$ 范围内,多层介质内部的电压分布基本上是按电容分配的,因而用 $0.1Hz$ 的超低频进行耐压试验可以和 $50Hz$ 的交流耐压试验相当。此时试验变压器容量只有工频耐压试验的 $1/500$,此外,用超低频进行耐压试验对于发现电机端部绝缘的缺陷比工频耐压试验更加有效,在夹层绝缘中引起的介质损失较小,对绝缘的损伤也小。

试验电路各不相同,原理是一样的。从波形上看有三角波形和正弦波形两种。如图 3.30 所示,为超低频三角波形试验电路。试验变压器 T 提供工频高压,经整流器 D_1,D_2 整流后对时间常数较大的 R_1C 回路充电(R_1 为 $1 \sim 5M\Omega$,C 为 $0.5\mu F$,R_2 为 $1 \sim 3k\Omega$),使被试品 C_x 上的电压近似按指数曲线上升或下降,利用极性开关 K 每 5s 切换一次,便使被试品上电压换掉极性而得到 0.1 周的近似三角形的交变电压。

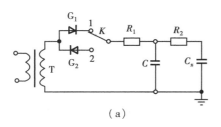
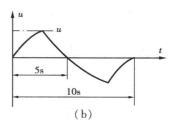

（a）　　　　　　　　　　　（b）

图 3.30　超低频三角波形试验电路

(a)接线图;(b)C_x 上的电压波形

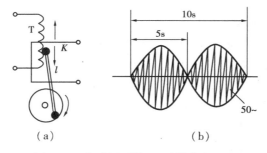

（a）　　　　　　　　　　　（b）

图 3.31　电动调压器(a)及输出电压(b)

也可有电动调压器供给试验变压器,如图 3.31 所示。可得 0.1 周正弦电压。联杆 L 随转盘转动而带支活动触头 K 在调压器 T 的绕组上来回滑动,这种滑动是简谐运动,故输出电压为正弦调幅波。若转盘每 10s 一转,便可得图(b)所示的输出电压波形,再经试验变压器升压后由极性开关每 5s 切换一次整流,在被试品上亦获得 0.1 周的正弦试验电压。超低频试验电压应为工频试验电压的 1.15 ~ 1.2 倍,绝缘中的电压分配与工频 50Hz 电压下基本一致,工程上是允许的。

对于有绕组的电气设备,可用感应高压试验来考验主绝缘、纵绝缘。即在变压器的低压侧加上约 2 倍的额定电压,而在变压器高压侧感应出相应的高电压来进行试验。试验时,施加于绕组的电压大于绕组的额定电压,可通过提高外施电源频率来限制,但试验时间应缩短。

3.7　直流耐压试验

对大电容量的被试品,也可用直流高压代替工频高压进行耐压试验,则试验设备的容量、重量均可减小,较为经济。且可根据泄漏电流的变化,判断绝缘状态。在直流下,绝缘没有介质损失,不会发热,不会加剧有机物的分解、老化和变质,可以抑制局部放电,比较容易发现电机端部的绝缘缺陷。在电力电缆直流耐压试验中,也可利用泄漏电流值寻找缺陷。但在直流下,对绝缘的考验不如交流下接近实际和准确。

直流耐压试验电压值的选择是参考交流耐压试验电压和交直流下击穿场强之间,并主要根据运行经验来确定。例如,对发电机定子绕组取 2 ~ 2.5 倍额定电压;对电力电缆,3,6,10kV 的取 5 ~ 6 倍额定电压;20,35kV 的取 4 ~ 5 倍额定电压;35kV 及以上则取 3 倍额定电压。直流耐压的时间可以比交流耐压长些。发电机试验时,以每级 5 倍额定电压分阶段地升高,每阶段停留 1min,并读取泄漏电流值,一般设备容量越大,试验时间越长,大容量设备,在 5 ~ 20min 中。

直流耐压试验的接线图与直流泄漏电流测量相同,只是所加电压更高,可确定电气设备的绝缘水平。

此外,一些高电压试验设备如冲击电压发生器、冲击电流发生器需要直流高电压作为其充电电源,在原子核物理和 X 射线的研究以及高压静电场的许多工业应用也是一项重要的设备。

3.7.1　直流高电压发生器

直流高压通常是由交流高压整流得到的。

图 3.32(a)为最基本的半波整流正极性直流电路。试验变压器 T 产生的交流高压经高压硅堆 D 整流为脉动高电压。R 为保护电阻,限制起始充电电流或短路电流不超过硅堆的允许短时过电流值。C 为高压滤波电容,将整流电压中的脉动分量滤掉。R_x 为被试品。在电源电压的正半波,高压硅堆 D 导通,变压器高压绕组通过硅堆 D、保护电阻 R 向电容 C 充电,空载时,电容器上的最大电压 U_C 可达电源电压的幅值 U_m(即 $U_C = U_m$),此时 D 截止,电容器 C 两端电压维持恒定电压 U_C。电源电压处于负半周时,硅堆 D 一直处于截止状态,其上的电压 u_r 为电容器 C 两端电压 U_C 加上变压器高压侧交流电压,即

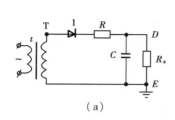
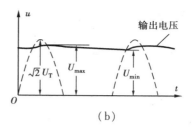

（a）　　　　　　　　　　　　　　　　（b）

图 3.32　半波整流电路及输出电压波形

（a）半波整流电路；（b）输出电压波形

$$u_r = U_C + U_m \sin\omega t \qquad (3.18)$$

最大反向电压可达 $2U_m$。因此，在选择硅堆时应使其反向峰值电压 U_r 大于 $2U_m$。表 3.3 列出了一些常用的高压硅堆的技术参数，以供参考。表中平均整流电流是指纯电阻负载电流，若负载为容性，则平均整流电流应降低 20％ 使用。

表 3.3　高压硅堆的技术参数

型　号	反向工作峰值电压 /kV	反向电流 +25℃ /μA	正向压降 /V	平均整流电流/μA		外形尺寸/mm		
				40℃	100℃	长	宽	高
2DL 20/0.05	20	≤5	≤20	50	20	120	25	15
2DL 30/0.05	30	≤5	≤25	50	20	150	30	15
2DL 50/0.05	50	≤5	≤40	50	20	150	30	15
2DL 150/0.05	150	≤10	≤120	50	20	400	30	22
2DL 20/0.1	20	5	35	100	20	120	25	20
2DL 50/0.1	50	10	50	100	150	150	30	22
2DL 100/0.1	100	10	70	100	50	300	30	25
2CL 20/0.2	20	5	40	200	100	120	25	20
2CL 50/0.2	50	10	80	200	100	150	30	20
2CL 100/0.2	100	10	150	200	100	250	30	20
2DL 50/0.5	50	5	40	500	200	300	55	20
2DL 100/0.5	100	5	70	500	200	400	60	20
2DL 50/1	50	5	55	1 000	400	400	65	20
2DL 100/1	100	5	80	1 000	400	450	80	30
2DL 50/2	50	≤10	≤35	2 000	800	400	25	30
2DL 50/3	50	≤10	35	3 000	—	400	90	35
2DL 30/5	30	≤10	≤25	5 000	—	400	150	35

注：允许的短时过载电流平均值与过载时间有关，但均远大于平均整流电流，每种型号、规格硅堆的短时过载电流平均值可从产品样本的过载特性曲线中查明。

接上被试品 R_x 后,由于充电回路中的电压降,电容 C 不能充电到交流电压的幅值 U_m。当 D 截止时,电容器 C 通过被试品放电,被试品电阻 R_x 一般很大,电容器 C 上电压降低缓慢,直到另一正半波来临,硅堆正向导通,对 C 又充电,重复上述过程。因此在被试品 R_x 上得到较稳定的脉动直流电压,如图 3.32(b) 所示。

由图 3.32(b) 可得:

平均直流电压:
$$U_d = \frac{U_{max} + U_{min}}{2}$$

脉动幅值:
$$\delta U = \frac{U_{max} - U_{min}}{2}$$

脉动系数:
$$S = \frac{\delta U}{U_d}$$

对半波整流电路,$S \approx \dfrac{1}{2R_x C f}$

被试品电阻越小,泄漏电流越大,电压脉动越大。根据国标要求加在被试品上的脉动电压的脉动系数不超过 3%。

为了获得很高的直流电压,可用如图 3.33(a) 所示的倍压整流电路,输出电压可接近试验变压器高压侧峰值电压的两倍。在图 3.33(a) 中当电源电压为负半波(试验变压器绕组接地端为正)时,D_1 导通,C_1 充电到 U_m,在电源电压为正半波时,D_2 导通,变压器电压与电容器 C_1 上的电压叠加,经 D_2 对 C_2 充电,可使无载时电容器 C_2 上电压升至 $2U_m$。T,F,D 各点电位 u_T,u_F,u_D 的变化如图 3.33(b) 所示。电容器 C_2 两端电压即输出电压为试验变压器输出电压幅值 U_m 的 2 倍,故称为倍压电路。

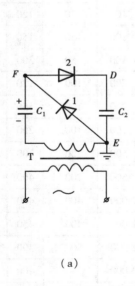

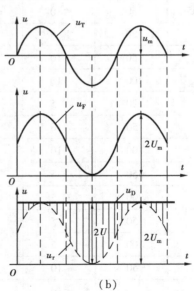

(a)　　　　　　　　　　　　　　　　(b)

图 3.33　被试品倍压整流电路及电路中各点的电压波形

为了得到更高的电压,可采用若干个倍压电路串接起来,如图 3.34 所示为串级直流高压发生器的原理接线图。其工作原理为:当电源电压为负半波时,D_1,D_3,D_5,…,D_{2n-1} 导通;正半波时,D_2,D_4,D_6,…,D_{2n} 导通。当试验变压器电压为 U_m 时,空载时直流高压输出电压可达

$2nU_m$。图中右侧每台电容器上的电压为$2U_m$,左侧C_1上的电压为U_m,其余电容上电压为$2U_m$,左侧各点对地电压是脉动的,分别在$0 \sim 2U_m$,$2U_m \sim 4U_m$,$4U_m \sim 6U_m$,$\cdots$,$(2n-2)U_m \sim 2nU_m$之间作周期性变化,右侧各点电压分别为$2U_m$,$4U_m$,$6U_m$,$\cdots$,$2nU_m$。

当接有负载时,输出电压要降低,为一脉动电压,级数越多,脉动越大。

3.7.2 直流高电压的测量

(1)高电阻串联微安表测量

如图3.35所示是高电阻串联微安表测量示意图。当被测直流高压加在高阻值电阻R上,则R中流过电流,使与R串联的微安表上有指示,为该电压下流过R的电流平均值。因此,可根据微安表指示的电流值来表示被测直流电压的数值。将微安表的电流刻度直接换成相应的电压刻度;或事先校验出直流电压与微安表的关系曲线,使用时根据微安表的读数,直接查出相应的电压值。被测电压为:

$$U_{av} = RI_{av-} \qquad (V)$$

式中　I_{av}——微安表读数(μA);

　　　R——高值电阻($M\Omega$)

R的数值,根据U_{av}的大小和电流I_{av-}决定。当被测电压较高时,电阻宜适当大些,以减小杂散电流带来

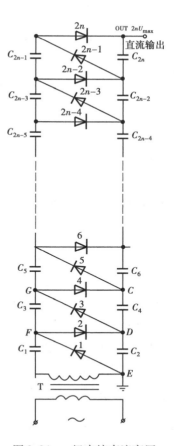

图3.34　n级串接直流高压
发生器原理图

的误差,一般为$10 \sim 20 M\Omega / kV$。微安表选$0 \sim 50 \mu A$或$0 \sim 100 \mu A$。高值电阻R可用金属膜电阻、碳膜电阻多个元件串联组成,其数值稳定,每个电阻容量不小于$1W$。为提高稳定性和减少电阻支持架表面泄漏电流,将电阻密封在绝缘筒内,充油。电阻上端装均压环,连接微安表的导线用屏蔽线,以防止电晕;为防止高值电阻闪络时微安表中流过过大电流,或低压臂出现高压,与微安表并联接入放电管P,放电管的放电电压略高于微安表最大允许电压,一旦电流超过允许值就放电。

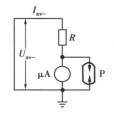

图3.35　微安表串联高值
电阻测量直流高压示意图
R—高值电阻;
P—保护微安表的放电管

(2)电阻分压器

如图3.36所示电阻分压器。被测电压U加在组合体上,由图可得:

$$U_2 = \frac{R_2}{R_1 + R_2}U$$

若U_2,R_1,R_2已知,则

$$U = \frac{R_1 + R_2}{R_2}U_2 = k_1 U_2 \qquad (3.19)$$

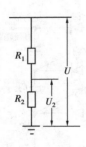

图 3.36　电阻分压器

式中　$k_1 = \dfrac{R_1 + R_2}{R_2}$ 称为分压比。

高压臂电阻 R_1 与上述高值电阻无根本区别,低压臂上电压多用静电电压表来测量。

此外,静电电压表、球隙也可用来测量直流高压。静电电压表测量的是脉动直流电压平均值,球隙测量的是其峰值。

对直流电压的脉动幅值测量可采用下面方法:

①高压电容器串接电阻,用示波器测量电阻的电压。

②用电流表测量流过电容器的全波整流电流。

③分压器配合示波器测量直流电压波形。

3.8　冲击高压试验

电气设备在运行中会遇到大气过电压和操作过电压的作用,在过电压作用下,电气设备应具有一定的抗电强度。冲击高压试验就是用来检验电气设备在过电压作用下的绝缘性能或保护性能的。冲击试验电压的幅值和波形应符合国家有关标准的规定,因此必须研究冲击高压产生的方法和测量手段。

3.8.1　冲击高压的产生

冲击高压是由冲击电压发生器产生的。

(1)单级冲击电压产生器

如图 3.37(a)所示,试验变压器 T 输出的交流电压经高压硅堆 D 整流后对主电容 C_0 充电至 U_m。若球隙 G 在外部作用下击穿,C_0 经 G 放电,如图 3.37(b)所示。在此过程中,可产生冲击电压。

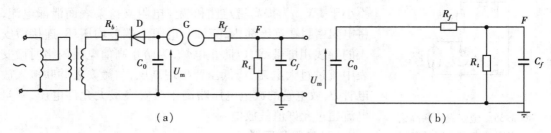

（a）　　　　　　　　　　　　　　　　　　　（b）

图 3.37　单级冲击电压产生器原理接线图(a)及 C_0 放电电路(b)

设 $C_0 \gg C_f$,在 G 击穿后,C_0 经 R_f 向 C_f 充电,同时经 R_t 放电,若选择 $R_t \gg R_f$,则 R_t 放电过程可略去。因为 C_0 比 C_f 大得多,故 C_f 充电时 C_0 可视为直流电源。则 C_f 上的电压可近似为:

$$u_f = U_0(1 - e^{-t/\tau_1}) \tag{3.20}$$

式中　$\tau_1 \approx R_f C_f$

当 C_f 充满电后,若忽略 R_f 上的压降和向 R_t 放电,则 C_f 能充到的最大电压为 C_0 上的电压。在 C_f 与 C_0 并联向 R_t 放电时,C_f 上的电压为:

$$u_{Cf} = u_{C_0} = u_f = U_m e^{-t/\tau_2} \tag{3.21}$$

式中　$\tau_2 \approx R_t(C_0 + C_f)$　　　（因为 $R_t \gg R_f$，故略去 R_f）

（3.20）式描述了冲击波的波前形成过程，（3.21）式则描述了波尾的变化规律，二者组合就是电压冲击波。波头主要受 R_f, C_f 的制约，故称 R_f 为波头电阻，C_f 为波头电容；波尾长度主要取决于 R_t, C_0，故称 R_t 为波尾电阻。

根据标准波定义，设 $t = t_1, u = 0.3U_0；t = t_2, u = 0.9U_0；t = t_3, u = 0.5U_0$。由式（3.20）可得：

$$\begin{cases} 0.3U_0 = U_0(1 - e^{-t_1/\tau_1}) \\ 0.9U_0 = U_0(1 - e^{-t_2/\tau_1}) \end{cases}$$

两式相除得：$e^{\frac{t_1 + t_2}{\tau_1}} = 7$

波头 $T_1 = 1.67(t_2 - t_1) = 1.67\tau_1 \ln 7 = 3.24 R_f C_f \tag{3.22}$

由式（3.21）可得：

$$0.5U_0 = U_m e^{-t_3/\tau_2}$$

波尾 $T_2 = \tau_2 \ln 2 = 0.69\tau_2 = 0.69R_t(C_0 + C_f) \tag{3.23}$

这样，根据式（3.22），式（3.23），通过调节电阻 R_f, R_t，即可在 C_f 上产生所需的双指数波形的高电压。

描述冲击电压发生器特性的参数有以下 4 个：

①额定电压；

②冲击电压发生器的级数；

③冲击电压发生器的最大冲击能量。

由图 3.37 可知，一次放电过程中电源向冲击电压发生器传送的能量为：

$$W = \frac{1}{2}C_0 U_m^2 \quad \text{J}$$

但发生器不可能将所获得的能量全部输出，因为 C_f 不能全部获得这些能量。C_0 向 C_f 充电时，电荷 $C_0 U_m$ 分在 C_0 和 C_f 之间重新分配，C_f 上最大可能的充电电压 $\hat{U}_m$ 必然小于 U_m，则冲击电压发生器的最大冲击能量为：

$$W' = \frac{1}{2}C_0 \hat{U}_m^2$$

可达几十千焦（kJ），几百 kJ 或几千 kJ。

④效率 η

$$\eta = \frac{\text{冲击电压峰值 } \hat{U}_m}{\text{主电容充电电压 } U_m}$$

在图 3.37 中球隙放电前，电容 C_0 原有电荷量为 $C_0 U_m$，球隙放电后，如忽略 C_0 经 R_t 放掉的电荷，则 C_0 分给 C_f 一部分电荷后，C_0 和 C_f 上的电压为：

$$\hat{U}_m \approx \frac{C_0}{C_0 + C_f} U_m$$

电路效率为

$$\eta \approx \frac{C_0}{C_0 + C_f} \tag{3.24}$$

若将 R_f 移到前，如图 3.38 所示，由于 R_f 上的电压降，C_f 能充到的最大电压 $\hat{U}_m$ 小于 C_0 上

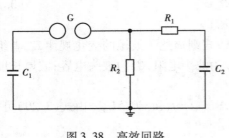

图 3.38 高效回路

的电压 U_m，忽略 C_0 经 R_t 放掉的电荷，则

$$\hat{U}_m \approx \frac{C_0}{C_0 + C_f} \cdot \frac{R_t}{R_f + R_t} U_m$$

回路效率为 $\eta \approx \dfrac{C_0}{C_0 + C_f} \cdot \dfrac{R_t}{R_f + R_t}$ (3.25)

前者效率可达 0.9 以上，称为高效率回路；后者效率为 0.7~0.8，称为低效率回路。

由于受到硅堆和电容器额定电压的限制，单级冲击电压发生器的最高电压不超过 200~300kV。

(2) 多级冲击电压发生器

为了获得更高的冲击电压，可利用多级冲击电压发生器。

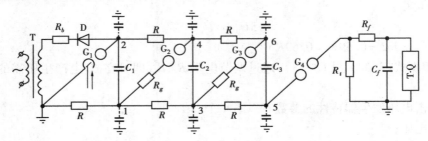

图 3.39 多级冲击电压发生器的基本电路

图 3.39 为简单的多级冲击电压发生器原理图。图中 G_4 相当于图 3.36 中 G，$\sum R_g + R_f$ 相当于 R_t。变压器 T 通过保护电阻 R_b（又称充电电阻）经硅堆 D 整流向电容器 C 充电，每一个电容通过隔离电阻 R 相并联，称为电容并联充电。充满电时，电容器上电压可达电源电压 u，调节各球隙击穿电压为前一级球隙击穿电压的 $1.2U_m$ 左右，冲击高压是通过球隙 G_1，G_2，G_3，G_4 的同步点火击穿而在瞬间把全部并联充电的电容改换为串联，对 C_f'（为 C_f 及被试品电容 C_x）放电得到。充电完毕后，1,3,5 电位达 0;2,4,6 各点电位为 $-U_m$（U_m 为电源电压最大值）。此时，在球隙 G_1 上引入一点火脉冲，G_1 击穿;点 2 电位跃升至 0，点 1 电位升至 $+U_m$，球隙 G_2 上的电压为 $2U_m$，立即击穿;点 4 电位跃升至 $+U_m$，点 3 电位升至 $+2U_m$，点 6 电位仍是 $-U_m$，故球隙 G_3 上电压为 $3U_m$，球隙 G_3 立即击穿，点 6 电位升至 $+2U_m$，点 5 电位升至 $+3U_m$，球隙 G_4 上的电压为 $3U_m$，立即击穿。选择电阻 R 数值较大（数千欧以上），在冲击放电过程上相当于断路。于是 C_1—R_g—G_2—C_2—R_g—G_3—C_3—R_g—G_4 形成串联放电，相当于一个 $+3U_m$ 的直流电源通过 R_f 向 C_f 充电，同时经 R_t 放电，这以后过程与前面图 3.35 所示电路的过程无异。

设级数为 n，n 级电容串联后的总电压为 $U_0 = nu$，串联后总电容为 C_0，如每级电容均取一样为 C，则 $C_0 = \dfrac{C}{n}$，称为冲击电压发生器的主电容，通常为被试品电容 C_x 的 10~15 倍。在此过程中，1~6 各点对地存在寄生电容，其值极小，其充电过程瞬时完成。为了阻尼各级球隙击穿时各点对地寄生电容和引线电感发生振荡，在球隙上串联一电阻 R_g，此电阻起阻尼振荡作用，称为阻尼电阻。但这一电阻是串联在串联放电回路中的，在 $\sum R_g$ 上有一定压降，使得 C_f 上电压降低，因此这是一种低效回路。其效率由式(3.25)可得：

$$\eta \approx \frac{C_0}{C_0 + C_f} \cdot \frac{R_t}{\sum R_g + R_t} \qquad (3.26)$$

多级高效冲击电压发生器的原理图如图 3.40 所示,等值电路如图 3.41 所示。

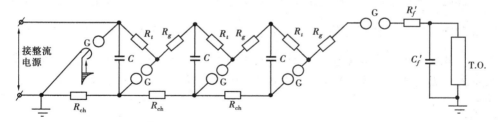

图 3.40 高效三级冲击电压发生器的接线图

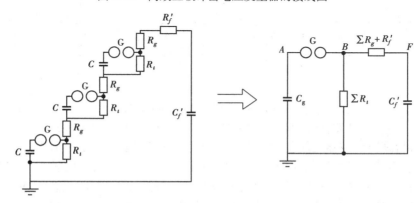

图 3.41 高效冲击电压发生器的等效回路

高效回路的效率为

$$\eta \approx \frac{C_0}{C_0 + C_f} \qquad (3.27)$$

(3)操作冲击高压的获得

可利用冲击电压发生器来产生操作冲击高压,只要对各参数按波形做适当调整即可。但由于波头时间和波尾时间较长,因此,发生器利用率较低;同时,隔离电阻 R 对波头、波尾的影响不能忽略。为减小其影响,隔离电阻 R 至少比 R_f、R_t 要大一数量级,而 R 过大时,会使充电时间和充电不均匀性达到不可接受的地步。因此,R 不能过大,只能在调整波形时考虑各级电阻对 R 放电这一因素。经分析考虑 R 后,相当于在波尾电阻 R_t 上并联一个电阻,其值为 $nR/3$。

此外,在现场对变压器进行操作耐压试验时,可利用变压器本身产生操作波,简单且实用。

3.8.2 冲击高电压的测量

(1)冲击高压测量的一般方法

可采用球隙测量冲击高压最大值;可采用分压器分出较低的电压后用峰值电压表测量幅值,或用高压示波器记录电压波形进行测量。最常用的是分压器-高压示波器(或峰值电压表)。

测量冲击电压的分压器有电阻型、电容型、阻容型。电阻型分压器理想的分压比为 $\dfrac{R_1 + R_2}{R_2}$，高低压臂均为电阻，稳态电阻分压器相比，其电阻值小得多。用于测量冲击电压，一般为 $10 \sim 20\mathrm{k}\Omega$，比测量直流电压的阻值小，测量电压约 1MV 左右。采用屏蔽式电阻分压器，可测量 2.5MV。电容分压器理想分压比为 $\dfrac{C_1 + C_2}{C_2}$，可测电压达 $5 \sim 6$MV，也可测交流，但使用的电压低。串联或并联的阻容分压器，综合上面两种分压器特点，可测冲击、交流、直流，电压可达数兆伏。初始分压比按电阻分配，稳态分压比按电容分配，二者相等或接近。

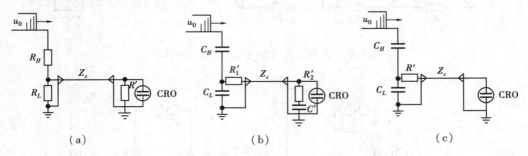

图 3.42　分压器与示波器间的连接
（a）电阻分压器接线;（b）电容分压器接线;（c）电容分压器接线

在分压器与高压示波器之间往往要有段距离。为了将分压器输出电压尽可能不受干扰地传到示波器,也为了使示波器与被测电压同步,保证人身设备安全,用同轴电缆将分压器和示波器连接起来,电缆的末端一般应用匹配电阻 R',R' 与电缆波阻相等,以防止冲击电压到达示波器时的反射引起波的畸变或衰减。图 3.42 为分压器和示波器间的连接图。

高压示波器或峰值电压表,用以测量电压波形或幅值,并予以记录。

(2)高压示波器

冲击信号是单次的快速过程,持续时间一般为微秒级甚至是毫微秒级,且发生的时刻有时是随机的、不可控的,用普通的示波器是不能在荧光屏上显示出来这种信号。因为冲击信号产生的电子射线能量不够,在荧光屏上得不到清晰的波形曲线,而高压示波器具有高加速电压,能产生具有高能量的电子射线,因此可直接测量冲击信号,在球隙、峰值电压表等测量中也可作为校验设备。

高压示波器有如下 5 个主要组成部分,它们的关系如图 3.43 所示。其作用如下:

示波管:产生电子射线,记录波形。

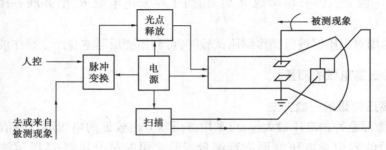

图 3.43　高压示波器主要组成部分之间的关系

光点释放装置:开放及闭锁电子射线。

扫描装置:使射线自左向右作水平偏转。

启动装置或脉冲变换装置:使电子射线、扫描及被测信号同步。

电源部分:供给以上各部分电源。

高压示波器具有以下特点:

第一,示波管的阳极加速电压较高。通常达 $10 \sim 20kV$,以保证有极高的记录速度。现代高压示波器的最大记录速度高达 $20 \sim 50m/\mu s$。

第二,由于电子束的能量很大,不允许较长时间地冲击荧光屏,故平时由光点释放装置将电子束闭锁,在需要时开放,经一定时延后,又自动闭锁。

第三,由于信号变化极快,要求示波器方波响应的上升速度极快,以使示波图的失真度最小。

第四,同步控制。要描述一个完整的波形,首先要有电子射线到达荧光屏,其次启动扫描装置使射线作水平偏转,然后使被测信号作用到示波管的现象板上。这三步动作必须在极短暂的时间内顺序完成,由启动装置或脉冲变换装置来完成。

第五,存贮、打印和照相。由于被测信号是高速变化的单次现象,瞬间即逝,必须预先等待摄影,才能记录下来。

第六,电源稳定。由于示波器的偏转灵敏度与加速电压成反比,为了保证测量精度,一般规定实际加速电压与额定值之差应小于 $\pm 1\%$;时标的误差应小于 $\pm 2\%$。为了达到这些要求,最好在交流电源侧装备稳压装置。

3.8.3　冲击高压试验

(1)雷电冲击高压试验

为确定电气设备的冲击绝缘强度,对自恢复绝缘进行 $X\%$ 击穿电压试验,对非自恢复绝缘进行冲击击穿电压试验。

为检验电气设备的冲击耐受强度,进行冲击耐受电压试验及伏秒特性试验。

对有绕组的电气设备,采用示伤方法。有以下几种:如图 3.44。

1)电压波形法

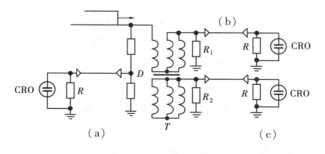

图 3.44　变压器冲击试验示伤方法

(a)电压波形法;(b)中性点电流法;(c)电容电流法

T—被试变压器;R_1,R_2—示伤电阻($10 \sim 50\Omega$);D—分压器;

R—匹配电阻;CRO—高压示波器

测量绕组在 100% 试验电压下的电压波形与 50% 试验电压下的波形相比较,如有畸变,则绝缘有故障。示伤灵敏度较低,约 10% 。

2)中性点电流法

让中性点电流通过一示伤电阻 R 来观察来波波形。按 50% 试验电压下的中性点电流波形(正常)与 100% 试验电压下的中性点电流波形(示伤)来比较判断故障。当匝间、层间绝缘击穿时,中性点电流要加大,波形上翘;当发生对地故障,则下截。

3)电容电流法

测量高、低压绕组之间的电容电流的变化情况,让电容电流通过示伤电阻 R 来观察其波形,以比较判断故障,还可根据波在变压器绕组中的传播速度来估计故障位置。

(2)操作冲击高压试验

对变压器类被试品,进行操作冲击耐压试验时,大多采用感应法,与 3 倍频感应试验相似。感应试验使试验设备简便,示伤灵敏度高,示伤方法与上述相似。

3.9 电气设备的在线检测技术

3.9.1 绝缘检测的重要性与带电检测

定期对电气设备进行绝缘试验可以发现一些绝缘缺陷,防患于未然,这是十分重要的。但这些绝缘试验都必须在停电以后才能进行,因此合理地确定试验周期将影响到系统的经济可靠性。而电气设备是昼夜不停地连续工作的,各种设备的负荷情况不同,如电力电容器一直保持满负荷,而变压器一般为 80% ,到了夜间或节假日就降至 10% 及以下。但不管负荷多少,电力系统中的所有设备总是一刻不停地连续运行着,因此,轻负荷时就存在可能引起短路、接地等事故的潜伏因素的话,那么到了带负荷时就会成为过负荷、三相设备单相运行和热击穿之类事故的危险的起因。这就说明,固然有的故障只有在停止工作后才能找到,但是也有的故障必须在运行中才能确定,还有不少故障只有通过试送电才能查明原因。因此,对电气设备的绝缘进行带电检测是非常必要的。此外,现行的交流电压的设备,其运行相电压大多已达 $110/\sqrt{3}\sim$ $500/\sqrt{3}\text{kV}$,按现行规程进行非破坏性试验时所加的试验电压一般都不超过 10kV,远小于电气设备的工作电压,以致即使在工作电压下绝缘中所含的气隙或油隙中已发生过局部击穿现象,而在很低试验电压下仍被通过,发现不了。因此,对运行电压下的绝缘情况难以真实反映。例如,某地区电业局一台 $QY110/\sqrt{3}-0.0066$ 的耦合电容器,停电试验合格,运行不到 3 个月就发生大爆炸。如能利用运行电压本身对电气设备绝缘进行试验,则可大大提高试验的真实性和灵敏性,这就是在线检测的一个重要出发点。另一方面,也不需要申请停电来进行试验,对系统运行更为有利,而且可根据设备绝缘状况的好坏选择不同的在线检测周期,可以显著提高绝缘试验的灵活性,试验的有效程度可大大提高。

近年来,随着传感技术、光纤技术、计算机技术等的发展和应用,使得电气设备的在线监测及诊断成为了可能。这样不仅有可能使原来停电试验下进行的项目可改为在线监测,而且还可以根据带电监测的特点测量其他新的参数,更有利于综合判断。如果引入微机系统,还可以自动分析判断,去伪存真,确定监测周期,打印或显示诊断结论,甚至自动报警,并与整个变电站或电网的监控系统联网。

目前比较成熟的绝缘在线监测方法主要有以下几种。

3.9.2　电流在线监测

对于电容式电压互感器、电容式套管、耦合电容器等这类电容型试品,可视为由多层绝缘串联而成。正常时的等值电路如图 3.45 所示。当其中一层有显著缺陷时,其等值电路如图 3.45(c)所示。C_1,R_1 表示正常绝缘;C',R' 表示故障层绝缘。在以前的绝缘试验中,将其分解成每层,定期对其进行电容量 C,介质损耗角正切角 $\tan\delta$ 等的测量,可以发现故障层,但测量工作量大,需停电进行,且当被试品不可分解时,局部缺陷有时不能被发现。而在线检测可在运行电压下测量流过被试品电流 I、电容量 C 及 $\tan\delta$ 的变化 $\Delta I/I_0$,$\Delta C/C_0$,$\Delta\tan\delta$,就能反映出内层绝缘缺陷,如图3.46所示。从图中可见,随绝缘缺陷层$\tan\delta$的增大,三者反映缺陷的灵敏

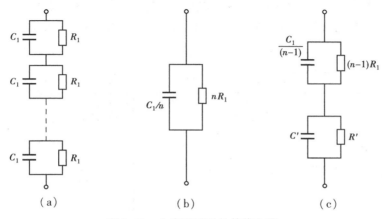

图 3.45　电容型试品的等值电路

(a)(b)正常时的等值电路;(c)有一层缺陷时的等值电路

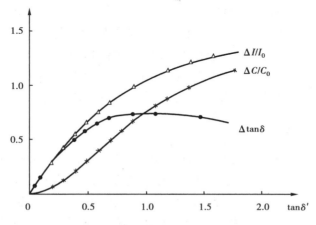

图 3.46　当多层串联有一层缺陷时

$\Delta I/I_0$,$\Delta C/C_0$,$\Delta\tan\delta$ 测量值随

局部缺陷 $\tan\delta'$的变化

度不同,$\Delta I/I_0$ 比测量另两个参数的灵敏度高。对于实际的三相系统,正常时,三相电容型试品的电流近似平衡,其总和近似为零。当某一相电容型试品有缺陷时,三相电流不平衡,可以测量其不平衡电流来监测三相同类电容型试品的绝缘状态,如图 3.47 所示。此时通过电流表的电流包括三相不平衡电流 $\dot{i}_0$ 和通过附近母线或其他设备的杂散不平衡电流 $\dot{i}_d$。当绝缘中有缺陷时,$\dot{i}_0$ 增加了 $\Delta \dot{i}$,其比例为 K(也称为信噪比)

$$K = \frac{|\dot{i}_0 + \Delta \dot{i} + \dot{i}_d|}{|\dot{i}_0 + \dot{i}_d|}$$

当由于缺陷而使增加的电流与原来的不平衡电流相位接近时,电流幅值的增加才明显。而对一般电容型试品,在制造时对其电容量就容许有 ±10% 的差别,因此只有当缺陷导致导纳变化达 15% 以上时,才能明确地鉴别出来,因而监测三相总电流对早期缺陷不灵敏。为了提高三相不平衡电流的灵敏度,改用如图 3.48 所示的原理来测量不平衡电压 U_0。在中性点处串接一取样电阻 R_0,测其三相 ΔI 的总和;其灵敏度增大,在"U_0"处接以毫伏表,就可对由于缺陷所引起的不平衡信号进行在线监测。如接入微机系统,可根据需要加入实用功能单元,如打印、储存、报警等。

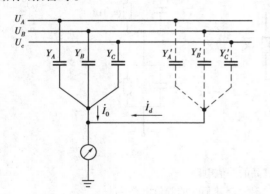

图 3.47 测量三相电流和的接线图

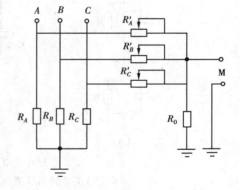

图 3.48 测中性点不平衡信号原理图

为提高检测的灵敏度,在图 3.48 中加入一补偿装置 R'_A,R'_B,R'_C,当试品正常时,先调节 $R'_A \sim R'_C$ 使此时不平衡电压 U_0 降到 0 或很小;以后当试品里有缺陷时,U_0 就显著变化。

此法也可实现对其他设备的在线监测,如对避雷器中的非线性电阻进行检测。

根据不平衡补偿法原理已有成熟的监测仪,已有较好的使用记录。

3.9.3 tanδ 的在线监测

在运行电压下测量电气设备的 tanδ,仍可用前述的西林电桥的原理,但需要耐压等级比运行电压更高的标准电容器,如采用通常配套的标准电容器,其工作电压为 10kV,则需要加入电压互感器 PT,如图 3.49 所示。互感器的误差可经事先校正,$R_3、C_4$ 的调节可手动,可自动。

数字式测量 tanδ 的基本原理可用积分法或计数法,可利用微机来读取试验电压、电流信号,还可采用多次测量取平均值及消除回路误差等措施,以提高测量 tanδ 的准确度。

在带电监测时,电压信号 u_u 可由电压互感器 PT 的二次侧再经分压后取得;而电流信号 u_i 的获取有两种方法:一种是在被试品接地端接入一取样电阻 R,为了确保安全,要装有周密的保护装置,如图 3.50 所示;另一种是不串入接地端,而用钳形电流表式的电流互感器,从接地侧感应得电流信号。后者更安全、简便,但测量 $\tan\delta$ 的准确度较难保证。

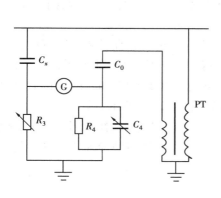

图 3.49　电桥法在线监测 $\tan\delta$ 原理图
C_x—试品;C_0—低压标准电容器;
G—检流计

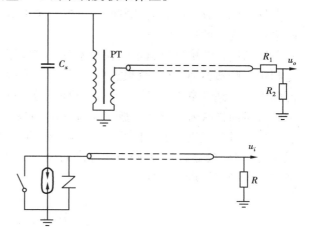

图 3.50　在线监测 $\tan\delta$ 原理接线图

3.9.4　局部放电的在线监测

局部放电在现场带电监测时,由于干扰问题比实验室更为突出,可以用前面所述的超声波更适合,但灵敏度比电测法低。

将电测法和声测法配合使用,用多探头同时检测,以提高检测准确性,且能标定任何部位产生的局部放电。图 3.51 所示是用超声波探测器测定变压器中局部放电的试验回路。变压器内产生局部放电时,除了产生电气信号外,还有超声波向四周传播。放电脉冲触发示波器,然后测定放在箱壳上的多个放电探头所听到局部放电声音时的延迟时间。只要将这种超声波比电流脉冲波延迟时间乘上超声波在油中传播的速度 1.4m/ms,即可知道超声波在油中的传播距离,这样就可以标定产生局部放电的部位。

为提高抗干扰能力,脉冲信号的传输采取用了光纤传播方式,或用差分回路来减小外来电磁干扰;在某相位处用开"窗口"的方法来消除固定相位的干扰;或用多次测量后进行平均化处理等。

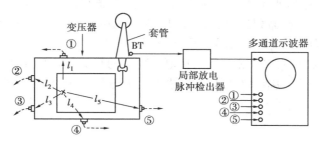

图 3.51　声测法测定局部放电的试验回路

对 GIS 内的局部放电测试与变压器测试原理相同,只是将针状电极埋入 GIS 绝缘隔板的屏蔽上,就能测出 GIS 的局部放电,对单相 GIS 还能靠感应电压作为检出口的电源。

3.9.5　油中气体含量的在线监测

气相色谱分析能有效地判断出电气设备内潜伏性故障,如能实现在线检测,则对及时发现缺陷是更为有效的。

现场进行油中气体含量的在线检测关键在于脱气装置。现场的脱气装置现有两种:一种是利用某些塑料薄膜(如聚酰亚胺、聚四氟乙烯等)独特的透气性,只让油中所含的气体能从薄膜中透析到气室内,如图 3.52(a)所示;另一种是用电磁阀取出约 100ml 的油样后,再用小型脱气对油样吹入空气而释放出某些气体(如氢气),如图 3.52(b)所示。

如仅对氢气进行连续监测,则是最简单的一种。采用合适的气敏电阻即可。例如,钯栅场效应管与 H_2 接触后,其开路电压随之而改变;而以 SnO_2 为主的烧结型半导体,其电阻会随周围的气体中含氢量而改变。

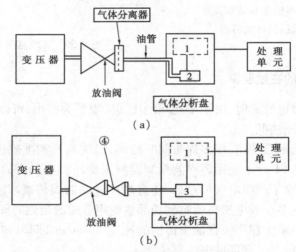

图 3.52　现场用色谱分析系统

1—实时气体分析器;2—CO_2 传感器;3—小型脱气装置;4—电磁阀

也有采用对氢气或可燃气体总量(TCG 即 Total Comhustive Gas)进行简易的在线监测,当有需要时可进一步采用 4 种,6 种或 11 种气体成分的色谱仪。如图 3.52 所示中的"1",是 6 种气体分析仪,直接与变压器相连,按需要的周期,自动将 H_2,CO_2,CH_4,C_2H_4,C_2H_6 及 C_2H_2 各为多少打印出来,而且还计算出 C_2H_2/C_2H_4,C_2H_4/C_2H_6 等比值,以便于分析。如再引入专家系统,则可根据各成分的含量、相互间的比值及变化的趋势等作出比较正确的判断结果,而且能将有关设备的各种试验结果及历史数据进行全面分析比较,对设备绝缘作出综合分析判断等工作。

复习思考题

3.1　绝缘试验的目的是什么? 它分为哪两大类?

3.2　测量绝缘电阻使用什么仪器? 它施加耐压被试设备上的电压是什么电压? 设备的绝缘

电阻取何时的测量读数？为什么？

3.3　电力电缆在进行直流耐压试验时，施加在电缆芯上的直流电压应为何种极性？为什么？画出用硅堆整流的正确接线图。

3.4　测量设备绝缘的 $\tan\delta$ 时施加什么电压？电压多高？测量 $\tan\delta$ 能发现什么缺陷？

3.5　如图 3.54 所示西林电桥电路中，通常开关 K 倒向 R_4 一方，即 R_4 与 C_4 电荷并联的。当被试器 C_x 的损耗小到比标准电容器 C_0 的还小时，电荷桥不能平衡。这时要将开头 K 倒向 $-\tan\delta$ 的一方才能调平衡，为什么？分析其测量结果。

3.6　画出交流耐压试验接线图，说明各元件的作用。此试验有何意义？

3.7　什么是容升现象？测量工频高压有何方法？

3.8　综述分析各种设备绝缘试验方法。

第 **2** 篇
电力系统过电压及其防护

电力系统中各种电气设备的绝缘在运行过程中除了长期受到工作电压的作用(要求它能长期耐受、不损坏、也不会迅速老化)外,由于种种原因还会受到比工作电压高得多的电压作用,会直接危害到绝缘的正常工作,造成事故。我们称这种对绝缘有危险的电压升高和电位差升高为"过电压"。

一般说来,过电压都是由于系统中的电磁场能量发生变化而引起的。究其原因,这种变化可能是由于系统外部突然加入一定的能量(例如雷击导线、设备或导线附近的大地)而引起的;或者是由于电力系统内部,当系统参数发生改变时,电磁场能量发生重新分配而引起。因此可将过电压作如下分类。

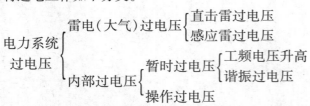

不论哪种过电压,它们作用时间虽较短(谐振过电压有时较长),但其数值较高,可能使电力系统的正常运行受到破坏,使设备绝缘受到威胁。因此为了保证系统安全、经济地运行,必须研究过电压产生的机理和它发展的物理过程、影响因素,从而提出限制过电压的措施,以保证电气设备能正常运行和得到可靠地保护。

第 **4** 章
线路及绕组中的波过程

电力系统中各元件都是通过导线联接成一个整体,而电力系统中的过电压绝大多数是发源于输电线路,在发生雷击或进行开关操作时,线路上都可能产生以流动波形式出现的过电压波。

过电压波在线路上的传播,就其本质而言是电磁场能量沿线路的传播过程,即在导线周围空间逐步建立起电场($\vec{E}$)和磁场($\vec{H}$)的过程,也即是在导线周围空间储存或传递电磁能的过程。这个过程的基本规律是储存在电场中的能量与储存在磁场中的能量彼此相等。空间中各点的 $\vec{E}$ 和 $\vec{H}$ 相互垂直,并处于同一平面内,与波的传播方向也相互垂直,故为一维电磁波。若用电磁场方程求解线路波过程就比较复杂,为了方便起见,一般用输电线路上的电压、电流波过程代替输电线周围空间的电磁场波过程。由于我们研究的过电压波的变化速度很快,其等值频率很高(例如雷电波的等值频率在 10^5 赫以上),波在架空输电线路上的传播速度近似为光速 $c = 300 \mathrm{m/\mu s}$,就必须用分布参数电路来分析,线路上各点在同一时刻的电压(电流)将可能不相等。因为电磁波的波长 $\lambda = v/f$,当 $f = 50$ 赫正弦工频电压时,$\lambda = 6\ 000 \mathrm{km}$,即一个电磁波分布距离为 $6\ 000 \mathrm{km}$,半波波长为 $3\ 000 \mathrm{km}$,四分之一波长为 $1\ 500 \mathrm{km}$,当首端电压为零时,在 $1\ 500 \mathrm{km}$ 处电压为 $+ U_\mathrm{m}$,$3\ 000 \mathrm{km}$ 处电压为零,$4\ 500 \mathrm{km}$ 处电压为 $- U_\mathrm{m}$,$6\ 000 \mathrm{km}$ 处电压为零。一般 220kV 线路平均长度只有 $200 \sim 250 \mathrm{km}$,在工频正弦电压条件下,沿线各点上电压(电流)相差不大,可近似认为相等,因此可近似用一个集中参数等值电路来表示。但在雷电波作用下,标准波头长度仅 $1.2 \mathrm{\mu s}$,分布距离为 $360 \mathrm{m}$,在 0 米处电压为零,但仅经过了 $360 \mathrm{m}$ 电压即上升到电压幅值,因此输电线路不能用集中参数电路模型,只能用分布参数模型来分析了。这时导线上的电压和电流既是时间的函数、又是空间的函数。即

$$\left. \begin{array}{l} u = f(x,t) \\ i = \varphi(x,t) \end{array} \right\}$$

本章将由简入繁介绍具体的求解方法。

4.1 无损耗单导线中的波过程

实际的输电线路,一般由多根平行架设的导线组成,各导线之间有电磁耦合,电磁过程较

复杂。通常从单导线着手研究输电线路波过程比较方便,进一步可推广到多导线系统的波过程。当输电线较短时,线路电阻 R_0 对波过程的影响可忽略不计,一般线路对地电导参数 G_0 也很小,也可忽略不计,这时线路作为单根无损线。

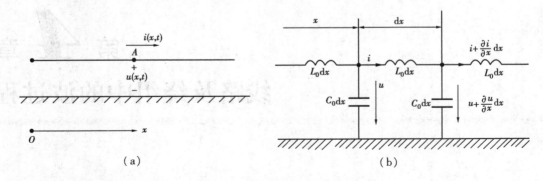

图 4.1　单根输电线路及其等值电路

(a)空间坐标及电流、电压的正方向;(b)一个微段线路的等值电路

单根无损线路(图 4.1),设首端是坐标原点,确定 X 轴正方向。在这条均匀分布的无损线上,电压、电流是空间、时间的函数,即

$$u = u(x,t)$$
$$i = i(x,t)$$

其参考方向如图 4.1 所示。线路单位长度的电感、电容分别是 L_0, C_0,而电阻、电导参数 $R_0 = 0$, $G_0 = 0$。

均匀无损单导线的方程为

$$-\frac{\partial u}{\partial x} = L_0 \frac{\partial i}{\partial t} \tag{4.1}$$

$$-\frac{\partial i}{\partial x} = C_0 \frac{\partial u}{\partial t} \tag{4.2}$$

这组偏微分方程可由拉普拉斯变换、或者分离变量法等多种方法求解,线路上的电流、电压为

$$u = u_q\left(t - \frac{x}{v}\right) + u_f\left(t + \frac{x}{v}\right) \tag{4.3}$$

$$i = \frac{1}{z}\left[u_q\left(t - \frac{x}{v}\right) - u_f\left(t + \frac{x}{v}\right)\right] \tag{4.4}$$

式中

$$v = \frac{1}{\sqrt{L_0 C_0}} \tag{4.5}$$

为输电线路上电磁波的传播速度。

$$Z = \sqrt{\frac{L_0}{C_0}} \tag{4.6}$$

为线路波阻抗。这两式中 $u_q\left(t - \frac{x}{v}\right)$ 相当于线路上沿 X 轴正方向传播的行波,叫前行波电压,$u_f\left(t + \frac{x}{v}\right)$ 相当于 X 轴上反方向传播的行波,叫反行波电压,显然波传播速度为 v。同理

$$i_q = \frac{1}{z} u_q\left(t - \frac{x}{v}\right) \tag{4.7}$$

为前行波电流,

$$i_f = \frac{1}{z} u_f\left(t + \frac{x}{v}\right) \tag{4.8}$$

为反行波电流。

为了更好地理解(4.3),(4.4)中前行波和反行波的空间运动概念,以前行波电压 $u_q\left(t - \frac{x}{v}\right)$ 为例(图4.2),其自变量是 $t - \frac{x}{v}$,规定 $t < \frac{x}{v}$ 时,$u_q\left(t - \frac{x}{v}\right) = 0$,当 $t \geqslant \frac{x}{v}$ 时,$u_q\left(t - \frac{x}{v}\right)$ 不等于0。图中左侧是 $t = t_1$ 时的电压波形。这时,$x = x_1$ 处波形上的电压是

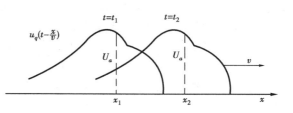

图4.2 前行电压波 $u_q\left(t - \frac{x}{v}\right)$ 流动的示意图

U_a,当 $t = t_2$ 时,波形发生移动,波形上具有相同电压 U_a 的点 X_2,必须满足

$$t_1 - \frac{x_1}{v} = t_2 - \frac{x_2}{v}$$

即

$$t - \frac{x}{v} = 常数$$

通过求导数

$$\frac{\mathrm{d}x}{\mathrm{d}t} = v$$

说明 $u_q\left(t - \frac{x}{v}\right)$ 是一个向 X 轴正方向移动的电压波,波速为 v,同理可说明 u_f, i_q, i_f 的物理意义。实际上单根无损线的方程(4.1),(4.2)可化为一维波动方程,$\frac{\partial^2 u}{\partial x^2} = \frac{1}{v^2}\frac{\partial^2 u}{\partial t^2}, \frac{\partial^2 i}{\partial x^2} = \frac{1}{v^2}\frac{\partial^2 i}{\partial t^2}$,即说明电压、电流是沿单根导线传播的一维电磁波。

(4.3)和(4.4)式中线路空间点上的电压电流 u、i 正方向按图(4.1)规定。但对空间流动的行波因极性不同应作一定规定:沿 x 轴正方向运动的正电荷形成的电流波为正电流波,反之为负。电压波符号仅决定于导线与大地电容上相应电荷符号,与运动方向无关。所以前行波 u_q, i_q 总是同号,反行波 u_f, i_f 总是反号,则有下式:

$$\left. \begin{array}{l} u(x,t) = u_q(x,t) + u_f(x,t) \\ i(x,t) = i_q(x,t) + i_f(x,t) \end{array} \right\} \tag{4.9}$$

(4.9)式说明线路上任意一点在某时刻的电压 $u(x,t)$,等于该点该时刻前行波电压和反行波电压之和,电流也是如此。

$$\left. \begin{array}{l} u_q(x,t) = Z i_q(x,t) \\ u_f(x,t) = -Z_1 i_f(x,t) \end{array} \right\} \tag{4.10}$$

(4.10)说明同方向的行波电压和行波电流之间是通过波阻抗 $Z = \sqrt{L_0/C_0}$ 联系的。

对单根架空导线，电感、电容参数由下式计算

$$L_0 = \frac{\mu_0}{2\pi} \ln \frac{2h}{r} \quad (\text{H/m}) \tag{4.11}$$

$$C_0 = \frac{2\pi\varepsilon_0}{\ln \dfrac{2h}{r}} \quad (\text{F/m}) \tag{4.12}$$

式中 $\mu_0 = 4\pi \times 10^{-7}$，$\varepsilon_0 = 8.84 \times 10^{-12}$，$h$——导线高度（m），$r$——导线半径（m）。

因而架空输电线上波传播速度为

$$v = \frac{1}{\sqrt{L_0 C_0}} = \frac{1}{\sqrt{\mu_0 \varepsilon_0}} = 3 \times 10^8 \text{m/s}$$

即架空线上电磁波传播速度与光速相同。对电缆而言，由于导体与外壳之间距离较近，电容较大，介质介电系数比空气的大，电缆中电磁波传播速度一般约为 $\left(\dfrac{1}{2} \sim \dfrac{1}{3}\right)$ 光速。

一般单导线架空线路波阻抗 $Z \approx 500\Omega$，分裂导线 $Z \approx 300\Omega$。

电缆线路因为其参数 C_0 大、L_0 小，其波阻抗数值在几欧到几十欧之间。

当线路上只有一个方向的行波，例如前行波 u_q，单位长度导线上电场能量和磁场能量分别是 $\dfrac{1}{2} C_0 u_q^2$ 和 $\dfrac{1}{2} L_0 i_q^2$，因为 $u_q = \sqrt{\dfrac{L_0}{C_0}} i_q$，故 $\dfrac{1}{2} C_0 u_q^2 = \dfrac{1}{2} L_0 i_q^2$，则单位长度导线的电场能量和磁场能量相等。单位长度导线的总能量是 $\dfrac{1}{2} C_0 u_q^2 + \dfrac{1}{2} L_0 i_q^2 = L_0 i_q^2 = C_0 u_q^2$，因为波的传播速度是 v，故单位时间内导线获得能量或通过的能量为 $v C_0 u_q^2 = v L_0 i_q^2 = u_q^2 / Z = i_q^2 Z$。

从上述功率观点来看，波阻抗与一个数值相等的电阻相当，但物理意义不同，电阻要消耗能量，而波阻抗不消耗能量，只是决定导线从外部吸收或传送的能量的大小。另外，电阻要随线路长度的增加而增大，而波阻抗与线路长度无关。

4.2 行波的折射和反射

在电力系统中常会遇到两条不同波阻抗的线路连接在一起的情况，如从架空输电线路到电缆或者相反，当行波传播到连接点时，如图 4.3 所示，在节点 A 的前后都必须保持单位长度导线的电场能量和磁场能量总和相等的规律，故必然要发生电磁场能量的重新分配过程，也就是说在节点 A 上将要发生行波的折射和反射。

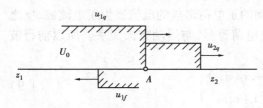

图 4.3　行波在节点 A 的折射与反射

如图 4.3 所示，两个不同的波阻抗 Z_1 和 Z_2 相连于 A 点，设 u_{1q}、i_{1q} 是 Z_1 线路中的前行波电压和电流（直角波，图 4.3 中仅画出电压波），常称为投射到节点 A 的入射波，在线路 Z_1 中的反行波 u_{1f}、i_{1f} 是由于入射波在节点 A 发生反射而产生的，称为反射波。波通过节点以后在线路 Z_2 中产生的前行波 u_{2q}、i_{2q} 是由入射波经节点 A 折射到线路 Z_2 中去的波，称为折射波。为了简

便,我们只分析线路 Z_2 中不存在反行波或 Z_2 中的反行波 u_{2f} 尚未达到节点 A 的情况。

由于在节点 A 处只能有一个电压值和电流值,即 A 点 Z_1 侧及 Z_2 侧的电压和电流在 A 点必须连续,在 Z_1 侧的电压、电流为

$$u_1 = u_{1q} + u_{1f}$$
$$i_1 = i_{1q} + i_{1f}$$

(4.13)

而 Z_2 侧的电压电流为

$$\left. \begin{array}{l} u_2 = u_{2q} \\ i_2 = i_{2q} \end{array} \right\}$$

(4.14)

u_{2q} 和 i_{2q} 的关系是 $u_{2q} = z_2 i_{2q}$。

根据边界条件:A 点只能有一个电压,一个电流,即 $u_1 = u_2$,$i_1 = i_2$,从上面两组公式可以得到

$$\left. \begin{array}{l} u_{1q} + u_{1f} = u_{2q} \\ i_{1q} + i_{1f} = i_{2q} \end{array} \right\}$$

(4.15)

这组公式中有如下关系,$i_{1q} = u_{1q}/Z_1$,$i_{1f} = -u_{1f}/Z_1$,$i_{2q} = u_{2q}/Z_2$,$u_{1q} = U_0$ 代入上式得

$$\left. \begin{array}{l} U_0 + u_{1f} = u_{2q} \\ \dfrac{U_0}{Z_1} - \dfrac{u_{1f}}{Z_1} = u_{2q}/Z_2 \end{array} \right\}$$

(4.16)

这组公式可看成方程组,未知数是 u_{1f} 和 u_{2q},解之得

$$\left. \begin{array}{l} u_{2q} = \dfrac{2Z_2}{Z_1 + Z_2}U_0 = \alpha U_0 = \alpha u_{1q} \\ u_{1f} = \dfrac{Z_2 - Z_1}{Z_1 + Z_2}U_0 = \beta U_0 = \beta u_{1q} \end{array} \right\}$$

(4.17)

式中,第 1 段线路入射波 $u_{1q} = U_0$,经过边界点 A 在第 2 段线路出现折射波 u_{2q};u_{1f} 是线路 1 的反射波。α、β 分别是节点 A 的电压折射系数和反射系数,有

$$\left. \begin{array}{l} \alpha = \dfrac{2Z_2}{Z_1 + Z_2} \\ \beta = \dfrac{Z_2 - Z_1}{Z_1 + Z_2} \end{array} \right\}$$

(4.18)

α 与 β 之间满足关系

$$\alpha = 1 + \beta$$

(4.19)

折射系数 α 永远是正值,说明入射波电压与折射波电压同极性,$0 \leqslant \alpha < 2$。反射系数可正可负,并且 $-1 \leqslant \beta \leqslant 1$,要由边界点两侧线路或电气元件参数确定。

均匀无损线波的折、反射现象在工程上较常见,为进一步理解折、反射物理概念,特分析一些典型问题。

4.2.1　线路末端开路

$Z_2 \rightarrow \infty$,$\alpha = 2$,$\beta = 1$,设入射波为无穷长直角波。$u_{1f} = u_{1q}$,$i_{1f} = -u_{1f}/Z_1 = -u_{1q}/Z_1 = -i_{1q}$ (图 4.4)。这时的反射电压波等于入射电压波,末端电压升高一倍,即 $2u_{1q}$,反射电流波等于入射波的负值,终端电流为零,线路磁场能量全部转化为电场能量。由于电压升高一倍,对于线路终端的电气设备应防止被过电压损坏。

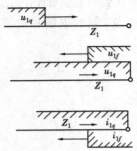

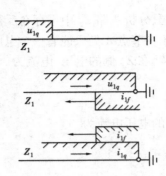

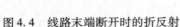

图 4.4　线路末端断开时的折反射　　　　　图 4.5　线路末端短路时的折反射

4.2.2　线路末端短路(接地),$Z_2 = 0$

根据(4.18)式,$\alpha = 0, \beta = -1, u_{1f} = -u_{1q}, u_{2q} = 0, i_{1f} = -u_{1f}/Z = u_{1q}/Z = i_{1q}$(图 4.5)。

当入射波到达线路终点时,形成反射波,末端电压即 $u_{1q} + u_{1f} = 0$。

在反射波到达的范围内,线路上的总电流

$$i_1 = i_{1q} + i_{1f} = 2i_{1q}$$

比入射波电流提高了 1 倍,这是因为入射波到达终点后,全部能量都反射回去成为磁场能量,使电流提高 1 倍。

4.2.3　两条不同波阻抗 Z_1, Z_2 线路的连接(图 4.6)

若 $Z_1 > Z_2$,则根据(4.18)式,$\alpha < 1, \beta < 0, u_{1f} < 0, u_{2q} < u_{1q}$。

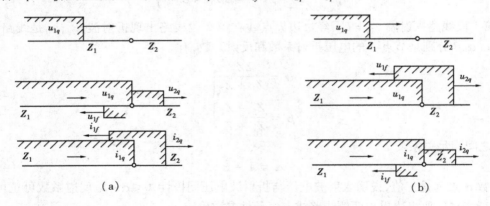

（a）　　　　　　　　　　　　　　　　　　　　　（b）

图 4.6　$Z_1 \neq Z_2$ 时波的折反射

(a)$Z_1 > Z_2, \alpha_u < 1, \beta_u < 0, u_{1f} < 0, u_{2q} < u_{1q}$；(b)$Z_1 < Z_2, \alpha_u > 1, \beta_u > 0, u_{1f} > 0, u_{2q} > u_{1q}$

若 $Z_1 < Z_2$,则 $\alpha > 1, \beta > 0$,反射电压波 $u_{1f} > 0, u_{2q} > u_{1q}$。

4.2.4　彼德逊法则(简化线路波过程计算的等值电路)

具有任意波形的正向行波 $u_{1q}(t)$ 沿半无穷长线路到达节点 A,引起波的折射和反射(图 4.7)。Z_2 是一根半无穷长线路的波阻抗,或者是一个集中参数的电阻、电感,或者是一个网络的等值电阻电感。A 点的边界条件是

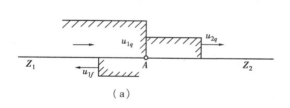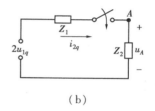

（a）　　　　　　　　　　　　　　　　（b）

图 4.7　彼德逊法则

（a）入射波电压 u_{1q} 在结点 A 的折反射；（b）计算 Z_2 上折射电压 u_{2q} 的彼德逊等值电路

$$\left.\begin{array}{c} u_{1q}(t) + u_{1f}(t) = u_A(t) \\ i_{1q}(t) + i_{1f}(t) = i_A(t) \end{array}\right\} \tag{4.20}$$

因为 $i_{1q} = u_{1q}/Z_1$，$i_{1f} = -u_{1f}/Z_1$，代入第 2 式，把 u_{1q} 和 u_{1f} 当作未知数，则可联立解出

$$2u_{1q}(t) = u_A(t) + Z_1 \cdot i_A(t) \tag{4.21}$$

由此可以画出 A 点的等值电路（图 4.7（b））。即要计算节点 A 的电流、电压，可把线路 1 等值成一个电压源，其电动势是入射波电压的 2 倍 $2u_{1q}(t)$，其波形不限，电源内电阻是 Z_1。这就是计算折射波的等值电路法则，即彼德逊法则（Peterson's Rule）。彼德逊法则把分布参数电路问题，变成集中参数等值电路问题，把微分方程问题变成代数方程问题，简化了计算，在线路波过程问题中应用较广。$u_{1q}(t)$ 可以为任意波形，Z_2 可以是线路，也可以是电阻、电感、电容组成的任意网络。

彼德逊法则也可画成电流源的形式（图 4.8）。

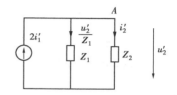

图 4.8　电流源集中参数等值电路

彼德逊法则具有一定适用范围，要求波沿均匀无损线入射到节点 A，若 Z_2 不是无穷长线路，只要求 Z_2 的反射波还未到达 A 点，上述法则都成立，但反射波一到达 A 点，法则就不成立。

4.2.5　线路末端接有电阻 R 时的波过程

设入射波是直角波 $u_{1q} = U_0$，线路终端接有电阻 R（图 4.9），（b）图为入侵波传到 A 点时的彼德逊等值电路。

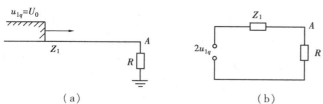

（a）　　　　　　　　　　　（b）

图 4.9　线路末端接有电阻 R 时计算折射电压的等值电路

（a）线路末端接有电阻 R；（b）等值电路

首先讨论 $R = Z_1$ 情况，由等值电路，电阻 R 的电压为

$$u_A = \frac{2U_0}{Z_1 + R} \cdot R = \frac{2U_0}{R + R} \cdot R = U_0$$

在均匀线上 $u_{1q} + u_{1f} = U_0$，即 $U_0 + u_{1f} = U_0$，所以 $u_{1f} = 0$。线路末端接有电阻 R 等于线路的波阻抗 Z_1 时，线路上无反射波电压，线路终端反射系数 $\beta = u_{1f}/u_{1q} = 0$。因为未接第 2 条线路，没有波透射过去，就谈不上折射系数了。入射波 u_{1q} 的能量，只要到达电阻，在这种条件之下就全部变为热能而无反射。就像一束光波，照到一个绝对黑体，全部被吸收，而无任何反射光一样。

当线路末端接有电阻 $R \neq Z_1$，仍然可以用彼德逊法则计算线路上的反射波电压和电流。电阻把一部分电磁能变为热能，另一部分折回去成为反射波。这个问题也可以假定是两条参

数不同的线路联接,第 2 条线路波阻抗等于电阻 R,使用前面的公式直接计算反射系数

$$\beta = \frac{R - Z_1}{Z_1 + R}$$

再由 β 计算线路反射波,计算结果与彼德逊法则一致。由于实际上不存在第 2 条线路,也就不存在折射波了。

例 4.1 某变电站母线上接有 n 条出线,一条线路落雷,可认为是电压幅值为 U_0 的平顶斜角雷电波向变电站入侵(图 4.10),计算母线电压。

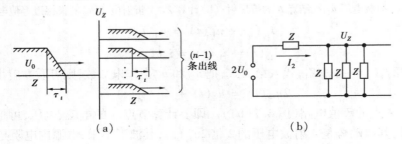

图 4.10 波入侵变电所的等值电路

(a)接线圈;(b)等值电路

变电所的 n 条出线的波阻抗均为 Z,由彼德逊法则可画出其等值电路,电动势为 $2U_0$。雷电波入侵线路的电流为

$$I_2 = 2U_0 \Big/ \Big(Z + \frac{Z}{n - 1} \Big)$$

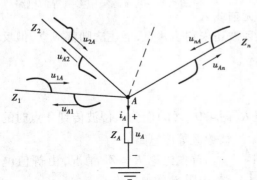

图 4.11 波沿多条导线入射到 A 点

变电所母线电压 $U_2 = I_2 \dfrac{Z}{n - 1} = \dfrac{2U_0}{n} = \alpha U_0, \alpha = 2/n$ 为电压折射系数。由此可知,变电所的多条出线使雷电波分流,出线愈多,母线的雷电过电压愈低。同时也使折射波的陡度大大削平。

4.2.6 等值波法则

前面讨论了电磁波从一条线路入侵所发生的折、反射现象。但一个复杂网络有多个闭环,经过多次节点的波折、反射之后,就可能出现每条线路都有行波的情况。现研究多条线路连接到同一节点 A,每条线路都有行波,A 点接有一负载 Z_A(图 4.11),计算 A 点的电压。

图中已标出每根导线的前、反行波,线路之间无耦合。

对于 A 点的边界条件

$$u_A = u_{1A} + u_{A1} = u_{2A} + u_{A2} = \cdots = u_{nA} + u_{An} \qquad (4.22)$$

$$\sum_{K=1}^{n} (i_{KA} + i_{AK}) = i_A \qquad (4.23)$$

(4.23)式是由节点 A 的电流平衡得到的。根据正、反向行波的关系 $i_{KA} = u_{KA}/Z_K$,$i_{AK} = -u_{AK}/Z_K$,代入(4.23)

$$i_A = \sum_{K=1}^{n} \left(\frac{u_{KA}}{Z_K} - \frac{u_{AK}}{Z_K} \right)$$

对于第 K 根导线,由(4.22),$u_{AK} = u_A - u_{KA}$,代入上式得

$$i_A = 2 \sum_{K=1}^{n} \frac{u_{KA}}{Z_K} - u_A \sum_{K=1}^{n} \frac{1}{Z_K}$$

即

$$2 \sum_{K=1}^{n} \frac{u_{KA}}{Z_K} = i_A + u_A \sum_{K=1}^{n} \frac{1}{Z_K} \tag{4.24}$$

两边同除以 $\displaystyle\sum_{K=1}^{n} \frac{1}{Z_K}$ 得到

$$2u_{\sum} = i_A Z_{\sum} + u_A \tag{4.25}$$

式中

$$Z_{\sum} = 1 \Big/ \left(\sum_{K=1}^{n} \frac{1}{Z_K} \right) \tag{4.26}$$

为连接节点 A 的 n 根导线并联的等值波阻抗,

$$u_{\sum} = Z_{\sum} \cdot \sum_{K=1}^{n} \frac{u_{KA}}{Z_K} \tag{4.27}$$

为沿等值导线入射到节点 A 的等值入射电压波。

由(4.25)可以画出计算 A 节点电压的等值电路,即等值波法则(图4.12),可计算 u_A。

由节点 A 流向线路的电压波为

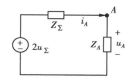

图 4.12　等值波法则的等值电路

$$u_{AK} = u_A - u_{KA} \tag{4.28}$$

4.3　行波通过串联电感和并联电容

实际问题中,电磁波沿线路传播时会遇到与导线串联的电感,或者是连接在导线与大地之间的电容。对于电感和电容对线路波过程的影响,我们使用彼德逊法则进行研究。

4.3.1　无穷长直角波通过串联电感

一无穷长直角波 u_{1q} 沿线路传播到一串联电感 L 上,电感两端线路波阻抗分别是 Z_1 和 Z_2 (图4.13)。设 Z_2 是半无穷长导线无反射波,可等值成一个电阻 Z_2。按照彼德逊等值电路写出回路微分方程

$$2u_{1q} = (Z_1 + Z_2) i_{2q} + L \frac{\mathrm{d}i_{2q}}{\mathrm{d}t} \tag{4.29}$$

上式中 i_{2q} 为线路 Z_2 中的前行电流波,这个 $R\text{-}L$ 电路的解由强制分量和自由分量组成

$$i_{2q} = \frac{2u_{1q}}{Z_1 + Z_2} (1 - e^{-\frac{t}{T}}) \tag{4.30}$$

式中 $T = L / (Z_1 + Z_2)$ 为 RL 回路的时间常数。沿线路 Z_2 传播的折射波电压 u_{2q} 为(见图4.13)

$$u_{2q} = i_{2q}Z_2 = \frac{2Z_2 u_{1q}}{Z_1 + Z_2}(1 - e^{-\frac{t}{T}}) = \alpha u_{1q}(1 - e^{-\frac{t}{T}}) \qquad (4.31)$$

式中 $\alpha = 2Z_2/(Z_1 + Z_2)$ 为波通过电感的折射系数。

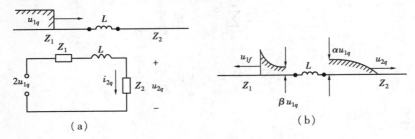

图 4.13　行波通过串联电感

（a）线路示意图及等值电路；（b）折射波与反射波

集中参数元件 L 两端电流相等，即 Z_1 末端的电流等于 Z_2 首端的电流，所以

$$i_1 = \frac{u_{1q}}{Z_1} - \frac{u_{1f}}{Z_1} = i_{2q} = \frac{u_{2q}}{Z_2}$$

则可解出第一段线路反射波电压

$$u_{1f} = \frac{Z_2 - Z_1}{Z_1 + Z_2}u_{1q} + \frac{2Z_1}{Z_1 + Z_2}u_{1q}e^{-\frac{t}{T}} \qquad (4.32)$$

u_{1f} 包含一个直流分量和一个衰减的分量。

当 $t=0$，$u_{2q}=0$，$u_{1f}=u_{1q}$，这时电感电流不能跃变，全部能量均反射回来，使第 1 段线路末端电压升高 1 倍。随着时间的推移，电感中有电流流过，使 u_{2q} 逐渐升高，u_{1f} 逐渐降低。经过几个时间常数 T，$u_{2q} \to \alpha u_{1q}$，电感 L 的作用逐渐"消失"。当 $t \to \infty$，两段线路之间电流、电压关系与电感不存在的情况相同。

由上可知，串联电感使第 2 段线路电压上升的陡度降低，不再是直角波头，有利于降低过电压，由（4.31），折射波上升的陡度为

$$\frac{du_{2q}}{dt} = \frac{2u_{1q}Z_2}{L}e^{-\frac{t}{T}}$$

当 $t=0$ 时，有最大陡度

$$\left[\frac{du_{2q}}{dt}\right]_{max} = \frac{2u_{1q}Z_2}{L}$$

最大陡度与线路 1 的参数无关，也使第一段线路出现反射波，电压上升 1 倍后再随时间衰减，在实际工作中要特别注意。

4.3.2　无穷长直角波通过并联电容器

在导线和大地之间接有电容器时（图 4.14），会影响行波的传播。当线路 Z_2 上的反向行波还未到达电容节点时，线路 2 可等值成一个电阻，其数值等于波阻抗 Z_2。由此可列出方程组

$$2u_{1q} = Z_1 i_1 + i_{2q}Z_2$$

$$i_1 = i_{2q} + Z_2 C \frac{di_{2q}}{dt}$$

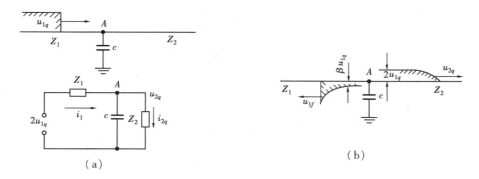

图 4.14　行波通过并联电容

（a）线路示意图及等值电路；（b）折射波与反射波

两个方程消去 i_1 得到

$$Z_2 C \frac{\mathrm{d}i_{2q}}{\mathrm{d}t} + \frac{Z_1 + Z_2}{Z_1} i_{2q} = \frac{2u_{1q}}{Z_1} \tag{4.33}$$

为一常系数非齐次方程，当 $t = 0$ 时，前行波到达 A 点，由于电容电压不能跃变，即 $u_{2q} = 0$，$i_{2q} = 0$，线路 2 前行波电流、电压为

$$i_{2q} = \frac{2u_{1q}}{Z_1 + Z_2}\left(1 - \mathrm{e}^{-\frac{t}{T}}\right) \tag{4.34}$$

$$u_{2q} = i_{2q} Z_2 = \frac{2Z_2 u_{1q}}{Z_1 + Z_2}\left(1 - \mathrm{e}^{-\frac{t}{T}}\right) = \alpha u_{1q}\left(1 - \mathrm{e}^{-\frac{t}{T}}\right) \tag{4.35}$$

式中 $T = Z_1 Z_2 C/(Z_1 + Z_2)$ 为 $R\text{-}C$ 电路的时间常数，$\alpha = 2Z_2/(Z_1 + Z_2)$ 为有并联电容时的电压折射系数。

在 A 点 $u_1 = u_{1q} + u_{1f} = u_{2q}$ 可计算反向行波

$$u_{1f} = u_{2q} - u_{1q} = \frac{Z_2 - Z_1}{Z_1 + Z_2} u_{1q} - \frac{2Z_2}{Z_1 + Z_2} u_{1q} \mathrm{e}^{-\frac{t}{T}} \tag{4.36}$$

则可知 $t = 0$ 时，$u_{1f} = -u_{1q}$，这是因为电容电压不能跃变，相当于线路末端短路。全部电场能量转化为磁场能量。随着时间推移，反向行波发生变化，当 $t \to \infty$，$u_{1f} \to \dfrac{Z_2 - Z_1}{Z_1 + Z_2} u_{1q} = \beta u_{1q}$，$\left(\beta = \dfrac{Z_2 - Z_1}{Z_1 + Z_2}\right)$。

由（4.35），折射波电压按指数函数规律上升，使入侵波波头平缓，u_{2q} 上升最大陡度为

$$\left[\frac{\mathrm{d}u_{2q}}{\mathrm{d}t}\right]_{\max} = \frac{2u_{1q}}{Z_1 C}$$

与第 2 条线路的参数无关。

为了保护电气设备不受入侵过电压波的损害，应降低入侵波的陡度。可以采用串联电感和并联电容的方法。例如发电机的过电压保护。发电机绕组可看成分布参数线路，由于波阻抗较大，用串联电感降低入侵波陡度要用较大的电感，一般用并联电容方法解决。

近年来有人利用串联电感（$400 \sim 1\,000 \mu\mathrm{H}$）降低配电变电所入侵波陡度，作为防雷保护的方法。

上述用无穷长直角波分析问题是较简单的，对于任意波形的入侵波问题，可应用卷积积分

107

来求解,或者直接用电磁暂态程序中任意波形电源模块计算。

4.4　行波的多次折、反射

实际工程中会遇到行波在线路上发生多次折反射的问题,例如架空输电线和直配发电机之间往往接有一段电缆。雷电波入侵时,会在电缆两端之间发生多次折、反射。为便于分析,采用理想化模型,是两根半无穷长导线之间接入一段有限长导线,入侵波为无限长直角波(图4.15),除开 Z_1 线路有直角波入侵外,两边线路均没有从外部反射过来的波。

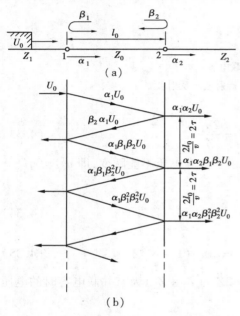

图 4.15　行波的多次反射
(a)接线图;(b)行波网格图

中间线路长 l_0,波阻抗是 Z_0,波传播时间是 τ,端点 1,2 的折、反射系数分别是 $\alpha_1,\alpha_2,\beta_1,\beta_2$ 如图所示,其值如下:

$$\left.\begin{array}{l} \alpha_1 = \dfrac{2Z_0}{Z_0 + Z_1},\alpha_2 = \dfrac{2Z_2}{Z_2 + Z_0} \\[2mm] \beta_1 = \dfrac{Z_1 - Z_0}{Z_0 + Z_1},\beta_2 = \dfrac{Z_2 - Z_0}{Z_2 + Z_0} \end{array}\right\} \quad (4.37)$$

下面用网格法研究波的多次折、反射问题。即要画出空间、时间网格,标出波在每一次折射或反射之后的数值。这种方法虽然没有形成大型通用计算程序,但对一些特殊的问题易于理解其中的物理过程。

如图4.15,入射波 $u(t) = U_0$ 是无穷长直角波,用阶跃函数表示

$$u(t) = \begin{cases} U_0 & (\text{当 } t \geqslant 0) \\ 0 & (\text{当 } t < 0) \end{cases} \quad (4.38)$$

当 $t = 0$ 时入射波到达 1 点形成折射波 $\alpha_1 u(t)$,经过时间 $\tau(\tau = l_0/v)$ 波传播到 2 点,产生反射波,同时在 Z_2 线路产生折射波,分别是 $\alpha_1\beta_2 u(t-\tau)$,$\alpha_1\alpha_2 u(t-\tau)$。2 点的反射波到达 1 点又被反射回来,形成新一轮的反射波和折射波分别是 $\alpha_1\beta_1\beta_2 u(t-3\tau)$、$\alpha_1\alpha_2\beta_1\beta_2 u(t-3\tau)$。

由于 $u(t)$ 是无穷长直角波,经过 n 次折射之后,在 Z_2 上的折射波是每次折射波的叠加,但要考虑每次折射波到达时间先后。利用(4.38)阶跃函数的特点,当自变量小于零时函数值为零,很容易写出 Z_2 上的电压

$$\begin{aligned} u_2(t) &= \alpha_1\alpha_2 u(t-\tau) + \alpha_1\alpha_2\beta_1\beta_2 u(t-3\tau) \\ &\quad + \alpha_1\alpha_2(\beta_1\beta_2)^2 u(t-5\tau) + \cdots + \alpha_1\alpha_2(\beta_1\beta_2)^{n-1} u[t-(2n-1)\tau] \\ &= U_0\alpha_1\alpha_2 \frac{1-(\beta_1\beta_2)^n}{1-\beta_1\beta_2} \end{aligned} \quad (4.39)$$

由(4.37),$|\beta_1\beta_2| < 1$,后一次折射波幅值要小于前一次的幅值,$n\to\infty$,级数收敛。

$$U_2 = U_0\alpha_1\alpha_2 / (1 - \beta_1\beta_2)$$

代入(4.37)式中的 α_1、β_1、α_2、β_2

$$U_2 = \frac{2Z_2}{Z_1 + Z_2}U_0 = \alpha_{12}U_0 \tag{4.40}$$

α_{12} 是行波从线路 1 传到线路 3 的折射系数。相当于经过无穷多次折反射之后,中间线路的影响就不存在了,好像是 Z_1 线路直接与 Z_2 线路相连。中间线路 Z_0 对波形变化的影响,取决于 3 段线路波阻抗数值的配合情况。

　　线路在无穷长直角波的作用下,由(4.39)式,当 β_1,β_2 同号,$\beta_1\beta_2 > 0$,$u_2(t)$ 波形呈阶梯上升,若 β_1,β_2 异号,$\beta_1\beta_2 < 0$,则 $u_2(t)$ 波形是振荡的。

　　①当 $Z_1 > Z_0 > Z_2$ 或 $Z_1 < Z_0 < Z_2$,这时 β_1,β_2 异号,波形如图 4.16(a)所示,为振荡波形。振荡中每次维持电压恒定的时间宽度为 2τ,τ 是中间线段的波传播时间($\tau = l_0/v$,l_0 是中间线段的长度)。振荡波形最后趋于

$\dfrac{2Z_2}{Z_1 + Z_2}U_0 = \alpha_{12}U_0$。

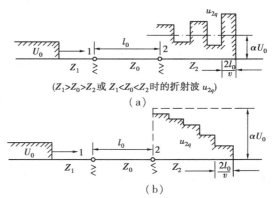

图 4.16　中间线路 Z_0 对 Z_2 上折射波 u_{2q} 的影响
($Z_1 > Z_0 < Z_2$ 或 $Z_1 < Z_0 > Z_2$ 时的折射波 u_{2q})

　　②当 $Z_1 > Z_0$,$Z_2 > Z_0$,β_1,β_2 均为正值,$\alpha_1 < 1$,$\alpha_2 > 1$,电压 u_{2q} 的波形是按阶梯式而增加(图 4.16(b))的。Z_0 比 Z_1,Z_2 都小,若略去中间线段的电感,相当于只是一个电容,在 Z_2 线路行波上升的陡度减少了。可近似认为 u_{2q} 的最大陡度在第 1 个阶梯,为其折射电压 $\alpha_1\alpha_2 u(t)$ 除以时间 $2l_0/v$,即

$$\left[\frac{\mathrm{d}u_{2q}}{\mathrm{d}t}\right]_{\max} = U_0 \cdot \frac{2Z_0}{Z_1 + Z_0} \cdot \frac{2Z_2}{Z_2 + Z_0} \cdot \frac{v}{2l_0} \qquad .$$

当 $Z_0 \ll Z_1$,$Z_0 \ll Z_2$,

$$\left[\frac{\mathrm{d}u_{2q}}{\mathrm{d}t}\right]_{\max} \approx \frac{2U_0 Z_0}{Z_1} \cdot \frac{v}{l_0} = \frac{2U_0}{Z_1 C}$$

式中 $C = C_0 \cdot l_0$ 为 Z_0 线段总电容。

　　③若 $Z_1 < Z_0$,$Z_2 < Z_0$,这时 β_1,β_2 均为负值;$\alpha_1 > 1$,$\alpha_2 < 1$,u_{2q} 电压波形如图 4.16(b),也是逐渐增加的。这种情况,Z_0 较大,略去中间线段对地电容,Z_0 线段相当于一个串联电感。

　　若 $Z_1 \ll Z_0$,$Z_2 \ll Z_0$,相当于 Z_0 线段电容很小,u_{2q} 变化的最大陡度为:

$$\left[\frac{\mathrm{d}u_{2q}}{\mathrm{d}t}\right]_{\max} = \frac{2U_0 Z_2}{Z_0} \cdot \frac{v}{l_0} = \frac{2U_0 Z_2}{L}$$

式中 L 是中间线段 Z_0 的总电感值。这个公式与前面讲的线路串联电感时,折射波上升的最大陡度公式一致。

4.5　无损耗平行多导线系统中的波过程

前面分析了单根输电线路的波过程,但实际的输电线路是由三相导线和架空避雷线构成,如果同一铁塔架设了双回输电线路,加上避雷线,导线的条数就更多了。

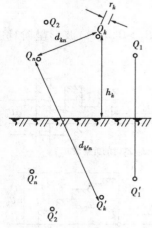

为便于理解,我们忽略了大地的损耗,因而多导线系统的波过程仍可近似地看成是平行一维电磁波的沿线传播,这样一来只需引入波速 v 的概念就可将静电场中的麦克斯韦方程应用于平行多导线系统。

对于图 4.17 所示的平行多导线系统,它们单位长度的电荷分别为 $Q_1, Q_2, \cdots, Q_n$,各线对地电压 $u_1, u_2, \cdots, u_n$ 可用麦克斯韦方程组表示如下:

$$\left.\begin{aligned}
u_1 &= \alpha_{11}Q_1 + \alpha_{12}Q_2 + \cdots + \alpha_{1n}Q_n \\
u_2 &= \alpha_{21}Q_1 + \alpha_{22}Q_2 + \cdots + \alpha_{2n}Q_n \\
&\cdots\cdots \\
u_n &= \alpha_{n1}Q_1 + \alpha_{n2}Q_2 + \cdots + \alpha_{nn}Q_n
\end{aligned}\right\} \quad (4.41)$$

图 4.17　n 根平行多导线系统

式中下标相同的 α_{KK} 为 K 号导线的自电位系数,下标不同的 α_{kj} 为 K 号导线和 j 号导线之间的互电位系数。各电位系数由导线以及它们的静像之间的几何尺寸确定,计算式如下

$$\left.\begin{aligned}
\alpha_{KK} &= \frac{1}{2\pi\varepsilon_0}\ln\frac{2h_K}{r_K} = 18\times10^6\ln\frac{2h_K}{r_K} \quad \text{km/F} \\
\alpha_{kj} &= \frac{1}{2\pi\varepsilon_0}\ln\frac{d_{j'k}}{d_{jk}} = 18\times10^6\ln\frac{d_{j'k}}{d_{jk}} \quad \text{km/F}
\end{aligned}\right\} \quad (4.42)$$

式中 r_K 为 K 号导线的半径,显然 $\alpha_{kj} = \alpha_{jk}$。$h_K$ 是 K 号导线的对地面高度,d_{jk} 是 j 号导线与 K 号导线的距离,$d_{j'k}$ 是 j 号导线的镜像与 K 号导线之间距离。ε_0 为空气的介电系数。

(4.41)式右边每一项均乘以 v/v,其中 $v = \dfrac{1}{\sqrt{\varepsilon_0\mu_0}}$ 为架空输电线波传播速度。考虑到 $Q_k v = i_K$ 为 K 号导线的电流,(4.41)式改写为

$$\left.\begin{aligned}
u_1 &= Z_{11}i_1 + Z_{12}i_2 + \cdots + Z_{1n}i_n \\
u_2 &= Z_{21}i_1 + Z_{22}i_2 + \cdots + Z_{nn}i_n \\
&\cdots\cdots \\
u_n &= Z_{n1}i_1 + Z_{22}i_2 + \cdots + Z_{nn}i_n
\end{aligned}\right\} \quad (4.43)$$

式中,下标相同的 Z_{kk} 为导线自波阻抗:

$$Z_{KK} = \frac{1}{2\pi}\sqrt{\frac{\mu_0}{\varepsilon_0}}\ln\frac{2h_k}{r_K}$$

下标不同的 Z_{kj} 为 K 号导线和 j 号导线之间的互波抗:

$$Z_{kj} = \frac{1}{2\pi}\sqrt{\frac{\mu_0}{\varepsilon_0}}\ln\frac{d_{j'k}}{d_{jk}}$$

对架空地线来说：

$$Z_{KK} = 60 \ln \frac{2h_k}{r_k} \ \Omega$$

$$Z_{kj} = 60 \ln \frac{d_{j'k}}{d_{jk}} \ \Omega$$

(4.44)

假设线路同时存在正向行波和反向行波,则 K 号导线的电压,电流为

$$u_K = u_{Kq} + u_{Kf}$$

$$i_K = i_{Kq} + i_{Kf}$$

(4.45)

$$u_{Kq} = Z_{k1}i_{1q} + Z_{k2}i_{2q} + \cdots + Z_{Kn}i_{nq}$$

$$u_{Kf} = -(Z_{k1}i_{1f} + Z_{k2}i_{2f} + \cdots + Z_{kn}i_{nf})$$

(4.46)

n 个方程写成矩阵的形式

$$\boldsymbol{u}_q = \boldsymbol{Z}\boldsymbol{i}_q$$

$$\boldsymbol{u}_f = -\boldsymbol{Z}\boldsymbol{i}_f$$

(4.47)

式中,$\boldsymbol{Z}$ 是多相线的波阻抗矩阵,$\boldsymbol{u},\boldsymbol{i}$ 分别是多相线的电压、电流列矢量,下标 q,f 分别表示前行波和反行波。由不同的边界条件就可计算多相平行导线的波过程问题。

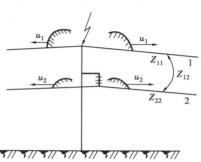

图 4.18　二平行导线系统,导线 1 受雷击,导线 2 对地绝缘

例 4.1　由图 4.18,当导线 1 有电压波 u_1 传播时,导线 2 两端绝缘(因感应电流较小,电流近似为零),可列出多相线行波方程

$$u_1 = Z_{11}i_1 + Z_{12}i_2$$

$$u_2 = Z_{21}i_1 + Z_{22}i_2$$

导线 2 绝缘,线路较短时,$i_2 = 0$(当导线很长时还是会感应出电流波),则有

$$u_2 = \frac{Z_{12}}{Z_{11}}u_1 = \boldsymbol{K}u_1$$

(4.48)

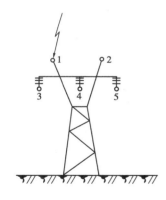

图 4.19　雷击有两根避雷线的线路

式中 $\boldsymbol{K} = Z_{12}/Z_{11}$ 为导线 1,2 之间的耦合系数。耦合系数由导线的空间几何尺寸决定,耦合系数对多导线系统的过电压保护有很重要的意义。

由(4.48)式知道,导线 1 上有电压波传播时,导线 2 上会感应出一个电压波,波形和极性与之相同。根据波阻抗计算公式,$Z_{12} \leqslant Z_{11}$,则 K 小于或等于 1。导线间距离愈小,耦合系数愈大。导线间电压 $u_1 - u_2 = (1 - K)u_1$,当 K 较大时,加在导线间绝缘的电压愈小。

例 4.2　有双避雷线的三相输电线路(图 4.19),1,2 是避雷线;3,4,5 是输电线(避雷线通过铁塔接地)。已知 Z_{11}、Z_{12}、Z_{13}、Z_{23}、Z_{22},其中 $Z_{11} = Z_{22}$,当雷击塔顶时求避雷线对边相导线的耦合系数。

假定无反向行波由(4.43)式

$$u_1 = Z_{11}i_1 + Z_{12}i_2 + Z_{13}i_3$$

$$u_2 = Z_{21}i_1 + Z_{22}i_2 + Z_{23}i_3$$

111

$$u_3 = Z_{31}i_1 + Z_{32}i_2 + Z_{33}i_3$$

上式中 $Z_{11} = Z_{22}$，$i_1 = i_2$，$u_1 = u_2$，近似认为 $i_3 = 0$，上式可以改写为

$$u_1 = (Z_{11} + Z_{12})i_1$$
$$u_3 = (Z_{13} + Z_{23})i_1$$

因此避雷线对导线 3 的耦合系数是

$$K = \frac{u_3}{u_1} = \frac{Z_{13} + Z_{23}}{Z_{11} + Z_{12}} = \frac{Z_{13}/Z_{11} + Z_{23}/Z_{11}}{1 + Z_{12}/Z_{11}} = \frac{K_{13} + K_{23}}{1 + K_{12}} \tag{4.49}$$

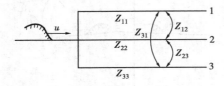

图 4.20 波沿三相导线同时入侵

式中 K_{13}、K_{23}、K_{12} 分别是导线 1、3，导线 2、3，导线 1、2 之间的耦合系数。

例 4.3 对称三相线路，电压波沿三相线同时入侵（图 4.20），求对入侵波的三相线等值波阻抗。

在三相线检修时，一端三相线短接，但未接地，当发生雷击时，会出现这种情况。在只有正向行波时，可列出方程。

$$u_1 = Z_{11}i_1 + Z_{12}i_2 + Z_{13}i_3$$
$$u_2 = Z_{21}i_1 + Z_{22}i_2 + Z_{23}i_3$$
$$u_3 = Z_{31}i_1 + Z_{32}i_2 + Z_{33}i_3$$

由于线路参数对称，$u_1 = u_2 = u_3 = u$，$i_1 = i_2 = i_3$，$Z_{11} = Z_{22} = Z_{33} = Z_S$，$Z_{12} = Z_{23} = Z_{31} = Z_m$，上式可以简化为

$$u = (Z_S + 2Z_m)i$$

式中 $Z_S + 2Z_m$ 为三相线同时进波时每相导线的等值波阻抗。这个值比单相线进波时的波阻抗大，这是因为另外两根导线的电流在这根导线中感应的反电动势，形成互波阻抗减少了电流。三相线同时进波的等值波阻抗为 $Z_S + 2Z_m$ 的 1/3。

$$Z_{eq3} = \frac{Z_S + 2Z_m}{3} \tag{4.50}$$

若 n 根平行导线，各导线的自波阻抗及互波阻抗分别是 Z_S 和 Z_m，等值波阻抗为

$$Z_{eqn} = \frac{Z_S + (n-1)Z_m}{n} \tag{4.51}$$

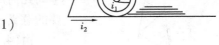

图 4.21 行波沿电缆缆芯缆皮传播

例 4.4 单芯电缆芯线和电缆外皮的耦合关系。

单芯电缆的芯线与金属外皮相连（图 4.21），外线路有一电压波传播过来。设芯线与外皮电流分别是 i_1 和 i_2，这是二平行导线系统。i_2 产生的磁通完全与芯线交链耦合，电缆外皮的自波阻抗 Z_{22} 应等于芯线与外皮间的互波阻抗 Z_{12}，而电缆芯线电流产生的同心圆磁力线只有一部分与电缆皮交链耦合，则芯线的自波阻抗 Z_{11} 要大于互波阻抗 Z_{12}，即 $Z_{11} > Z_{12}$，在没有反向行波时。

$$u = Z_{11}i_1 + Z_{12}i_2, \quad u = Z_{21}i_1 + Z_{22}i_2$$

所以

$$Z_{11}i_1 + Z_{12}i_2 = Z_{21}i_1 + Z_{22}i_2$$

因为 $Z_{22} = Z_{12}$，但 $Z_{11} \neq Z_{21}$，要这个式子成立，必须电缆芯线电流 $i_1 = 0$，即芯线电流全被驱赶到

电缆外皮上去了。从物理意义上解释,电荷流动产生了电流,同性电荷互相排斥,使电缆皮形成"法拉第笼子",芯线无电荷流动。若说相当于导线的集肤效应,但该效应是指稳态交流电路的电抗 ωL 不同引起的,使导线截面各部分电流密度不等,不会把电流全部排挤出去,与分布参数电路机理不同,后者是由平行导线的波过程引起的。上述效应对直配发电机防止雷电波入侵损伤有较大意义。

4.6　冲击电晕对线路波过程的影响

电磁波在单相无损线上传播不会发生波形衰减和畸变,但因下述原因,波的传播会发生衰减和变形。

①输电线的电阻和对地电导引起能量损耗,使波形衰减,当线路参数 $R_0/G_0 \neq L_0/C_0$ 时会使波形畸变。

②因大地是非理想导体,电阻率 $\delta \neq 0$,地中电流不会只在地表面流动,在地中也有分布,另外线路的集肤效应,都会使线路参数随频率变化,造成波形畸变。

③多导线输电系统各线之间由于有电磁耦合,使线路微分方程不同于单相线,由理论分析和实测都能证明多相线波的传播要发生畸变。

④另外,由于高压线路上波传播引起的冲击电晕是行波衰减和变形的主要原因。下面介绍冲击电晕对线路波过程的影响。

当线路由雷击或操作引起过电压波时,只要超过线路电晕起始电压,导线表面会出现空气电离,形成电晕放电,在导线表面形成一个电晕套。电晕套的径向导电性能较好,相当于增大导线半径,使导线电容参数增大。但电晕套的轴向导电性能较差,电流基本上在金属导体里面流动,线路电感参数几无变化。

冲击电晕使行波能量损耗,线路的波阻抗减少,导线的耦合系数增大。行波发生衰减和变形,对线路过电压保护有重要意义。

正、负冲击电晕由于导线周围空气中电荷分布和作用不同而有所差别。经测试,负极性电晕对过电压的幅值和波形影响较小,对过电压保护不利,雷击多数是负极性的,因而要认真研究负极性电晕问题。

冲击电晕套的存在使导线截面尺寸增大,输电线与架空避雷线间耦合系数也增大,这种变化可用电晕效应校正系数来修正输电线与避雷线之间的耦合系数

$$K = K_1 K_0 \qquad (4.52)$$

式中 K_0 是线路几何耦合系数,由导线和避雷线的空间几何尺寸确定,K_1 是电晕效应校正系数。我国的《交流电气装置的过电压保护和绝缘配合》规程建议按表 4.1 取值。

表 4.1　耦合系数的电晕修正系数 K_1

线路额定电压/kV	20~35	60~110	154~330	500
两条避雷线	1.1	1.2	1.25	1.28
1 条避雷线	1.15	1.25	1.3	—

冲击电晕使行波幅值衰减,波形畸变,发生变化的典型波形如图 4.22 所示。曲线 1 表示

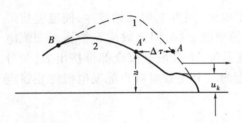

图 4.22 由电晕引起的行波衰减和变形

原来波形,曲线 2 表示电压波传播 l 距离之后的波形。当电压高于电晕起始电压 u_K 之后,波形发生剧烈的衰减和变形。这是因为电压高于 u_K,线路形成电晕套,使线路电容参数增大,线路电感参数几无变化,行波的波速减慢。经过 l 距离传播后,波形 1 上 A 点就滞后到 A' 点,滞后时间是 $\Delta\tau$,对应电压 u 的波速是 v_K 叫相速度,电压愈高相速度愈低。不同的电压对应不同的线路电容参数可由线路伏库特性经验公式确定。由此处理电晕变形的方法叫相速度法。滞后时间 $\Delta\tau$ 与行波传播距离及其电压值有关,过电压保护规程建议采用如下经验公式:

$$\Delta\tau = l\left(0.5 + \frac{0.008u}{h}\right) \tag{4.53}$$

式中 l 为波传播距离(km),u 为行波电压幅值(kV),h 为导线平均悬挂高度(m),$\Delta\tau$ 单位是 μs。

冲击电晕使行波衰减和变形,所以在变电站的雷电波入侵保护中,设置进线保护段是一个重要措施。

冲击电晕使导线对地电容增大,电感参数基本不变,导线的波阻抗将降低。过电压保护规程建议在雷击杆塔时,导线和避雷线波阻抗取 400Ω,两根避雷线波阻抗为 250Ω,波速近似为光速。当雷击避雷线挡距中央时,电位较高,电晕较强烈,规程建议,一般计算时,避雷线的波阻抗取为 350Ω,波速为 0.75 倍光速。

4.7 变压器绕组中的波过程

电力变压器遭受入侵雷电波袭击时,或者在系统内部操作过电压波的作用下,在绕组内部会出现复杂的电磁振荡过程,使线圈各点的对地绝缘,或线圈各点之间的绝缘(如线匝间、各层线圈间、或绕成的线圈盘之间绝缘)出现很高过电压。由于绕组结构的复杂性,和铁心电感的非线性,要求解各类不同波形冲击波作用下的绕组各点对地电压,和各点之间电压随时间变化的分布规律,完全用理论分析是非常困难的。一般采用瞬变分析仪在实际的变压器上,或者在变压器的物理模型上进行实验分析。为了概括掌握变压器绕组波过程规律,下面讨论直流电压源 U_0 突然合闸于绕组的简化电路模型上面,相当于无穷长直角波侵入绕组的情况。

4.7.1 单相变压器绕组中的波过程

变压器绕组对行波的波阻抗远大于线路波阻抗,在简化分析绕组波过程时,忽略另外绕组的影响。假定高压绕组的参数完全均匀,略去匝间互感和电阻损耗。就得到绕组的简化等值电路(图 4.23)。K_0、C_0、L_0 分别是绕组单位长度纵向(匝间)电容、对地电容和电感,

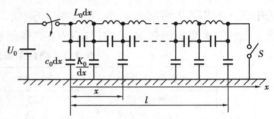

图 4.23 单相绕组简化等值电路

U_0 是直流电压源。

$t = 0$ 时刻，电源突然合闸，因为电感电流不能跃变，各电感电流均为零值，这时的等值电路如图 4.24 所示。若距绕组首端为 x 处的电压为 u，纵向电容 $K_0 / \mathrm{d}x$ 上的电荷为 Q，对地电容 $C_0 \mathrm{d}x$ 上的电荷为 $\mathrm{d}Q$，则可写出下列方程

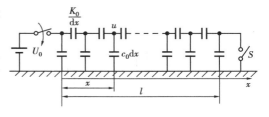

$$Q = \frac{K_0}{\mathrm{d}x} \mathrm{d}u \qquad (4.54)$$

图 4.24 $t = 0$ 瞬间绕组的等值电路

（这里 K_0 是绕组纵向单位长度的电容，$\mathrm{d}x$ 愈短，电容值愈大，使用了平板电容器的概念），该处对地微电容 $C_0 \mathrm{d}x$ 上的电荷是

$$\mathrm{d}Q = (C_0 \mathrm{d}x) u \qquad (4.55)$$

因为是无穷小电路，电荷近似看成空间点上的电荷，式(4.54)对 x 求导代入(4.55)可得

$$\frac{\mathrm{d}^2 u}{\mathrm{d}x^2} - \frac{C_0}{K_0} u = 0 \qquad (4.56)$$

其解为

$$u = A \mathrm{e}^{\alpha x} + B \mathrm{e}^{-\alpha x} \qquad (4.57)$$

式中 $\alpha = \sqrt{C_0 / K_0}$，$A, B$ 是根据边界条件确定的积分常数。

当绕组末端接地（图 4.24 中开关 S 闭合时），$x = 0, u = U_0, x = l, u = 0$，则可得出积分常数 $A = -\dfrac{U_0 \mathrm{e}^{-2\alpha l}}{1 - \mathrm{e}^{-2\alpha l}}, B = \dfrac{U_0}{1 - \mathrm{e}^{-2\alpha l}}$。$t = 0$ 时刻，绕组上坐标 x 处电压

$$u = U_0 \frac{\mathrm{sh}\alpha(l - x)}{\mathrm{sh}\alpha l} \qquad (4.58)$$

当绕组末端不接地（图 4.24 中开关 S 打开时），$x = 0, u = U_0, x = l, i = 0$，因为各对地电容的分流作用，在线路末端非常小的微段内，电压基本上为零，即 $K_0 \dfrac{\mathrm{d}u}{\mathrm{d}x} \approx 0$，所以绕组上电压分布为（$t = 0$ 时刻）

$$u = U_0 \frac{\mathrm{ch}\alpha(l - x)}{\mathrm{ch}\alpha l} \qquad (4.59)$$

这两个公式反映了变压器绕组合闸初瞬间，绕组各点的对地电压分布，称为起始电压分布。对于普通未采用特殊措施的连续式绕组，αl 值约为 $5 \sim 15$，平均值为 10，当 $\alpha l > 5$ 时，$\mathrm{sh}\alpha l \approx \mathrm{ch}\alpha l \approx \dfrac{1}{2} \mathrm{e}^{\alpha l}$，因此当 $X < 0.8l$ 时，$\mathrm{sh}\alpha(l - x) \approx \mathrm{ch}\alpha(l - x) \approx \dfrac{1}{2} \mathrm{e}^{\alpha(l - x)}$。无论绕组末端是否接地，由上述两个公式分析，合闸初瞬间，大部分绕组起始电压分布接近相同（$x < 0.8l$），如图 4.25 的曲线 1 所示。另外有文献说，αl 值约为 $5 \sim 30$，平均值为 17.5，这个结论更是成立。起始电压分布可写为

$$u \approx U_0 \mathrm{e}^{-\alpha x} \qquad (4.60)$$

起始电压分布是很不均匀的，与 α 有关，α 愈大则分布愈不均匀，大部分电压降落在首端附近，绕组首端电位梯度（$\mathrm{d}u / \mathrm{d}x$）大，由下式计算

$$\left| \frac{\mathrm{d}u}{\mathrm{d}x} \right|_{x=0} = \alpha U_0 = \alpha l \frac{U_0}{l} \qquad (4.61)$$

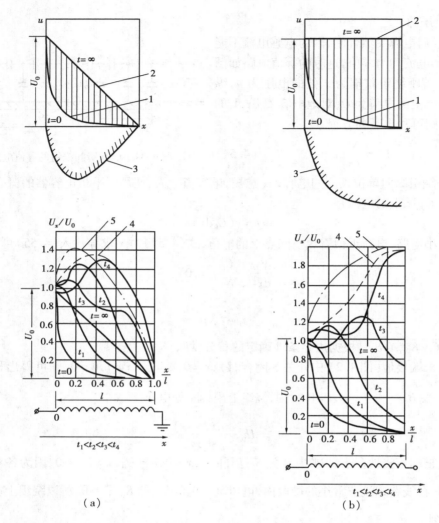

图4.25 单相绕组中的起始电压分布、稳态电压分布和振荡过程中对地电压的分布
(a)末端接地;(b)末端不接地

式中 U_0/l 是绕组的平均电位梯度。在 $t=0$ 瞬间,绕组首端电位梯度是平均值的10倍,若 $\alpha l=10$,就会使雷电入侵波在绕组首端造成很高的电位梯度,损害匝间绝缘。所以变压器绕组首端应采取一些保护措施,防止过电压击穿纵绝缘。

变压器绕组电感较大,遭受较陡冲击波时,10μs 内绕组电感电流很小,可忽略。这段时间绕组可等值成一个电容链,对外等值成一个集中参数电容 C_T,称为变压器的入口电容。变电站作防雷分析计算时,变压器用入口电容代替。不同电压等级变压器入口电容可参考表4.2。

前面讨论了直流电压作用下(相当于无穷长直角波),变压器绕组的电压的初始分布。但实际绕组具有电感和电阻,形成错综复杂的振荡回路,电阻要消耗能量,最终使振荡稳定下来,形成绕组电压的稳态分布,如图4.25曲线2所示。绕组末端接地时,电压按绕组电阻分布,当绕组末端开路,绕组电压按对地电容分布。因绕组均匀,则电压分布也是均匀的。

表 4.2 变压器入口电容值

变压器额定电压 /kV	35	110	220	330	500
入口电容 /pF	500 ~ 1 000	1 000 ~ 2 000	1 500 ~ 3 000	2 000 ~ 5 000	4 000 ~ 6 000

变压器绕组具有电阻、电感、电容,电压的初始分布到稳态分布之间必有一振荡性质的过渡过程。可以选择绕组上的不同点实测出振荡波形,或者按照有限节点的等值链形电路模型,用数值法计算出节点电压波形。在振荡过程中不同的时刻 t_1、t_2、t_3、$\cdots$ 等时刻,绕组各点对地电位分布曲线如图 4.25 所示。将振荡中绕组各点出现最大电位记录下来画出最大电位包络线,即图中曲线 4。作简单分析,通常把稳态分布与初值分布的差值分布(图4.25 的曲线 3)叠加在稳态分布上(图 4.25 的曲线 5),近似表示绕组各点最大电位包络线。由图可知,末端接地绕组,最大电位出现在绕组首端附近,将达 $1.4U_0$ 左右,末端不接地绕组的最大电位出现在绕组末端附近,在 $2.0U_0$ 左右。在实际变压器中,对这些部位的变压器绕组的主绝缘要特别加强,但振荡过程中有电阻损耗存在,最大值会低于上述值。

上述绕组末端是否接地的两种情况中,$t = 0$ 时刻首端电位梯度最大,为 αU_0,随着振荡的发展,绕组其余各点在不同的时刻要出现最大电位梯度,造成线匝间电压过高,这对绕组纵向绝缘设计是重要参数。绕组内振荡过程与入侵波波形有关,波头时间愈长,电压上升速度愈低,相当于入侵波等值频率低,初始电压分布受电阻,电感参数要大些,使之接近稳态分布得平缓,最大电位反之陡波头入侵振荡就激烈。另供能量更多,振荡也

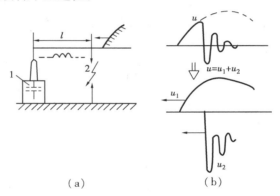

图 4.26 截断波的形成
(a)管型避雷器动作或设备闪络造成截波;(b)截断波波形
1—变压器;2—管型避雷器动作或设备闪络

运行中的变压器绕组截断波的作用(图 4.26)。(a)图中变压器受到入侵波 u 的作用,2 是管形避雷器闪络,一设备闪络。(b)图是变压器受到的截断电压波形,这个波形可看成是 u_1 和 u_2 两个波形的叠加。u_2 的幅值接近 u_1 的 2 倍,而且波头很陡接近直角波头,将在绕组上产生较大的电压梯度可能伤害变压器纵绝缘。在同样电压幅值之下,截波产生的绕组最大电位梯度比全波作用时大。所以对变压器要作冲击截波试验。

变压器绕组初始电压分布和稳态分布的不同是产生振荡的原因。在变压器设计时,改变绕组电压初始分布使之接近稳态电压分布,可以降低绕组内部振荡时产生的最大电位和最大电位梯度,通常办法有两种。

一是在绕组首端部位加一些电容环和电容匝,这些电容环(匝)直接与首端导线相连,电容环(匝)和绕组首端部分线匝间形成分布电容,电容的一个极板的电位就是首端电位。当冲

击波入侵初瞬,绕组等值链形电路的电感 $L_0 dx$ 中,电感电流不能跃变,相当于断开,这时安装的电容环(匝)与首端绕组间的电容,再串联上绕组的接地电容 $C_0 dx$,形成电容电流新通道,这些首端对地电容电流改善了绕组初始电压分布。

二是在变压器绕组等值链形电路中,增大纵向电容 K_0 / dx 值,使对地电容 $C_0 dx$ 的作用相对减少,而改善绕组初始电压分布。具体的办法是使用纠结式绕组代替连续式绕组(参看电机学不再细叙)。

4.7.2 三相变压器绕组中的波过程

变压器三相绕组中的波过程基本规律与单相绕组相似,当变压器高压绕组是中性点直接接地的星形接线时,可看成3个互相独立的绕组,无论单相、两相、三相波入侵,都可按单相绕组处理。

(1)中性点不接地的星形绕组

一相进波(A 相)如图 4.27 所示。略去绕组间互感,每相绕组长度是 l。因绕组对冲击波的波阻抗远大于线路波阻抗,近似认为 B,C 点接地。绕组电压分布,设 A 点为起点,终点为 B,C 点,曲线 1 是初始电压分布,曲线 2 是稳态分布,曲线 3 是绕组各点对地最大电压包络线。中性点稳态电压是 $U_0/3$,在振荡过程中,中性点最大对地电压不超过 $2U_0/3$。

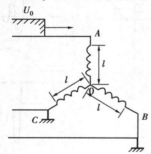
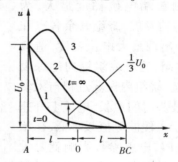

图 4.27 Y 接线单相进波时的电压分布
1—初始分布;2—稳态分布;3—最大电压包络线

两相同时进波,波幅都是 $+U_0$,可采用叠加原理。A 相单独进波或者 B 相单独进波,中性点最大电压均是 $2U_0/3$,则 A、B 相同时进波,中性点最大电压可达 $4U_0/3$。

三相同时进波,与绕组末端不接地的单相绕组相同,中性点最大电压可达首端电压的两倍,但出现这种情况的概率较小。

(2)三角形绕组

变压器 △ 接线绕组,当只有一相线进波时,因绕组波阻抗远大于线路波阻抗,行波入侵的两个绕组的另外端相当于接地,因而和末端接地的单相绕组相同。

两相进波和三相进波的情况可使用叠加原理。图 4.28 画出了三相进波情况。曲线 1(虚线)为绕组只有一相进波时的起始电压分布,曲线 2 是稳态分布。曲线 4 是绕组两端同时进波时的稳态分布,则可估计绕组中部电压最高可达 $2U_0$。曲线 3 为绕组各点对地最大电压包络线。

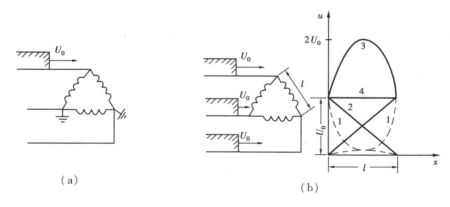

图4.28　△接线单相和三相进波时的电压分布
（a）单相进波；（b）三相进波时之电压分布
1—初始分布；2—稳态分布；3—最大电压包络线

4.7.3　冲击电压在绕组之间的传递

当变压器某一绕组受到冲击电压波入侵，由于绕组间的电磁耦合，其它绕组也会产生过电压，即所谓绕组间过电压的传递。这种传递包含两个分量：静电分量和电磁耦合分量。

（1）静电分量

由图4.29，冲击电压波到达变压器某一绕组，陡波头冲击波使电感电流不能跃变，Ⅰ、Ⅱ绕组的等值电路都是电容链，且绕组之间又存在电容耦合，使之形成各自的起始电位分布。图4.29为简化模型，绕组Ⅱ的对地电容为 C_2，Ⅰ、Ⅱ绕组间的电容为 C_{12}，绕组Ⅱ出现的静电分量为

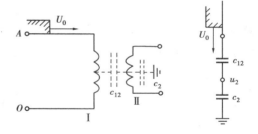

图4.29　绕组间的静电耦合

$$U_2 = \frac{C_{12}}{C_{12} + C_2} U_0 \qquad (4.62)$$

上式中 C_2 还包含绕组Ⅱ连接的电器、线路、电缆的对地电容，使 $C_2 \gg C_{12}$，静电耦合分量对副边一般没有危险，但副边开路时，例如三绕组变压器，高压、中压侧运行，低压侧切除，C_2 仅是低压绕组本身的对地电容，其值很小，低压绕组的静电分量就可能较高，应采用保护措施。

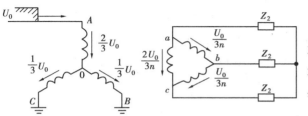

图4.30　Y/△接线单相进波时的电磁分量
Z_2—低压侧波阻抗

（2）电磁分量

冲击电压波入侵变压器绕组，因电感较大，在一定时间以内电感电流较小，副边绕组的过电压主要是静电耦合分量。当电感电流增大后，副边绕组会受到磁场变化感应的过电压分量 $M\dfrac{\mathrm{d}i}{\mathrm{d}t}$ 的作用，即电磁耦合分量。电磁分量在绕组间按绕组变比传递（假定是某一等值频率的高频电流脉冲），又与绕组接线方式与中性点接地方式有关，与一相、二相或三相进波有关。现以Y/△结

119

线绕组单相进波进行分析。

Y/△接线方式一般 Y 侧是高压绕组,△侧为低压绕组,星形侧单相进波,首端对地电压是 U_0(见图 4.30),因变压器绕组波阻抗比线路波阻抗大得多,B,C 相二端点可看成接地,根据电抗分压计算,绕组 AO 上压降是 $2U_0/3$,绕组 BO 和 CO 上压降 $U_0/3$,低压侧△绕组 ac,ab,bc 上的电磁分量分别是 $u_{ac} = \dfrac{2U_0}{3n}$,$u_{ab} = \dfrac{U_0}{3n}$,$u_{bc} = \dfrac{U_0}{3n}$,式中 n 是 AO,BO,CO 绕组分别与 ac,ab,bc 绕组之间的变比。若 K 是高、低压侧线电压之间变比,则 $u_{ac} = \dfrac{2U_0}{\sqrt{3}K}$,$u_{ab} = \dfrac{U_0}{\sqrt{3}K}$,$u_{bc} = \dfrac{U_0}{\sqrt{3}K}$,$b$ 点电压值在三角形绕组中是对称点,则 $u_b = 0$,$|u_a| = |u_c| = \dfrac{U_0}{\sqrt{3}K}$。

用类似的推导方法,可以推出不同接线方式下,高压侧单相或两相进波时,传递到低压绕组电磁分量均是

$$u_{2M} = \frac{U_0}{\sqrt{3}K}$$

式中 K 是高低压侧变比,U_0 是高压侧端点冲击电压幅值。离变压器高压侧一定距离以内装有避雷器,U_0 受到避雷器残压限制,传递到低压侧的 u_{2M} 不会很高,一般不超过低压绕组及所接电器的冲击绝缘水平。

Y/△变压器三相进波时,高压绕组中性点不接地,当三相波幅值相等,低压侧不会出现电磁分量。Y_0/△接线变压器三相进波时,相当于高压侧加上一组零序电压,在低压侧△绕组中只能形成环流,不会出现对地的电磁电压分量。

4.8　旋转电机绕组的波过程

旋转电机,包括发电机、调相机和电动机,当外接输电线路落雷或感应雷使电压波侵入电机绕组时,就可能造成绝缘损坏。旋转电机中发电机最重要,发电机通过变压器与输电线连接,或者直接与输电线连接,前者冲击电压经过变压器绕组耦合传入电机绕组,对发电机危害较小,而后者危害较大,应采用一定防护措施。下面分析行波侵入发电机绕组的特点。

冲击波入侵发电机绕组,可以采用类似变压器的 L—C—K 电路模型,电机绝缘比较弱,又不便对电机铁心槽采取一些措施改变电压分布,运行中一般是设法降低入侵波陡度,保护匝间绝缘。实际侵入电机绕组的行波波头较平缓,一般大于 $10\,\mu s$,du/dt 不大,匝间纵向电容 K_0/dx 中电流很小。大容量发电机槽中装的单匝导线,纵向电容的电流就更小了,电机绕组模型一般忽略 K_0,采用类似架空线的无损线模型,只考虑波阻抗 Z 和波传播速度 v。Z,v 和电机容量有关,可参考图 4.31 和图 4.32。因导线在两端和槽内位置不同,其波阻抗和波速也不相同,绕组的波阻抗和波速是指平均值。波在电机绕组内传播,铁耗和铜耗不小,衰减和变形较大,传到绕组末端幅值已比较小了。要估计绕组最大纵向电位差时,只考虑前行波电压,最大值是在首端。

入侵波波头电压是逐步升高的,在一匝导线上传播的示意图如图 4.33 所示,波的时间陡度是 a,一匝线圈长度是 l,波传播速度是 v,波通过一匝导线的时间是 l/v,则作用在匝间绝缘

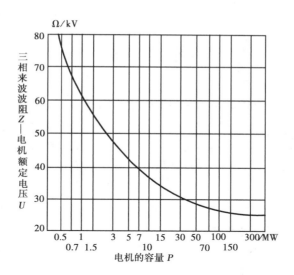

图 4.31 不同容量的高速电机绕组的三相来波波阻（单相来波
波阻平均为三相来波波阻的 3.9 倍）与额定容量的关系

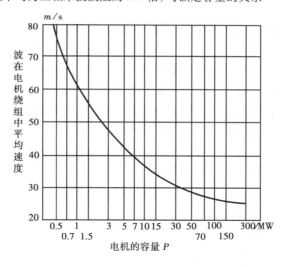

图 4.32 不同容量的高速电机中三相来波时波的平均传播速度

$\left(\text{单相来波时波速为三相来波时的} \dfrac{1}{1.4}\right)$ 与额定容量的关系

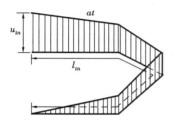

图 4.33 匝间电压计算示意图

上的电压是

$$U_t = \frac{a \cdot l}{v} \qquad (4.63)$$

由此可知,匝间电压与入侵波陡度成正比,a 很大时,匝间电压 U_t 超过匝间绝缘的冲击耐压水平就要发生匝间击穿。试验显示,只要把入侵波陡度限制在 $5\text{kV}/\mu\text{s}$ 以下,就能保护绕组绝缘不被击穿。

复习思考题

4.1 试分析波阻抗的物理意义及其与电阻之不同点。

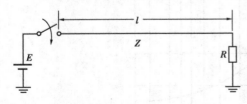

图 4.34 直流电势合闸于有限长线路

4.2 试论述彼德逊法则的使用范围。

4.3 试分析直流电势 E 合闸于有限长导线(长度为 l,波阻为 Z)的情况,末端对地接有电阻 R(图 4.34)。假设直流电源内阻为零。

(1) $R = Z$ 分析末端与线路中间 $\left(\dfrac{l}{2}\right)$ 的电压波形;

(2) $R = \infty$ 分析末端与线路中间 $\left(\dfrac{l}{2}\right)$ 的电压波形;

(3) $R = 0$ 分析末端的电流波形和线路中间 $\left(\dfrac{l}{2}\right)$ 的电压波形。

4.4 某变电所母线上接有三路出线,其波阻抗均为 500Ω。

(1) 设有峰值为 $1\,000\text{kV}$ 的过电压波沿线路侵入变电所,求母线上的过电压峰值。

(2) 设上述电压同时沿线路 1 及 2 侵入,求母线上的过电压峰值。

4.5 有一 10kV 发电机直接与架空线路连接。有一幅为 80kV 的直角波沿线路三相同时进入电机时,为了保证电机入口处的冲击电压上升速度不超过 $5\text{kV}/\mu\text{s}$,接电容进行保护。设线路三相总的波阻抗为 280Ω,电机绕组三相总的波阻抗为 400Ω,求电容 C 值。

4.6 有 1 幅值为 300kV 的无限长矩形波沿波阻抗 Z_1 为 400Ω 的线路传入到波阻抗为 800Ω 的发电机上,为保护该发电机匝间绝缘,在发电机前并联一组电容量 C 为 $0.25\mu\text{F}$ 的电容器,试求:

(1) 稳定后的入射波电流、反射波电压和电流、折射波电压和电流;

(2) 画出入射波电压和电流、折射波电压和电流、反射波电压和电流随时间的变化曲线;

(3) 并联电容 C 的作用何在?

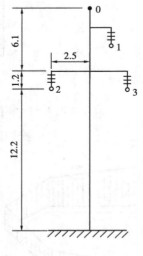

图 4.35 题 4.11 图

4.7 试述冲击电晕对防雷保护的有利和不利方面。

4.8 分析变压器绕组在冲击电压作用下产生振荡的根本原因?引起绕组起始电压分布和稳态电压分布不一致的原因何在?

4.9 为什么说冲击截波比全波对变压器绕组的影响更为严重。

4.10 试分析在冲击电压作用下,发电机绕组内部波过程和变压器内部波过程的不同点。

4.11 110kV 单回架空线路,杆塔布置如图 4.35 所示,图中尺寸单位为 m,导线直径 21.5mm,地线直径7.8mm。导线弧垂 5.3m,地线弧垂2.8m。试计算:

(1)地线 0,导线 2 的自波阻抗和它们之间的互波阻抗;

(2)地线 0 对导线 2 的耦合系数 K_{02}。

第5章

雷电及防雷设备

5.1 雷电的电气参数

电力系统中的大气过电压主要是由雷电放电所造成的。为了对大气过电压进行计算和采取合理的防护措施,必须掌握雷电的电气参数。多少年来,人们对雷电进行了长期的观察和测量,积累了许多有关雷电参数的资料,但直到现在,对雷电发生发展过程的物理本质尚未完全掌握。不过,随着对雷电活动研究的不断深入,雷电参数必将得到不断的修正和补充,使之更符合客观实际。

5.1.1 雷击时计算雷电流的等值电路和雷电流幅值

如前所述,雷电先导通道带有与雷云极性相同的电荷(一般雷云多为负极性),自雷云向大地发展。由于雷云及先导电场的作用,大地被感应出与雷云极性相反的电荷。当先导发展到离大地一定距离时,先导头部与大地之间的空气间隙被击穿,雷电通道中的主放电过程开始,主放电自雷击点沿通道向上发展,若大地的土壤电阻率为零,则主放电所到之处的电位即降为零电位。设先导中的电荷线密度为 σ,主放电速度为 v_L(实测表明,其速度约为 0.1~0.5 倍光速),则雷击土壤电阻率为零的大地时,流入大地的电流为 $\sigma \cdot v_L$。

上述过程可用图 5.1(a),(b)来描述。实践表明,雷电通道具有分布参数的特征,其波阻抗为 Z_0,这样我们可以画出图 5.1(c)所示的等值电路。

若雷击于具有分布参数特性的避雷针、线路杆塔、地线或导线时,则雷击时电流的运动可描述如图 5.2(a),负极性电流波 i_Z 将自雷击点"O"沿被击物流动,同时,相同数量的正极性电流波将自雷击点"O"沿通道向上发展,与图 5.1(c)的等值电路相对应,此时的等值电路见图 5.2(b)。流经物体的电流波 i_Z 可用下式计算:

$$i_Z = \sigma \cdot v_L \frac{Z_0}{Z_0 + Z_j} \tag{5.1}$$

式中 Z_j 为被击物体的波阻抗(或为被击物体集中参数的阻抗值,下同)。

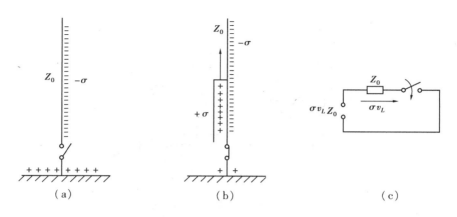

图 5.1　雷击大地时的主放电过程

（a）主放电前；（b）主放电时；（c）计算雷电流的等值电路

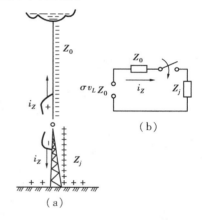

从上式可知，流经被击物体的电流波 i_z 与被击物体的波阻抗 Z_j 有关，Z_j 愈大则 i_z 愈小，反之则 i_z 愈大。当 $Z_j = 0$ 时，流经被击物体的电流定义为"雷电流"，以 i_L 表示，根据式（5.1），$i_L = \sigma \cdot v_L$。但实际上被击物体的波阻抗不可能为零值，故规程建议雷击于低接地电阻的物体时流过该物体的电流可以认为等于雷电流 i。

式（5.1）可改写为

$$i_z = i_L \frac{Z_o}{Z_0 + Z_j} \qquad (5.2)$$

式（5.2）的等值电路如图 5.3。

目前，我国规程建议雷电通道的波阻抗 Z_0 为 300 ~ 400 Ω。

图 5.2　雷击物体时电流波的运动

（a）电流波的运动；（b）计算 i_z 的等值电路

雷电流 i 为一非周期冲击波，其幅值与气象、自然条件等有关，是个随机变量，只有通过大量实测才能正确估计其概率分布规律，图 5.4 是我们目前使用的雷电流幅值概率分布曲线，也可用下式表示。

$$\lg P = -\frac{I_L}{88} \qquad (5.3)$$

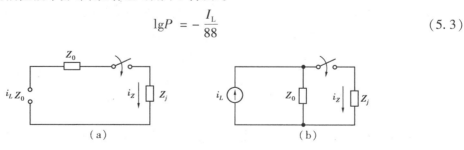

图 5.3　计算流经被击物体雷电流的等值电路

（a）等值电压源电路；（b）等值电流源电路

上式中 I_L 为雷电流幅值（kA），P 为雷电流超过 I_L 的概率，例如以 I_L 等于 50kA 代入上式，可求得 P 为 33%，即出现幅值超过 50kA 的雷电流的概率不超过 33%。

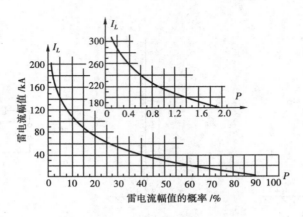

图 5.4　我国雷电流幅值概率曲线

对我国陕南以外的西北地区,内蒙古的部分地区(此类地区的年平均雷电日在 20 以下),雷电流幅值较小,可由给定的概率按图 5.4 查出雷电流幅值后减半。也可按下式计算。

$$\lg P = -\frac{I_L}{44} \tag{5.4}$$

5.1.2　雷电流波形

雷电流的波头和波尾皆为随机变量,对于中等强度以上的雷电流,波头在 $1 \sim 4\mu s$ 范围内,其平均波尾约为 $40\mu s$。实测表明,雷电流幅值 I_L 与陡度 di_L/dt 的线性相关系数为 0.6 左右,这说明雷电流幅值增加时雷电流陡度也随之增加,因此波头变化不大,根据实测统计结果,"规程"建议计算用波头取为 $2.6\mu s$。即认为雷电流的平均上升陡度 di_L/dt 为

$$\frac{di_L}{dt} = \frac{I_L}{2.6}kA/\mu s \tag{5.5}$$

雷电流的波头形状对防雷设计是有影响的,因此"规程"建议在一般线路防雷设计中波头形状可取为斜角波,其目的是为了便于分析计算;而在设计特殊高杆塔时,可取半余弦波头,在波头范围内雷电流可表示为

$$i_L = \frac{I_L}{2}(1 - \cos\omega t) \tag{5.6}$$

这种波形多用于分析雷电流波头的作用。因为用余弦波头计算雷电流通过电感时引起的压降比较方便。此时最大陡度发生在波头中间,其值为

$$a_{\max} = \left(\frac{di_L}{dt}\right)_{\max} = \frac{I_L}{2} \tag{5.7}$$

5.1.3　雷电日与雷电小时

一个地区的雷电活动强度,用雷电日或雷电小时表示。雷电日(雷电小时)是指一年中有雷电的日数(小时数),在一天或一小时内只要听到雷声就作为一个雷电日或一个雷电小时。由于不同年份的雷电日数变化很大,所以均采用多年平均值——年平均雷电日。根据长期统计的结果,在我国"规程"中绘制了全国平均雷电日分布图,可作为防雷设计的依据。就全国范围来说,广东省的雷州半岛和海南岛一带是雷电活动最强烈的地区,平均高达 $100 \sim 133$ 日。

北回归线以南(23.5°)在 80 日以上(但台湾省只有 30 日),长江以北大部分地区(包括东北)多在 20 ~ 40 日之间,西北地区多数在 20 日以下,而西藏则高达 50 ~ 80 日。对几个大城市来说:北京、上海、南京、武汉、成都、呼和浩特约为 40 日;沈阳、天津、济南、郑州、太原约为 30 日;重庆、长沙、贵阳、福州约为 50 日;广州、昆明、南宁约为 70 ~ 80 日。

我国把年平均雷电日不超过 15 日的地区叫少雷区,多于 40 日的地区叫多雷区,多于 90 日的地区叫强雷区。

5.1.4　地面落雷密度和输电线路落雷次数

雷云对地放电的频率可用地面落雷密度 γ 来表示。γ 是指每个雷电日每平方公里的地面上的平均落雷次数。"规程"建议 γ 为 0.07 次/平方公里·雷电日。

输电线路高出地面有引雷作用,会将线路两侧一定宽度内的地面落雷吸引到线路上来。线路年平均遭受雷击的次数可按下式计算:

$$N = \gamma \times \frac{b + 4h_b}{1\,000} \times 100 \times T \text{ 次 /100 公里 · 年} \tag{5.8}$$

式中　N——线路受雷击次数;

　　　b——两避雷线间距离,m;

　　　h_b——避雷线平均高度,m,无避雷线时取为最上层导线高度;

　　　T——线路经过地区年平均雷电日数,对不同雷电日地区均应换算到 40 雷电日,即 $T = 40$。

5.2　避雷针、避雷线的保护范围

为防止设备遭受直接雷击,通常采用装设高于被保护物的避雷针(或避雷线,下同),其作用是将雷电吸引到避雷针上并安全地将雷电流引入大地,从而保护了设备。

在雷电先导的初始发展阶段,因先导离地面较高,其发展方向不受地面物体的影响,但当先导发展到某一高度时,由于针较高且具有良好的接地,针上因静电感应而积聚了与先导极性相反的电荷使其附近的电场强度显著增强,甚至有可能从这些地方发展向上的迎面先导,影响雷电先导的发展方向,使之定向向避雷针发展,进而对避雷针放电,处在避雷针附近较低的物体便得到屏蔽,受到保护,免遭雷击。由此可见,要避雷针起到保护作用,一方面要求避雷针必须很好接地,另一方面要求被保护物体必须处在避雷针能提供可靠屏蔽保护的一定空间范围内,这就是避雷针的保护范围。

避雷针的保护范围可以用模拟试验和根据运行经验来确定。由于雷电的路径受很多偶然因素的影响,因此要保证被保护物绝对不受直接雷击是不现实的,一般保护范围是指具有 0.1% 左右雷击概率的空间范围而言。实践证明,此雷击概率是可以接受的。

避雷针一般用于保护发电厂和变电所,可根据不同情况装设在配电构架上,或独立架设。避雷线主要用于保护线路,也可用于保护发、变电所。

5.2.1 避雷针的保护范围

（1）单支避雷针

单支避雷针的保护范围（见图5.5）是一个以避雷针为轴的近似锥体的空间，就像一个斗笠一样。在高度 h_x 水平面上，其半径 r_x 可按下式计算：

$$\left.\begin{array}{l} \text{当}\ h_x \geqslant \dfrac{h}{2}\ \text{时}, r_x = (h - h_x)p \\[2mm] \text{当}\ h_x < \dfrac{h}{2}\ \text{时}, r_x = (1.5h - 2h_x)p \end{array}\right\} \tag{5.9}$$

式中　h——避雷针高度（m）；

　　　p——高度影响系数。

$h \leqslant 30\mathrm{m}$ 时，$p = l$；$30\mathrm{m} < h \leqslant 120\mathrm{m}$ 时，$p = \dfrac{5.5}{\sqrt{h}}$

如设备位于此保护范围内，则此设备受雷击的概率将小于 0.1%。

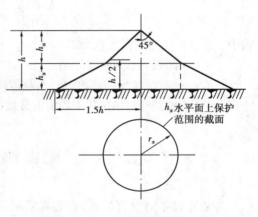

图5.5　单支避雷针的保护范围

（2）双支等高避雷针

两支避雷针距离不太远时，由于两针的联合屏蔽作用，使两针中间部分的保护范围比单针时要大。其保护范围按下法确定（见图5.6(a)），两针外侧的保护范围可按单针计算方法确定，两针间的保护范围应按通过两针顶点及保护范围上部边缘最低点 O 的圆弧来确定，O 点的高度 h_0 按下式计算：

$$h_O = h - \frac{D}{7p} \tag{5.10}$$

式中 D 为两针间的距离（m）；p 同前。

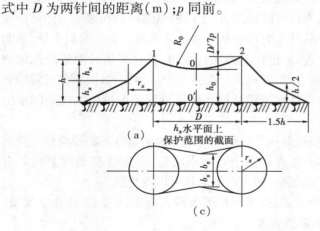

（a）
h_x 水平面上保护范围的截面

（c）

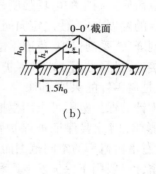

（b）

图5.6　高度为 h 的两等高避雷针 1 及 2 的保护范围

两针间高度为 h_x 的水平面上的保护范围的截面见图5.6(b)，在0-0′截面中高度为 h_x 的水平面上保护范围的一侧宽度 b_x 可按下式计算，见图5.6(c)。

$$b_x = 1.5(h_0 - h_x) \tag{5.11}$$

为保证两针联合保护效果,两针间距离与针高之比 D/h 不宜大于 5。

(3)两支不等高避雷针

其保护范围按下法确定,见图 5.7。两针内侧的保护范围先按单针作出高针 1 的保护范围,然后经过较低针 2 的顶点作水平线与之交于点 3,再设点 3 为一假想针的顶点,作出两等高针 2 和 3 的保护范围,图中 $f = \dfrac{D'}{7p}$。两针外侧的保护范围仍按单针计算。

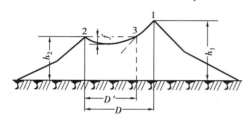

图 5.7 两支不等高避雷针 1 及 2 的保护范围

(4)多支等高避雷针

其保护范围按下法确定。三支等高避雷针的保护范围见图 5.8(a),三针所形成的三角形 1,2,3 的外侧保护范围分别按两支等高针的计算方法确定,如在三角形内被保护物最大高度 h_x 的水平面上各相邻避雷针间保护范围的外侧宽度 $b_x \geqslant 0$ 时,则全部面积即受到保护。四支及以上等高避雷针,可先将其分成两个或几个三角形,然后按三支等高针的方法计算,见图 5.8(b)。

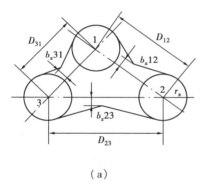

(a)

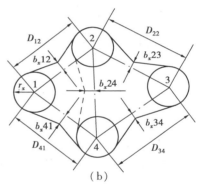

(b)

图 5.8 三支和四支等高避雷针的保护范围

(a)三支等高避雷针 1、2 及 3 在 h_x 水平面上的保护范围;(b)四支等高避雷针在 h_x 水平面上的保护范围

5.2.2 避雷线(又称架空地线)的保护范围

单根避雷线的保护范围见图 5.9,可按下式计算。

$$\left. \begin{array}{l} \text{当 } h_x \geqslant \dfrac{h}{2} \text{ 时}, r_x = 0.47(h - h_x)p \\[2mm] \text{当 } h_x < \dfrac{h}{2} \text{ 时}, r_x = (h - 1.53h_x)p \end{array} \right\} \tag{5.12}$$

式中系数 p 同前。

两根等高平行避雷线的保护范围见图 5.10。

两线外侧的保护范围应按单线计算,两线横截面的保护范围可以通过两线 1,2 点及保护范围上部边缘最低点 O 的圆弧确定,O 点的高度应按下式计算。

$$h_o = h - \frac{D}{4p} \tag{5.13}$$

式中 D 为两线间距离(m)。

两不等高避雷线的保护范围可按两不等高避雷针的保护范围的确定原则求得。

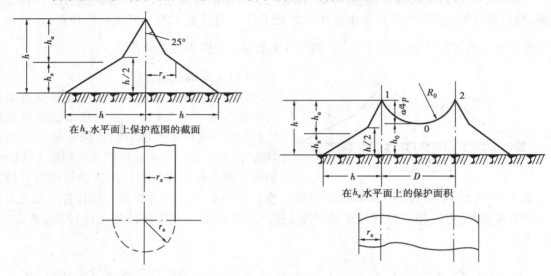

图5.9　单根避雷线的保护范围　　　　图5.10　两平行避雷线 1 及 2 的保护范围

5.3　管型避雷器与阀型避雷器

避雷针(线)是防止雷直击电气设备的保护装置,但由于各种原因(如绕击、反击或受条件限制未装避雷针、线)电气设备仍会有被雷击的可能。此外当雷击线路和雷击线路附近的大地时,在输电线路上有过电压产生,它们将以流动波的形式,沿线路传到变电站内,危及绝缘薄弱的地方或变电站内的贵重设备。因此为了保护电气设备必须安设防止流动过电压波的装置,这种保护设备就是避雷器。

避雷器的作用是限制过电压以保护电气设备,同时还要提高系统工作的可靠性。即当系统中出现过电压时,避雷器既要保证电气设备不受过电压的损害,又要保证系统不会跳闸停电保证能可靠运行。

避雷器之所以能起保护作用,就在于它能把流动过电压波中的雷电荷引入地中,限制了过电压,保护了其他电气设备。为使避雷器能达到预期的保护效果,必须满足下列基本要求。

①绝缘强度的合理配合:避雷器的放电电压必须在一个确定的范围内才能发挥保护作用。因此避雷器与被保护设备的伏秒特性(即冲击绝缘强度)应有合理的配合。在绝缘强度的配合中,要求避雷器的伏秒特性比较平直、分散性小。工程上通常用冲击系数来反映伏秒特性的形状,冲击系数愈小,伏秒特性愈平缓,避雷器的冲击系数愈小,保护性能愈好。

②绝缘强度的自恢复能力:避雷器一旦在冲击电压作用下放电,就造成对地短路。随之工频短路电流(称工频续流)要流过此间隙,它以电弧放电的形式出现,当工频短路电流第一次过零时,避雷器应具有自行截断工频续流,恢复绝缘强度的能力,使电力系统得以继续正常工

作,不致于跳闸停电。

避雷器主要有保护间隙、管型避雷器、阀型避雷器和氧化锌避雷器等几种类型。它们主要用来限制大气过电压,在超高压系统中还将用来限制内过电压或作内过电压的后备保护。

阀型避雷器及氧化锌避雷器的保护性能对变电站内主要电气设备的绝缘水平的确定有着直接的影响,因此改善它们的保护性能具有很重要的经济意义。

5.3.1　保护间隙与管型避雷器

保护间隙由两个电极(即主间隙和辅助间隙)组成,它是最简单的一种避雷器,常用的角型间隙及其与保护设备相并联的接线如图 5.11 所示。电极做成角形是为了使工频电弧在自身电动力和热气流作用下易于上升被拉长而自行熄灭。为使被保护设备得到可靠保护,间隙的伏秒特性上限应低于被保护设备绝缘的冲击放电伏秒特性的下限并有一定的安全裕度。当雷电波入侵时,间隙先击穿,工作母线接地,避免了被保护设备上的电压升高,从而保护了设备。过电压消失后,间隙中仍有由工作电压所产生的工频短路电流(称续流),由于间隙的熄弧能力差,往往不能自行熄灭,将引起断路器的跳闸,这样,虽然保护间隙限制了过电压,保护了设备,但将造成线路跳闸事故,破坏了系统的工作可靠性。此外,间隙间的电场是极不均匀电场,又裸露在大气环境中,受气象条件的影响很大,因此它的伏秒特性很陡,且分散性大,这将直接影响到它的保护效果。还有当间隙被击穿后是直接接地,将会有截波产生,不能用来保护有绕组的设备。由于它有以上不足,也就限制了它的使用范围。通常可将间隙配合自动重合闸使用。

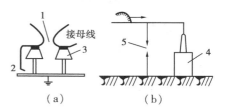

图 5.11　角型保护间隙及其与被保护设备的连接
(a)结构;(b)与被保护设备的连接
1—主间隙;2—辅助间隙(为防止主间隙被外界物体短路而装设);3—瓷瓶;4—被保护设备;5—保护间隙

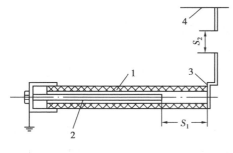

图 5.12　管型避雷器
1—产气管;2—棒形电极;
3—环形电极;4—工作母线;
s_1—内间隙;s_2—外间隙

管型避雷器实质上是一个能自动熄弧的保护间隙,其结构见图 5.12。它有两个互相串联的间隙,一个在大气中称为外间隙 s_2,其作用是隔离工作电压避免产气管被流经管子的工频泄漏电流所烧坏;另一个间隙 s_1 装在管内称为内间隙或灭弧间隙,其电极一为棒电极 2 另一为环形电极 3。管由纤维、塑料或橡胶等产气材料制成。雷击时内外间隙同时击穿,雷电流经间隙流入大地;过电压消失后,内外间隙的击穿状态将由导线上的工作电压所维持,此时流经间隙的工频电弧电流为工频续流,其值为管型避雷器安装处的短路电流,工频续流电弧的高温,使管内产生大量气体,其压力可达数十以至上百个大气压,气体从开口端喷出,强烈地吹动电弧,使其在工频续流第一次经过零值时熄灭。管型避雷器的熄弧能力与工频续流大小有关,续流太大产气过多,管内气压太高将造成管子炸裂;续流太小,产气过少,管内气压太低不足以熄弧,故管型避雷器熄灭工频续流有上下限的规定,通常在型号中表明,例如 GXS $\frac{U_e}{I_{\min} - I_{\max}}$, U_e 是额定工作电压,$I_{\max}$、$I_{\min}$ 是熄弧电流的上下限。使用时必须核算安装处的运行条件,使单相接地短路电流处在熄弧电流的范围内。此外,管型避雷器的熄弧能力还与管子材料、内径和内间隙大小有关。

管型避雷器与保护间隙比较仅有一点改进,即能自动熄弧,其他缺点与保护间隙完全一样。因此,管型避雷器目前只用于保护输电线路的个别地段,如大跨越和交叉跨越处,或变电所的进线段。

5.3.2 阀型避雷器

保护间隙和管型避雷器的共同严重缺点是:动作时产生截断波,伏秒特性陡,击穿电压不稳定。所以不能担负主变、发电机及变电站内主要设备的保护任务。进一步改进就出现了阀型避雷器。

(1) 工作原理

阀型避雷器的基本元件为间隙和非线性电阻,间隙与非线性电阻(又称阀片)相串联如图 5.13 所示。在电力系统正常工作时,间隙将电阻阀片与工作母线隔离,以免由母线的工作电压在电阻阀片中产生的电流烧坏阀片。当系统中出现过电压且其幅值超过间隙放电电压时,间隙击穿,由于间隙放电的伏秒特性低于被保护设备的冲击耐压强度,使被保护设备得到保护。间隙击穿后,冲击电流通过阀片流入大地,由于阀片的非线性特性,电流愈大电阻愈小,故在阀片上产生的压降(称为残压)将得到限制,使其低于被保护设备的冲击耐压,设备就得到了保护。当过电压消失后,间隙中由工作电压产生的工频电弧电流(称为工频续流)仍将继续流过避雷器,此续流受阀片电阻的非线性特性所限制,使其小于 80A(最大值),间隙能在工频续流第一次经过

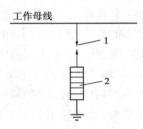

图 5.13　阀型避雷器原理结构图
1—间隙;2—电阻阀片

零值时就将电弧切断。以后,就依靠间隙的绝缘强度能够耐受电网恢复电压的作用而不会发生重燃。这样,避雷器从间隙击穿到工频续流的切断不超过半个工频周期,继电保护来不及动作系统就已恢复正常。

(2) 基本元件

1) 火花间隙

普通型避雷器的火花间隙由许多如图 5.14 所示的单个间隙串联而成,单个间隙的电极由黄铜板冲压而成,两电极极间以云母垫圈隔开形成间隙,间隙距离为 0.5~1.0mm,由于间隙电场近似均匀电场,同时,过电压作用时云母垫圈与电极之间的空气缝隙中发生电晕,对间隙产生照射作用,从而缩短了间隙的放电时间,故其伏秒特性很平且分散性小,单个间隙的工频放电电压约为 2.7~3.0kV(有效值),其冲击系数为 1.1 左右。避雷器动作后,工频续流被许多单个间隙分割成许多短弧,利用短间隙的自然熄弧能力使电弧熄灭,实践证实,在没有热电子发射时,单个间隙的初始恢复强度可达 250V 左右,同时又由于阀片的非线性特性,将使电弧电流波形畸变,由正弦波变成尖顶波,这使得电流过零时间加长,单个间隙的初始恢复强度由 250V 提高到了 700V,对熄弧非常有利。间隙绝缘强度恢复的快慢与工频续流的大小有关。

我国生产的 FS 和 FZ 型避雷器,当工频续流分别不大于 50A 和 80A(峰值)时,能够在续流第 1 次过零时使电弧熄灭。

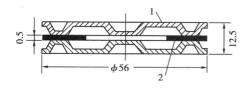

图 5.14　普通阀型避雷器单个火花间隙
1—黄铜电极;2—云母垫圈

2)火花间隙的并联电阻

单个火花间隙的放电压是有限的,为满足较高的工频放电电压的要求,阀型避雷器的间隙是由许多单个间隙串联而成,多间隙串联后间隙电容将形成一等值电容链,由于间隙各电极对地和对高压端有寄生电容存在,放电电压在间隙上的分布是不均匀的,并且瓷套表面状况对此也有影响,例如淋雨或湿污秽而使外瓷套上的电压分布改变时,间隙串的电压分布也就随之改变,这样避雷器动作后每个单个间隙上的恢复电压的分布既不均匀也不稳定,从而降低了避雷器的灭弧能力,其工频放电电压也将下降和显得不稳定。

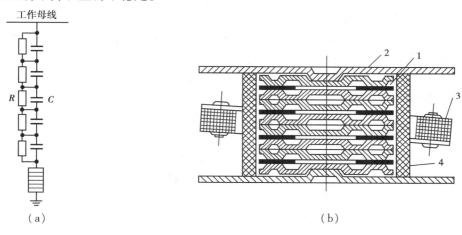

(a)　　　　　　　　　　　　　　　　　(b)

图 5.15　在间隙上并联分路电阻
(a)原理图;(b)标准火花间隙组(普通阀型避雷器)
1—单个间隙;2—黄铜盖板;3—半环形分路电阻;4—瓷套筒;
C—间隙电容;R—并联电阻

为解决这个问题,可在每个间隙上并联一个分路电阻如图 5.15(a)所示。实际上 FZ 型是每 4 个间隙组成一组,每组并联一分路电阻如图 5.15(b)所示。在工频电压和恢复电压作用下,间隙电容的阻抗很大,而分路电阻阻值较小,故间隙上的电压分布将主要由分路电阻决定。因分路电阻阻值相等,故间隙上电压分布均匀,从而提高了熄弧电压和工频放电电压。冲击电压的等值频率很高,间隙电容的阻抗小于分路电阻,间隙上的电压分布主要取决于电容分布,由于间隙对地和对瓷套寄生电容的存在,使电压分布很不均匀,因此其冲击放电电压较低,冲击系数一般为 1 左右,甚至小于 1。

采用分路电阻均压后,在工作电压作用下,分路电阻中将长期有电流流过,因此,分路电阻必须有足够的热容量,通常采用非线性电阻。

我国生产的普通阀型避雷器在火花间隙上并联了分路电阻的为 FZ 型(又称电站型),没有并联分路电阻的为 FS 型(称线路型)。

3)阀片(非线性电阻)

阀型避雷器的限流电阻是一种非线性电阻盘,常称为阀片。它是用碳化硅(SiC,又名金刚砂)颗粒,以陶料粘合剂(水玻璃)低温 T(300~350℃)焙烧而成。由于有氧化硅分子渗入,金刚砂颗粒表面形成一个厚度约 10^{-5}cm 的封锁层(颗粒大小约 200μm),因此金刚砂颗粒具有非常显著的非线性。当加在晶结上的电压不大时,封锁层的电阻率达 $10^6~10^8\Omega\cdot$cm,而金刚砂颗粒本身的电阻率很小约 $1\Omega\cdot$cm,因此全部电压都加在封锁层上。当电场强度很大时,由于电子的迁移率增加,并且电子增多,封锁层电压下降,这就使材料的总电阻随外加电压的增加而降低(金刚砂颗粒的相互接触面不大于颗粒表面的1/10)。因此阀片的电阻值随流过电流的大小而变化,其伏安特性见图5.16,也可用下式表示:

$$u = c \cdot i^{\alpha} \tag{5.14}$$

式中 c 为材料常数($c=650~700$),α 为非线性系数,一般 $\alpha=0.2$,α 愈小说明阀片的非线性程度愈高,性能愈好。

阀片的作用主要是:①限制工频续流,保证火花间隙可靠熄弧;②当雷电过电压击穿时,电压不至于突然下降形成截断波。

但在雷电流通过阀片时将在阀片上出现电压,称为残压 $u_{残}$。残压将作用在被保护设备绝缘上,因此不能太高。采用非线性电阻有助于解决这一矛盾。在雷电流作用下,电流大,阀片呈低电阻,限制了残压的升高。雷电流过后,由于作用在阀片上的工频电压值相对较低,阀片电阻变大,因而限制了续流。

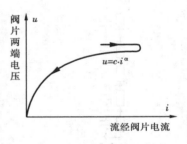

5.16 阀片的伏安特性

当冲击电流很大时,金刚砂颗粒的封锁层发生击穿,这一过程具有统计性质,阀片每通过一次电流,金刚砂颗粒封锁层都会遗留下一定的伤痕,电流越大,时间越长,伤痕越重。因此阀片允许通过的电流是有限的放电次数,以通过能力来表示,亦即指阀片允许通过之最大电流和时间。长时间通过大电流可能使阀片爆炸。目前我国生产的普通阀片的通流容量(即通过电流的能力)当通过电流波形为 20/40μs、幅值 5kA 的冲击电流时为 20 次;当通过 0.01s、幅值 400A 的工频电流时为 20 次。

根据我国实测统计,在具有《规程(SDJ7-79)》建议的防雷接线的 35~220kV 的变电站中,流经阀型避雷器的雷电流超过 5kA 的概率是非常小的。因此我国对 35~220kV 的阀型避雷器以 5kA(其波形为 20/40μs)作为设计依据,此类电网的电气设备的绝缘水平也以避雷器5kA 的残压作为绝缘配合的依据,对 330kV 及更高的电网,由于线路绝缘水平较高,入侵雷电波的幅值也高,故流过避雷器的雷电流较大,我国规定取 10kA 作为计算标准。

普通型阀型避雷器型有 FS 和 FZ 两种型号,FS 型适用于配电系统,FZ 型适用于变电站。FZ 型由一些结构和性能都已标准化的单件所组成,这些单件分别适用于 3,6,10,15,20 和30kV 额定电压,由它们的组合,可以适用于各种电压等级;如 FZ—110J(适用于 110kV 中性点接地系统)就是由 4 个 FZ—30 串联而成。为了使火花间隙放电电压稳定不受外界气象条件的影响,均将火花间隙和阀片密封在瓷套内,保证其工作可靠。图 5.17 为 FS₃—10 型避雷器结构图。

(3)主要参数

1)额定电压。我国习惯把安装避雷器的系统额定电压称为避雷器的额定电压。但避雷

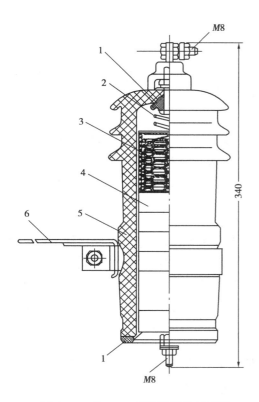

图 5.17 FS₃—10 型避雷器的剖面图
1—密封橡皮；2—压紧弹簧；3—间隙；
4—阀片；5—瓷套；6—安装卡子

器额定电压的正确定义应为：避雷器在动作负载试验循环过程中,加在避雷器上特定的工频电压值。而根据国际电工委员会(IEC)的规定,避雷器的额定电压是指避雷器两端允许施加的最高工频电压有效值,相当于灭弧电压。

2)冲击放电电压 $u_{b(i)}$,指预放电时间为 1.5~20μs 的冲击放电电压,即是在冲击电压作用下避雷器动作的最小电压幅值。从防雷角度要求 $u_{b(i)}$ 低一些好,但是为保证避雷器的其他性能,$u_{b(i)}$ 不能太低,通常选择低于被保护设备的冲击绝缘水平的 20%~25%。

3)残压 U_R,指避雷器动作后雷电流流过阀片在阀片上形成的压降。这是避雷器动作后作用于被保护设备的一种过电压,应保证残压低于被保护设备的冲击绝缘水平的 20%~25%。残压主要决定于阀片电阻的大小,从降低残压的角度来看,阀片电阻值低些好,但为了不产生截断波和保证间隙可靠熄弧,阀片电阻值又不能取得太低。另外残压除与避雷器本身结构有关外,还与通过的雷电流大小有关。

4)灭弧电压。指避雷器在保证可靠熄灭工频续流电弧的条件下,允许加在避雷器上的最高工频电压。灭弧电压应当大于避雷器工作母线上可能出现的最高工频电压,否则避雷器可能因为不能熄弧而爆炸。这个最高工频电压不能仅按正常工作时的相电压来考虑,而应考虑到电网在发生单相接地时非故障相的电压升高,正好该相的避雷器在这时动作的情况。因此单相接地时非故障相的电压升高就成为可能出现的最高工频电压,避雷器的灭弧电压应当高于这个数值。

在中性点有效接地系统中,发生单相接地时非故障相的电压可达工作线电压的 80%,在中性点不接地系统和经消弧线圈接地的系统分别可达工作线电压的 110% 和 100%。所以选用避雷器时,对 110kV 及以上的中性点有效接地系统,灭弧电压取系统最大工作线电压的 80%;对 35kV 及以下的中性点不接地系统和经消弧线圈接地的系统,则分别取最大工作线电压的 110% 和 100%。

5)工频放电电压。在工频电压作用下避雷器发生放电的电压值。对避雷器的工频放电电压要规定上限和下限。当避雷器的结构一定时,冲击系数 β 有一定值。因此如果工频放电电压不超过其上限,其冲击放电电压也不会超过规定值。由于在例行试验中只做工频放电试验而不做冲击放电试验,所以规定工频放电电压的上限是必要的。工频放电电压也不能太低,这是因为工频放电电压太低就意味着灭弧电压太低,不可能可靠地熄弧。普通阀型避雷器不允许在内过电压下动作,工频放电电压太低还意味着在内过电压下动作可能会使避雷器爆炸。因此,通常规定避雷器工频放电电压的下限应当高于系统可能出现的大多数内过电压值。

35kV 及以下系统此值取 3.5 倍相电压,110kV 及以上系统取 3.0 倍相电压。

6)保护比(K)。
$$K = \frac{残压}{灭弧电压}$$

保护比是说明避雷器保护性能的指标,保护比愈小,说明残压愈低或灭弧电压愈高,避雷器的保护性能愈好。FS 和 FZ 系列保护比约为 2.5 和 2.3 左右。

7)直流电压下的电导电流。运行中常以测量直流电压作用下避雷器的电导电流来判断间隙分路电阻的性能。电导电流太小,意味着分路电阻值太大,均压效果减弱;电导电流太大,意味着分路电阻太小,在工作电压作用下流经分路电阻的电流增大,发热较多,易烧毁。故电导电流必须在允许范围内。

5.3.3 磁吹阀型避雷器

普通的阀型避雷器有较平坦的伏秒特性,动作时不会形成截断波,所以可用作变电站中的变压器等重要设备的保护。但普通型阀型避雷器熄弧完全依靠间隙的自然熄弧能力,其次阀片的热容量有限,不能承受较长持续时间的内过电压冲击电流的作用,因此此类避雷器通常不容许在内过电压作用下动作。

由阀片的伏安特性可知
$$u = Ci^\alpha$$

若流过阀片的电流是雷电流,阀片上的电压为残压,即 $u_{残压} = Ci_L^\alpha$;若流过阀片的电流是工频续流 I_C,则阀片上的电压为系统最大的工作电压,即 $u_{最大工作电压} = CI_C^\alpha$,由上两式可知

$$u_{残压} = \left(\frac{i_L}{I_C}\right)^\alpha \cdot u_{最大工作电压} \tag{5.15}$$

在系统最大工作电压一定的条件下,残压越低,则避雷器的保护性能越好。从式(5.15)可知,残压与 i_L,α,I_C 有关。流过阀片的雷电流基本不变,220kV 及以下系统为 5kA,330kV 及以上系统为 10kA,已不能进一步降低了;非线性系数 α 由于工艺水平限制,目前最低只能达到 0.2 左右不能再低。因此进一步降低残压只有一条路可走,即增大工频续流。但由于普通阀型避雷器能可靠熄弧的工频续流仅为 80A(幅值),而我国目前生产的普通型阀片的通流能力可达 450A 左右,故还大有潜力可挖。因此只要解决了熄弧问题,增大工频续流可进一步降低残压,提高避雷器的保护性能。在这个思想指导下出现了磁吹熄弧的阀型避雷器。

磁吹避雷器中火花间隙也是由许多单个间隙串联而成的。利用磁场使电弧产生运动(如旋转或拉长)来加强去游离以提高间隙的灭弧能力。磁吹间隙种类繁多,我国目前生产的主要是限流式间隙,又称拉长电弧型间隙,其单个间隙的基本结构如图 5.18 所示,间隙由一对角状电极组成,磁场是轴向的。工频续流被轴向磁场拉入灭弧栅中,如图 5.18 中虚线所示,其电弧的最终长度可达起始长度的数 10 倍,灭弧盒由陶瓷或云母玻璃制成,电弧在灭弧栅中受到强烈去游离而熄灭,由于电弧形成后很快就被拉到远离击穿点的位置,故间隙绝缘强度恢复很快,熄弧能力很强,可切断 450A 左右的续流。

此外,由于电弧被拉得很长且处于去游离很强的灭弧栅中,所以电弧电阻很大,可以起到限制续流的作用,因而称为限流间隙。这样,采用限流间隙后就可以适当减少阀片数目,使避雷器残压得到降低。

磁场是由与间隙相串联的线圈所产生,其接线原理见图 5.19。考虑到过电压作用下放电

电流通过磁吹线圈时将在线圈上产生很大的压降,使避雷器的保护性能变坏,为此在磁吹线圈两端装设一辅助间隙,在冲击过电压作用下,主间隙被击穿,放电电流遂经过辅助间隙、主间隙和电阻阀片而流入大地,使避雷器的压降不致增大。当工频续流通过时,辅助间隙中电弧的压降将大于续流在线圈中产生的压降,故辅助间隙中电弧自动熄灭,工频续流也就很快转入磁吹线圈中,产生磁场吹弧作用。

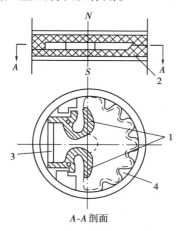

图 5.18　限流式磁吹间隙
1—角状电极;2—灭弧盒;
3—并联电阻;4—灭弧栅

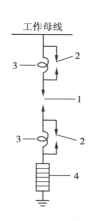

图 5.19　磁吹避雷器的结构原理
1—主间隙;2—辅助间隙;
3—磁吹线圈;4—电阻阀片

磁吹阀型避雷器的阀片也是用碳化硅为主要原料通过高温(1 350 ~ 1 390℃)焙烧而成,其通流容量大,但非线性系数较高($\alpha = 0.23 \sim 0.28$)。除可用来限制雷电过电压外,还可以限制内过电压。

5.4　金属氧化物避雷器

20 世纪 70 年代初期出现了氧化锌避雷器,也有的称金属氧化物避雷器(MOA),它们是以氧化锌(ZnO)为主要成分,添加三氧化二铋(Bi_2O_3),三氧化二钴(Co_2O_3),二氧化锰(MnO_2),三氧化二锑(Sb_2O_3)等金属氧化物,经过粉碎混合后高温烧结而成。ZnO 的粒子平均直径为 $10\mu m$,它被 $1\mu m$ 以下厚度的晶界层所包围,晶界层的主要成分是 Bi_2O_3,(BiSb)O_3,$Zn_7Sb_2O_{10}$ 所组成。氧化锌元件的非线性特性主要由晶界层所形成,在低电场强度下电阻率为 $10^{12} \sim 10^{13}\Omega \cdot cm$,当电场强度达到 $10^6 \sim 10^7 V/m$ 时,晶界层击穿,其电阻率由氧化锌粒子决定,仅为 $1\Omega \cdot cm$,呈低电阻状态。因此氧化锌阀片具有很理想的非线性伏安特性,图 5.20 所示是 SiC 避雷器与 ZnO 避雷器及理想

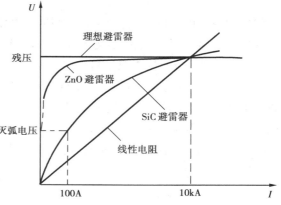

图 5.20　ZnO,SiC 和理想避雷器伏安特性的比较

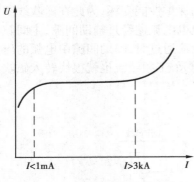

图 5.21　ZnO 避雷器的伏安特性

避雷器的伏安特性曲线。图中假定 ZnO,SiC 电阻阀片在 10kA 电流下的残压相同,但在额定电压(或灭弧电压)下 ZnO 曲线所对应的电流一般在 10^{-5}A 以下,可近似认为续流为零,而 SiC 曲线所对应的续流却是 100A 左右。也就是说,在工作电压下氧化锌阀片实际上相当于一绝缘体。

ZnO 的伏安特性如图 5.21 所示,可分为小电流区、非线性区和饱和区。在 1mA 以下的区域为小电流区,非线性系数 α 较高,为 0.2 左右;电流在 1mA 到 3kA 范围内,通常为非线性区,其 α 值为 $0.02 \sim 0.05$ 左右;电流大于 3kA,一般进入饱和区,随电压的增加电流增长不快。

5.4.1　ZnO 避雷器的主要优点

(1)无间隙

在工作电压作用下,ZnO 实际上相当一绝缘体,因而工作电压不会使 ZnO 阀片烧坏,所以可以不用串联间隙来隔离工作电压(SiC 阀片在正常工作电压下有几十安电流,会烧坏阀片,因此不得不串联间隙)。由于无间隙,当然也就没有传统的 SiC 避雷器那样因串联间隙而带来的一系列的问题,如污秽、内部气压变化对间隙的电位分布和放电电压的影响等。例如,SiC 避雷器的放电电压会随避雷器内部气压变化而变化,因此不宜使用在高原地区,而 ZnO 避雷器是理想的高原型避雷器。又如 SiC 避雷器对付污秽带电水冲洗是较困难的,因污秽严重会影响串联间隙的电位分布,使避雷器原来的均压效果部分或完全失去作用,进而造成 SiC 避雷器损坏,而 ZnO 避雷器无此问题。

同时,因无间隙,故大大改善了陡波下的响应特性,不存在间隙放电电压随雷电波陡度增加而增大的问题,提高了对设备保护的可靠性。

(2)无续流

当作用在 ZnO 阀片上的电压超过某一值(此值称为起始动作电压)时,将发生"导通",其后,ZnO 阀片上的残压受其良好的非线性特性所控制,当系统电压降至起始动作电压以下时,ZnO 的"导通"状态终止,又相当于一绝缘体,因此不存在工频续流。而 SiC 避雷器却不同,它不仅要吸收过电压的能量,而且还要吸收因系统工作电压下的工频续流所产生的能量,ZnO 避雷器因无续流,故只要吸收过电压能量即可,这样,对 ZnO 的热容量的要求就比 SiC 低得多。

(3)电气设备所受过电压可以降低

虽然 10kA 雷电流下的残压值 ZnO 避雷器与 SiC 相同,但后者只在串联间隙放电后才可将电流泄放,而前者在整个过电压过程中都有电流流过,因此降低了作用在变电站电气设备上的过电压。例如某 500kV 变电站的计算结果为:当雷电流是 150kA($2/70\mu s$)时,过电压下降 $6\% \sim 13\%$;当雷电流是 100kA 时,过电压下降 $6\% \sim 11\%$。如雷电流波头取为 $0.8\mu s$,过电压可下降 $13\% \sim 20\%$。

(4)通流容量大

由于 ZnO 阀片的通流能力大(必要时也可采用两柱或三柱阀片并联),提高了避雷器的动作负载能力,因此可以用来限制内部过电压。

(5)ZnO 避雷器特别适用于直流保护和 SF₆ 电器保护

因为直流续流不像工频续流那样会通过自然零点,所以串联间隙型直流避雷器难于熄弧,ZnO 避雷器则就没有熄弧问题。另外在 SF₆ 电器中,SiC 在 SF₆ 气体中放电电压会随气压变化,间隙放电在 SF₆ 气体中的分散性大,而 ZnO 避雷器无此问题。因无续流熄弧问题,ZnO 避雷器也运用于多雷区、多重雷击区。

此外,ZnO 避雷器体积小,重量轻(同类产品 ZnO 型比 SiC 型轻 50%),结构简单,运行维护方便,使用寿命长。

5.4.2　ZnO 避雷器的电气特性

(1)额定电压

指允许短期加在避雷器上的最大工频电压(有效值)。在系统中出现短时工频电压升高时,此电压直接作用在氧化锌阀片上,只要其值不超过额定电压,避雷器就能可靠地限制雷电过电压或操作过电压。它相当于阀型避雷器各种特性的基准参数。

(2)最大长期工作电压

指允许长期加在避雷器上的系统最大工作相电压(有效值)。

(3)工频参考电压(又称起始动作电压、转折电压)

指氧化锌阀片伏安特性曲线上由小电流区转入击穿区所对应的电压值。从这一点开始电流值将随电压增加而迅速增加,亦使 α 迅速进入 $0.02 \sim 0.05$ 区域,这时氧化锌避雷器进入了限制过电压的工作状态。通常以流过 1mA 的工频阻性电流分量峰值或直流电流时,避雷器上的工频电压峰值来定义工频参考电压 U_{1mA},其值约为最大长期工作电压峰值的 $105\% \sim 115\%$。

(4)压比

指氧化锌避雷器通过 8/20μs 额定冲击放电电流下的残压(简称额定残压)与工频参考电压之比。例如,10kA 压比为 U_{10kA}/U_{1mA};压比越小,表明通过冲击大电流时的残压越低,则氧化锌避雷器的保护性能越好,目前此值约为 $1.6 \sim 2.0$。

(5)荷电率

指最大长期工作电压峰值与工频参考电压之比。它表征单位电阻片上的电压负荷。目前一般采用 $45\% \sim 75\%$ 的荷电率。在中性点不接地或经消弧线圈接地的系统中,不对称短路时正常相上的电压升高较大,故一般采用低荷电率;而在中性点直接接地系统中,工频电压升高不那么突出,故可选用高荷电率。荷电率的高低也将是决定避雷器老化快慢的直接因素。

在设计中,如果荷电率向"高"选取,其直接结果是避雷器的保护比下降,电气特性变好,而产品寿命、可靠性降低;如果荷电率向"低"选取,虽然产品寿命延长,但保护性能变差,因而也是不合理的。正确的荷电率应按 IEC 第 69 条第 2 款的规定选取:进行老化试验该荷电率下的产品寿命按 100 年考虑。在某些情况下,如荷电率比正常相电压高 30%,产品的老化程度一年等于 20 年。

(6)工频耐受特性

这是考核氧化锌避雷器对工频过电压的耐受能力。按我国规定,对中性点不接地或经消弧线圈接地的系统,氧化锌避雷器应在如下时间内耐受下列工频过电压的倍数

$1.2u_m$ 1 000s

$1.3u_m$ 100s

$1.4u_m$ 1s

u_m——最大允许工作电压

这是无间隙氧化锌避雷器的重要试验,它将氧化锌电阻片的通流容量、压比与设计参数联系在一起的一次性容量试验。

(7)保护比

氧化锌避雷器的保护比 K 定义为:

$$K = \frac{额定残压}{最大长期工作电压(峰值)} = \frac{压比}{荷电率} \tag{5.16}$$

所以,压比越小,表明通过冲击大电流时的残压越低,避雷器的保护性能越好。

目前,各国生产的氧化锌避雷器在电压等级(110kV)较低时大部分是采用无间隙的。对于超高压避雷器或须大幅度降低压比时,则采用并联式串联间隙的方法。为了降低大电流时的残压,而又不加大电阻片在正常运行中的电压负担,往往也采用并联或串联间隙的方法。图5.22 为并联间隙的原理图。在正常情况下,间隙 g 是不导通的,系统电压由电阻 R_1 和 R_2 两部分分担,单位电阻片上的电压负荷较低,当雷击或操作过电压作用时,流过 R_1,R_2 的电流将迅速增加,R_1,R_2 上的电压(残压)也随之迅速增加。当 R_2 上的残压达到某一值时,并联间隙 g 动作,R_2 被短接,避雷器上的残压仅由 R_1 决定,从而降低了残压,也即降低了压比。图5.23 为串联间隙的原理图。图中 g_1 和 g_2 为二串联放电间隙,r_1,r_2 一方面作为 g_1 和 g_2 的均压电阻,另一方面又与氧化锌电阻片一起组成一个分压器,分担着整个避雷器的电压负荷。若 r_1 和 r_2 负担50%电压负荷,R 负担其余的50%电压负荷,就可以大大减轻氧化锌电阻片上的电压负荷,这是 SiC 电阻片所不能做到的,因为 SiC 电阻片在小电流时电阻太小。氧化锌电阻片则不同,它在小电流时的电阻完全可以与分路电阻相比较,在雷击或操作过电压发生时,r_1 和 r_2 的电压提高,使 g_1 和 g_2 二间隙击穿,避雷器的残压就完全由氧化锌电阻 R 决定。在灭弧过程中,间隙仅仅负担50%恢复电压,其余的50%恢复电压由氧化锌电阻片分担,大大减轻了间隙的灭弧负担,这也是 SiC 避雷器所不能做到的,SiC 避雷器在灭弧时间隙要负担几乎100%的恢复电压。ZnO 串联间隙避雷器,其保护比可达1.2 左右。

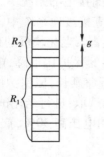

图 5.22　ZnO 并联间隙原理图

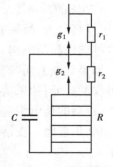

图 5.23　ZnO 串联间隙原理图

必须指出:由于氧化锌阀片长期接受工频电压的作用,在运行中会有老化现象,须定期监测泄漏电流等参数以保证安全。

由于氧化锌避雷器具有上述一系列的优点,且造价较低,故由氧化锌避雷器取代 SiC 避雷器已是大势所趋。目前,美国已在 756kV 系统中使用氧化锌避雷器。我国已生产各种电压等级的氧化锌避雷器。

5.5 防雷接地装置

电气设备的接地,按其目的的不同可以分为下列几种:

(1)保护接地

为了保证人身安全,无论在发、配电还是用电系统中都将电气设备的金属外壳接地,以保证金属外壳经常固定为地电位,一旦设备绝缘损坏而使外壳带电时不致有危险的电位升高引起工作人员触电伤亡。在正常情况下接地点没有电流流入,金属外壳保持地电位,但当设备发生故障而有接地短路电流流入大地时,接地点和它紧密相连的金属导体的电位都会升高,有可能威胁到人身的安全。

人所站立的地点与接地设备之间的电位差称为接触电压(取人手摸设备的 1.8m 高处,人脚离设备的水平距离 0.8m),如图 5.24 中 U_j。人的两脚着地点之间的电位差称为跨步电压(取跨距为 0.8m),如图 5.24 中 U_K。它们都可能有较高的数值使通过人体的电流超过危险值(一般规定 10mA),减小接地电阻或改进接地装置的结构形状可以降低接触电位和跨步电位,通常要求此两电位不超过 $\frac{250}{\sqrt{t}}$V(t 为作用时间,s)。

(2)工作接地

工作接地是根据电力系统正常运行方式的需要而设置的接地,例如将系统的中性点接地。

在工频对地短路时,要求流过接地网的短路电流 I 在接地网上造成的电位不致太大,在中性点直接接地中,要求

$$IR \leqslant 2\,000\text{V}$$

如 $I > 4\,000$A 时,可取 $R \leqslant 0.5\Omega$,在大地电阻率太高,按 $R \leqslant 0.5\Omega$ 的条件在技术经济上极不合理时,允许将 R 值提高到 $R \leqslant 5\Omega$,但在这种情况下,必须验证人身的安全。

(3)防雷接地

这是针对防雷保护的需要而设置的,目的是减小雷电流通过接地装置的地电位升高。

从物理过程看,防雷接地与前两接地有两点区别,一是雷电流的幅值大,二是雷电流的等值频率高。雷电流的幅值大,就会使地中电流密度 δ 增大,因而提高了土壤中的电场强度($E = \delta\rho$),在接地体附近尤为显著。若此电场强度超过土壤击穿场强(8.5×10^3V/cm 左右)时,在接地体周围的土壤中便会发生局部火花放电,使土壤导电性增大,接地电阻减小。因此,同一接地装置在幅值甚高的冲击电流作用下,其接地电阻要小于工频电流下的数值。这种效应称为火花效应。

另一方面,雷电流的等值频率较高,使接地体自身电感的影响增加,阻碍电流向接地体远端流通,对于长度长的接地体这种影响更加明显。结果会使接地体得不到充分利用,使接地装置的电阻值大于工频接地装置电阻值。这种现象称为电感影响。

由于上述两方面的原因,同一接地装置在冲击和工频电流作用下,将具有不同的电阻值。

通常用冲击系数表示两者的关系

$$\alpha = \frac{R_{ch}}{R_g} \tag{5.17}$$

其中 R_g 是工频电流下的电阻，R_{ch} 是冲击电流下的电阻（此时实际是阻抗，但习惯上称为冲击接地电阻）。它是指接地体上的冲击电压幅值与流经该接地体中的冲击电流幅值之比值。冲击系数 α 与接地体的几何尺寸、雷电流的幅值和波形以及土壤电阻率等因素有关，一般依靠实验确定。在一般情况下由于火花效应大于电感效应，故 $\alpha < 1$，但对于电感影响明显的情况，也有时 $\alpha \geqslant 1$。

接地装置由埋入地中的接地体和连接到设备接地部分的接地线组成。当接地装置中流过电流时，接地电流经过接地体以电流场的形式向四处扩散，如图 5.24。由于大地并不是理想的导体，它具有一定的电阻率，接地电流将沿大地产生电压降。设土壤电阻率为 ρ，大地内的电流密度为 δ，则大地中必然呈相应的电场分布，其电场强度为 $E = \rho\delta$。离电流注入点越远，地中电流的密度就越小，因此可以认为在相当远（或者叫无穷远）处，地中电流密度 δ 已接近零，电场强度 E 也接近零，该处的电位为零电位。由此可见，当接地点有电流流入大地时该点相对于远处的零电位来说，将具有确定的电位升高，图 5.24 中画出了此时地表面的电位分布情况。

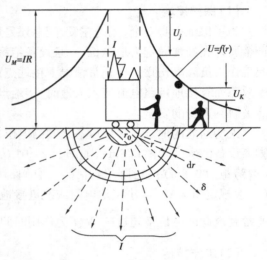

图 5.24 接地装置原理图

U_M—接地点电位;I—接地电流;U_j—接触电压;
U_K—跨步电压;δ—地中电流密度;
$U = f(r)$—大地表面的电位分布

我们把接地点处的电位 U_M 与接地电流 I 的比值定义为该点的接地电阻 R，$R = U_M/I$。当接地电流 I 为定值时，接地电阻 R 越小，则电位 U_M 越低，反之则越高。此时地面上的接地物体（例如变压器外壳），也具有了电位 U_M，因而不利于电气设备的绝缘以及人身安全，这就是为什么要力求降低接地电阻的原因。

接地电阻实质上是接地电流在地中散流时土壤所呈现的电阻。例如图 5.24 所示的半球形接地体，它的接地电阻就相当于把电极外土壤分成无数个具有一定厚度的同心半球壳的电阻串联而成。设半球接地体的半径为 r_0，经它流散到大地的电流为 I，假定大地是电阻率为 ρ（$\Omega \cdot m$）的均匀导体，那么，距球心 r 处，厚度为 dr 的半球壳的电阻 dR 应为

$$dR = \rho \frac{dr}{2\pi r^2} \tag{5.18}$$

总接地电阻就是上式的积分

$$R = \int_{r_0}^{\infty} dR = \frac{\rho}{2\pi r_0} \tag{5.19}$$

上式说明 R 与 ρ 成正比，与 r_0 成反比。由此可见，接地电阻并不同一般具有恒定截面的导体电阻一样与电极表面积成反比。事实上，它主要只决定于电极的延伸程度，即沿某一方向（垂直或水平）的最大线性尺寸。因此，采用上述半球形接地极 β 至板形接地极都是很不经济

的,在实际上很少使用。通常使用的是垂直接地棒、水平接地带以及它们的组合。

5.4.1　工程实用的接地装置

工程实用的接地装置主要是用扁钢、圆钢、角钢或钢管组成,埋于地表下 0.5 ~ 1m 处。水平接地体多用扁钢,宽度一般为 20 ~ 40mm,厚度不小于 4mm,或者用直径不小于 6mm 的圆钢。垂直接地体一般用角钢($20mm \times 20mm \times 3 ~ 50mm \times 50mm \times 5mm$)或钢管,长度约取 2.5m。根据接地装置的敷设地点,又分为输电线路接地及变电所接地。

(1)典型接地体的接地电阻

我们知道,恒流场与静电场有相似性,利用这一特性可以将静电学中已知的电容公式改换为计算接地电阻的公式,即

$$R = \frac{U}{I} = \frac{U}{\oint_s jn\mathrm{d}s} = \frac{U}{\oint_s \frac{En}{\rho}\mathrm{d}s} = \frac{U}{\frac{1}{\varepsilon\rho}\oint_s Dn\mathrm{d}s} = \frac{\varepsilon\rho U}{Q} = \frac{\varepsilon\rho}{C} \ \ \Omega \tag{5.20}$$

式中 jn 为电流密度(A/m^2),En 为电场强度(V/m),ρ 为土壤电阻率($\Omega \cdot m$),C 为接地体对无穷远处的电容(F),ε 为介质常数(F/m)。一些典型的接地电阻计算公式如下:

1)垂直接地体

$$R = \frac{\rho}{2\pi l}\ln\frac{4l}{d} \ \ \Omega \tag{5.21}$$

式中 l 是接地体长度(m),d 是接地体直径(m),如图 5.25(a)所示,$l \gg d$。当采用扁钢时 $d = \frac{b}{2}$,b 是扁钢宽度。当采用角钢时 $d = 0.84b$,b 是角钢每边宽度。

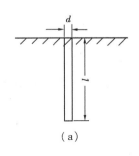
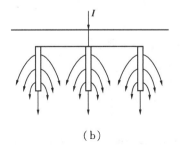

图 5.25　垂直接地体
(a)单根;(b)三根—屏蔽效应

图 5.26　$n\eta$ 与 a/l 的关系曲线

当有 n 根垂直接地体时,总接地电阻 R_Σ 可按并联电阻计算,但须注意 R_Σ 略大于 R/n(R 是每一垂直接地体的电阻,并设 n 个接地体均相同),即

$$R_\Sigma = \frac{R}{\eta n} \tag{5.22}$$

上式中 η 称为利用系数,它表示由于电流互相屏蔽而使接地体不能充分利用的程度。如图 5.25(b)所示,由于屏蔽效应,$\eta < 1$,一般 η 为 0.65 ~ 0.8。η 值与流经电流是工频或是冲击电流有关,还与接地体间距离 a 与接地体长度 l 之比 a/l 有关。图 5.26 表示 ηn 与 a/l 的关系。

2) 水平接地体

$$R = \frac{\rho}{2\pi L}(\ln \frac{L^2}{dh} + A) \ \Omega \tag{5.23}$$

式中 L 是接地体的总长度（m）,h 是接地体埋设深度（m）,A 是表示因受屏蔽影响使接地电阻增加的系数,其数值列于表5.1。可见当 L 相同时,由于电极形状不同,A 值会有显著差别。如序号7,8 的形状,对接地体的利用是很不充分的,不宜采用。

表5.1　水平接地体屏蔽系数

序　　号	1	2	3	4	5	6	7	8
接地体形式	—	∟	人	○	＋	□	✳	✳
屏蔽系数 A	0	0.38	0.48	0.87	1.69	2.14	5.27	8.81

以上公式计算出的是工频电流下的接地电阻值。在雷电流作用下,还须要用冲击系数 α 校正,α 的数值将根据计算分析和实验得到,可参考图5.27。

3) 伸长接地体

在土壤电阻率较高的岩石地区,为了减少接地电阻,有时须加大接地体的尺寸,主要是增加水平埋设的扁钢的长度,通常称这种接地体为伸长接地体。由于雷电流等值频率甚高,接地体自身的电感将会产生很大影响,此时接地将表现出具有分布参数的传输线的阻抗特性,加之火花效应的出现将使伸长接地体的电流流通成为一个很复杂的过程。一般是在简化的条件下通过理论分析,对这一问题作出定性的描述,并结合实验以得到工程应用的依据。通常,伸长接地体只是在 $40 \sim 600\text{m}$ 的范围内有效,超过这一范围接地阻抗基本上不再变化。

（2）输电线路的防雷接地

高压输电线路在每一基杆塔下一般都设有接地装置,并通过引线与避雷线相连,其目的是使击中避雷线的雷电流通过较低的接地电阻而进入大地。

高压线路杆塔都有混凝土基础,它也起着接地体的作用,称为自然接地电阻。大多数情况下单纯依靠自然接地电阻是不能满足要求的,须要装设人工接地装置。"规程"规定线路杆塔接地电阻如表5.2。

表5.2　装有避雷线的线路杆塔工频接地电阻值（上限）

土壤电阻率 $\rho/\Omega \cdot \text{m}$	工频接地电阻/Ω
100 及以下	10
100 以上至 500	15
500 以上至 1 000	20
1 000 以上至 2 000	25
2 000 以上	30,或敷设 6~8 根总长不超过 500m 的放射线,或用两根连续伸长接地线,阻值不作规定

（3）发电厂和变电所的防雷接地

发电厂和变电所内须要有良好的接地装置以满足工作、安全和防雷保护的接地要求。一

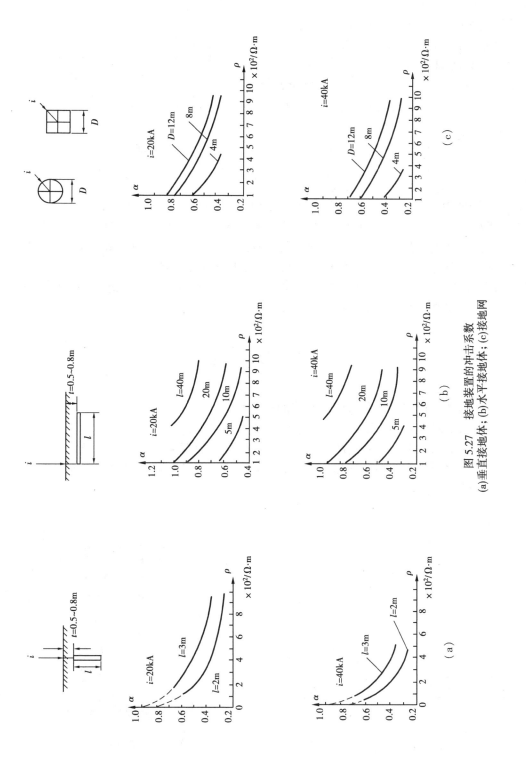

图 5.27　接地装置的冲击系数
(a) 垂直接地体；(b) 水平接地体；(c) 接地网

一般的作法是根据安全和工作接地要求敷设一个统一的接地网,然后再在避雷针和避雷器下面增加接地体以满足防雷接地的要求。

接地网由扁钢水平连接,埋入地下 0.6 ~ 0.8m处,其面积 S 大体与发电厂和变电所的面积相同,如图 5.28,这种接地网的总接地电阻可按下式估算:

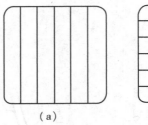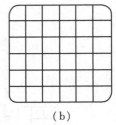

图 5.28　接地网示意图
(a)长孔;(b)方孔

$$R = \frac{0.44\rho}{\sqrt{S}} + \frac{\rho}{L} \approx 0.5\frac{\rho}{\sqrt{S}} \ \Omega$$

式中 L 是接地体(包括水平与垂直)总长度(m), S 是接地网的总面积(m^2)。接地网构成网孔形的目的主要在于均压,接地网中两水平接地带之间的距离,一般可取为 3 ~ 10m,然后校核接触电位 U_j 和跨步电位 U_K 后再予以调整。

如前述,发电厂和变电所工频接地电阻的数值一般在 0.5 ~ 5Ω 的范围内,这主要是为了满足工作及安全接地的要求。关于防雷接地的要求,以后介绍到变电所防雷保护时还要说明。应当指出,接地网在冲击电流作用下同样具有火花效应和电感影响。这一问题由于涉及的条件复杂,常常须要通过试验来掌握其基本规律。

复习思考题

5.1　试分析管型避雷器与保护间隙的相同和不同点。

5.2　试全面比较阀型避雷器与氧化锌避雷器的性能。

5.3　为了保护烟囱及附近的构筑物,在一高 73m 的烟囱上装设一根长 2m 的避雷针,烟囱附近构筑物的高度和相对位置见图 5.29,试计算各构筑物是否处于该避雷针的保护范围内。

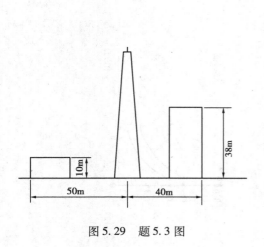

图 5.29　题 5.3 图

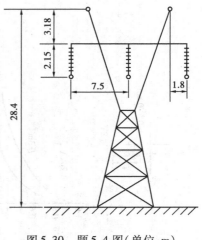

图 5.30　题 5.4 图(单位:m)

5.4 如图 5.30 所示铁塔结构是否能保证各相导线都受到避雷线的有效保护。

5.5 一双回路杆塔的尺寸如图 5.31 所示,单位为 mm,其中 A,B,C 为一回路的三相导线,A',B',C' 为另一回路的三相导线,G 为避雷线,其半径 $r_g = 5.5\text{mm}$。试求:

(1)哪一相导线的绕击率 ρ_α 最大? 其值为若干?

(2)哪一相导线与避雷线间的几何耦合系数 k_0 最小? 其值为若干?

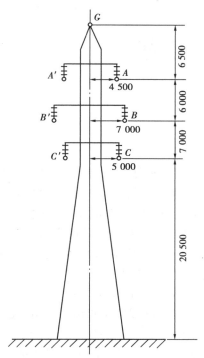

图 5.31 题 5.5 图(单位:mm)

第 **6** 章
输电线路的防雷保护

由于输电线路长度大,分布面广,地处旷野,易受雷击。据水电部科技司的调查统计表明,因雷击线路造成的跳闸事故占电网总事故的60%以上。同时,雷击线路时自线路入侵变电所的雷电波也是威胁变电所的主要因素,因此,对线路的防雷保护应予充分重视。

输电线路上出现的大气过电压有两种,一种是雷直击于线路引起的,称直击雷过电压;另一种是雷击线路附近地面,由于电磁感应所引起的,称为感应雷过电压。

输电线路防雷性能的优劣主要由耐雷水平及雷击跳闸率来衡量。雷击线路时线路绝缘不发生冲击闪络的最大雷电流幅值称为"耐雷水平",单位为 kA。线路的耐雷水平越高,线路绝缘发生冲击闪络的机会越小。每100km线路每年由雷击引起的跳闸次数称为"雷击跳闸率",这是衡量线路防雷性能的综合指标。

线路防雷问题是一个综合的技术经济问题。在确定线路的具体防雷措施时,应根据线路的电压等级、负荷性质、系统运行方式、雷电活动的强弱、地形地貌的特点和土壤电阻率的高低等条件,特别要结合当地原有线路的运行经验通过技术经济比较来确定。

但是,由于雷电放电的复杂性,线路防雷计算所依据的很多概念、假定和参数都不是十分正确和完善的,故计算结果只可以作为衡量线路防雷性能的相对指标,以便从中看出多种因素的影响程度与作用大小。工程分析所依据的计算模型、原始数据和计算方法等,都有待于继续总结运行经验,积累资料,开展研究工作,以求进一步完善和精确。

6.1 输电线路的感应雷过电压

6.1.1 雷击线路附近大地时,线路上的感应雷过电压

当雷击线路附近大地时,由于电磁感应,在线路上的导线会产生感应过电压。感应过电压的形成如图 6.1 所示。在雷云放电的起始阶段,存在着向大地发展的先导放电过程,线路正处于雷云与先导通道的电场中,由于静电感应,沿导线方向的电场强度分量 E_x 将导线两端与雷云异号的正电荷吸引到靠近先导通道的一段导线上来成为束缚电荷,导线上的负电荷则由于

E_x 的排斥作用而使其向两端运动,经线路的泄漏电导和系统的中性点而流入大地。因为先导通道发展速度不大,所以导线上电荷的运动也很缓慢,由此而引起的导线中的电流很小,同时由于导线对地泄漏电导的存在,导线电位将与远离雷云处的导线电位相同。当雷云对线路附近的地面放电时,先导通道中的负电荷被迅速中和,先导通道所产生的电场迅速消失,使导线上的束缚电荷得到释放,沿导线向两侧运动形成感应雷过电压。这种由于先导通道中电荷所产生的静电场突然消失而引起的感应电压称为感应过电压的静电分量。同时,雷电通道中的雷

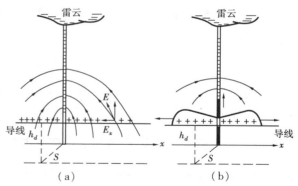

图 6.1　感应雷过电压形成示意图
(a)主放电前;(b)主放电后
h_d—导线高度;S—雷击点与导线间的距离

电流在通道周围空间建立了强大的磁场,此磁场的变化也将使导线感应出很高的电压,这种由于先导通道中雷电流所产生的磁场变化而引起的感应电压称为感应过电压的电磁分量。

根据理论分析与实测结果,"规程"建议,当雷击点离开线路的距离 $S > 65\text{m}$ 时,导线上的感应雷过电压最大值 U_g 可按下式计算

$$U_g \approx 25 \frac{I_L \times h_d}{S} \text{ kV} \tag{6.1}$$

式中 I_L 为雷电流幅值(kA);h_d 为导线悬挂的平均高度(m),S 为雷击点离线路的距离(m)。

从上述可知,感应雷过电压的极性与雷电流极性相反。

从式(6.1)可知,感应雷过电压与雷电流幅值 I_L 成正比,与导线悬挂平均高度 h_d 成正比,h_d 越高则导线对地电容越小,感应电荷产生的电压就愈高;感应雷过电压与雷击点到线路的距离 S 成反比,S 越大,感应雷过电压越小。

由于雷击地面时雷击点的自然接地电阻较大,雷电流幅值一般不超过100kA。实测证明,感应雷过电压一般不超过500kV,对 35kV 及以下水泥杆线路会引起一定的闪络事故,对110kV 及以上的线路,由于绝缘水平较高,所以一般不会引起闪络事故。

感应雷过电压同时存在于三相导线,相间不存在电位差,故只能引起对地闪络,如果二相或三相同时对地闪络即形成相间闪络事故。

如果导线上方挂有避雷线,则由于其屏蔽效应,导线上的感应电荷就会减少,导线上的感应过电压就会降低。避雷线的屏蔽作用可用下法求得,设导线和避雷线的对地平均高度分别为 h_d 和 h_b,若避雷线不接地,则根据式(6.1)可求得避雷线和导线上的感应过电压分别为 $U_{g\cdot b}$ 和 $U_{g\cdot d}$:

$$U_{g\cdot b} = 25 \frac{I_L \times h_b}{S}, U_{g\cdot d} = 25 \frac{I_L \times h_d}{S}$$

所以

$$U_{g\cdot b} = U_{g\cdot d} \frac{h_b}{h_d}$$

但是避雷线实际上是通过每基杆塔接地的,因此可以设想在避雷线上尚有一 $-U_{g\cdot b}$ 电位,以此来保持避雷线为零电位,由于避雷线与导线的耦合作用,此 $-U_{g\cdot b}$ 将在导线上产生耦合电

压 $K(-U_{g \cdot b})$，K 为避雷线与导线的耦合系数。

这样，导线上的电位将为 $U'_{g \cdot b}$

$$U'_{g \cdot d} = U_{g \cdot d} - K U_{g \cdot b} = U_{g \cdot d}\left(1 - K \frac{h_b}{h_d}\right) \approx U_{g \cdot d}(1 - K) \tag{6.2}$$

上式表明，接地避雷线的存在，可使导线上的感应过电压由 $U_{g \cdot d}$ 下降到 $U_{g \cdot d}(1-K)$。耦合系数 K 愈大，则导线上的感应过电压愈低。

6.1.2　雷击线路杆塔时，导线上的感应过电压

式(6.1)只适用于 $S > 65\text{m}$ 的情况，更近的雷事实上将因线路的引雷作用而击于线路。

雷击线路杆塔时，由于雷电通道所产生的电磁场迅速变化，将在导线上感应出与雷电流极性相反的过电压，其计算问题至今尚有争论，不同方法计算的结果差别很大，也缺乏实践数据。目前，《规程》建议对一般高度(约 40m 以下)无避雷线的线路，此感应过电压最大值可用下式计算

$$U_{g \cdot d} = a h_d \tag{6.3}$$

式中 a 为感应过电压系数，单位为 kV/m，其数值等于以 kA/μs 计的雷电流平均陡度即 $a = \frac{I_L}{2.6}$。

有避雷线时，由于其屏蔽效应，式(6.3)应为

$$U'_{g \cdot d} = a h_d (1 - K) \tag{6.4}$$

式中 K 为耦合系数。

6.2　输电线路的直击雷过电压和耐雷水平

我们以中性点直接接地系统中有避雷线的线路为例进行分析，其他线路的分析原则相同。

雷直击于有避雷线线路的情况可分为 3 种，即雷击杆塔塔顶；雷击避雷线档距中央和雷绕过避雷线击于导线(即绕击)，如图 6.2 所示。

6.2.1　雷击杆塔塔顶时的过电压和耐雷水平

运行经验表明，在线路落雷总次数中雷击杆塔的次数与避雷线的根数和经过地区的地形有关。雷击杆塔次数与雷击线路总次数的比值称为击杆率 g，《规程》建议击杆率如表 6.1。

表 6.1　击杆率 g

地　　形 \ 避雷线根数	0	1	2
平　　原	1/2	1/4	1/6
山　　区	1	1/3	1/4

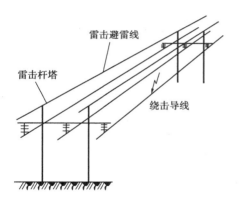

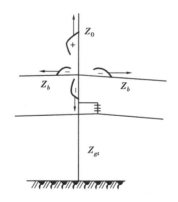

图 6.2　有避雷线线路直击雷的 3 种可能性　　图 6.3　雷击塔顶时雷电流的分布

雷击杆塔塔顶时,雷电通道中的负电荷与杆塔及避雷线上的正感应电荷迅速中和形成雷电流,如图 6.3 所示,雷击瞬间自雷击点(即塔顶)有一只雷电流波沿杆塔向下运动;另有两个相同的负电流波分别自塔顶沿两侧避雷线向相邻杆塔运动;与此同时自塔顶有一正雷电流波沿雷电通道向上运动,此正雷电流波的数值与 3 个负电流波数值之总和相等。线路绝缘上的过电压即由这几个电流波所引起。由雷电通道中正电流波的运动在导线上所产生的感应过电压已如上节所述,这里主要分析流经杆塔和地线中的雷电流所引起的过电压。

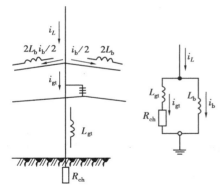

图 6.4　计算塔顶电位的等值电路

(1)塔顶电位

对于一般高度(40m 以下)的杆塔,在工程近似计算中,常将杆塔和避雷线以集中参数电感 L_{gt} 和 L_b 来代替,这样,雷击杆塔时的等值电路如图 6.4 所示。不同类型杆塔的等值电感 L_{gt} 可由表 6.2 查得,L_b 为避雷线的等值电感。单根避雷线的等值电感约为 $0.67l\mu H(l$ 为档距长度 m),双根避雷线约为 $0.42l\mu H$。图中 R_{ch} 为杆塔冲击接地电阻。

考虑到雷击点的阻抗较低,故在计算中可略去雷电通道波阻的影响。由于避雷线的分流作用,流经杆塔的电流 i_{gt} 将小于雷电流 i_L。

$$i_{gt} = \beta_{iL} \tag{6.5}$$

表 6.2　**杆塔的电感和波阻抗的平均值**

杆塔型式	杆塔电感/μH/m	杆塔电阻/Ω
无拉线水泥单杆	0.84	250
有拉线水泥单杆	0.42	125
无拉线水泥双杆	0.42	125
铁　　　塔	0.50	150
门　型　铁　塔	0.42	125

表 6.3　一般长度档距的线路杆塔分流系数 β

线路额定电压/kV	避雷线根数	β 值
110	1	0.90
	2	0.86
220	1	0.92
	2	0.88
330	2	0.88
500	2	0.88

上式中 β 称为分流系数,其值可由图 6.4 的等值电路求出,对于不同电压等级一般长度档距的杆塔,β 值可由表 6.3 查得。

塔顶电位 u_{td} 可由下式计算

$$u_{td} = R_{ch} \cdot i_{gt} + L_{gt} \frac{di_{gt}}{dt} = \beta R_{ch} i_L + \beta L_{gt} \frac{di_L}{dt}$$

以 $\dfrac{di_L}{dt} = \dfrac{I_L}{2.6}$(式(5.4))代入,则塔顶电位的幅值 U_{td} 为

$$U_{td} = \beta I_L (R_{ch} + \frac{L_{gt}}{2.6}) \tag{6.6}$$

式中 I_L 为雷电流幅值。

(2)导线电位和线路绝缘上的电压

当塔顶电位为 U_{td} 时,则与塔顶相连的避雷线上也将有相同的电位 U_{td}。由于避雷线与导线间的耦合作用,导线上将产生耦合电压 KU_{td},此电压与雷电流同极性。此外,由于雷电通道电磁场的作用,根据式(6.4)在导线上尚有感应过电压 $ah_d(1-K)$,此电压与雷电流异极性,所以导线电位的幅值 U_d 为

$$U_d = KU_{td} - ah_d(1-K) \tag{6.7}$$

线路绝缘子串上两端电压为塔顶电位与导线电位之差,故线路绝缘上的电压幅值 U_j 为

$$U_j = U_{td} - U_d = U_{td} - KU_{td} + ah_d(1-K) =$$
$$(U_{td} + ah_d)(1-K)$$

以式(6.6)及 $a = \dfrac{I_L}{2.6}$ 代入得

$$U_j = I_L(\beta R_{ch} + \beta \frac{L_{gt}}{2.6} + \frac{h_d}{2.6})(1-K) \tag{6.8}$$

雷击时导、地线上电压较高,将出现冲击电晕,K 值应采用电晕修正后的数值,电晕修正系数见表 4.1。

应该指出,作用在线路绝缘上的电压还有导线上的工作电压,对 220kV 及以下的线路,其值所占比重不大,一般可以略去,但对超高压线路,则不可不计,且雷击时导线上工作电压的瞬时值及其极性应作为一随机变量来考虑。

（3）耐雷水平的计算

由式（6.8）可知，线路绝缘上电压的幅值 U_j 随雷电流增大而增大，当 U_j 大于绝缘子串冲击闪络电压时，绝缘子串将发生闪络，由于此时杆塔电位较导线电位为高，故此类闪络称为"反击"。雷击杆塔的耐雷水平 I_1 可由 U_j 等于线路绝缘子串的 50% 冲击闪络电压 $U_{50\%}$ 时求得：

$$I_1 = \frac{U_{50\%}}{(1-K)\left[\beta\left(R_{ch} + \dfrac{L_{gt}}{2.6}\right) + \dfrac{h_d}{2.6}\right]} \tag{6.9}$$

我国标准 DL/T620—1997 规定，不同电压等级输电线路，雷击杆塔时的耐雷水平 I_1 如表6.4 所示。

表 6.4　各级电压线路应有的耐雷水平

额定电压/kV	35	66	110	220	330	500
耐雷水平/kA	20～30	30～60	40～75	75～110	100～150	125～175
雷电流超过耐雷水平的概率 p/%	59～46	46～21	35～14	14～6	7～2	3.8～1

从式（6.9）可知，雷击杆塔时的耐雷水平与分流系数 β，杆塔等值电感 L_{gt}，杆塔冲击接地电阻 R_{ch}，导地线间的耦合系数 K 和绝缘子串的 50% 冲击内络电压 $U_{50\%}$ 有关。对一般高度杆塔，冲击接地电阻 R_{ch} 上的电压降是塔顶电位的主要成分，因此降低接地电阻可以有效地减小塔顶电位和提高耐雷水平。增加耦合系数 K 可以减少绝缘子串上电压和减小感应过电压，同样也可以提高耐雷水平。常用措施是将单避雷线改为双避雷线，或在导线下方增设架空地线称为耦合地线，其作用主要是增强导、地线间的耦合作用，同时也增加了地线的分流作用。

6.2.2　雷击避雷线档距中央时的过电压

雷击避雷线档距中央见图6.5，雷击点阻抗为 $Z_b/2$（Z_b 为避雷线波阻抗），根据式（5.2），流入雷击点的雷电流波 i_Z 为：

$$i_Z = \frac{i_L}{1 + \dfrac{Z_b/2}{Z_0}}$$

故雷击点的电压 u_A 为：

$$u_A = i_Z \cdot \frac{Z_b}{2} = i_L \frac{Z_0 Z_b}{2Z_0 + Z_b} \tag{6.10}$$

此电压波 u_A 自雷击点沿两侧避雷线向相邻杆塔运动，经 $\dfrac{l}{2v_b}$ 时间（l 为档距长度，v_b 为避雷线中的波速）到达杆塔，由于杆塔的接地作用，在杆塔处将有一负反射波返回雷击点，又经 $\dfrac{l}{2v_b}$ 时间，此负反射波到达雷击点，若此时雷电流尚未到达幅值，即 $2 \times \dfrac{l}{2v_b}$ 小于雷电流波头，则雷击

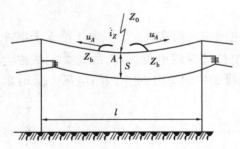

图 6.5　雷击避雷线档距中央

z_0—雷电通道波阻抗；

s—档距中央导地线间距离

点的电位自负反射波到达之时开始下降。故雷击点 A 的最高电位将出现在 $t = 2 \times \dfrac{l}{2v_b} = \dfrac{l}{v_b}$ 时刻。

若雷电流取为斜角波头即 $i_L = at$，则根据式 (6.10) 以 $t = \dfrac{l}{v_b}$ 代入，可得雷击点的最高电位 U_A：

$$U_A = a \times \frac{l}{v_b} \times \frac{Z_0 Z_b}{2Z_0 + Z_b}$$

由于避雷线与导线间的耦合作用，在导线上将产生耦合电压 KU_A，故雷击处避雷线与导线间的空气间隙 S 上所承受的最大电压 U_S 为：

$$U_S = U_A(1 - K) = a \times \frac{l}{v_b} \times \frac{Z_0 Z_b}{2Z_0 + Z_b}(1 - K) \qquad (6.11)$$

从上式可知，雷击避雷线档距中央时，雷击处避雷线与导线间的空气间隙 S 上的电压与耦合系数 K、雷电流陡度 a 以及档距长度 l 有关，当此电压超过空气间隙 S 的放电电压时，间隙将被击穿造成短路事故。

根据式 (6.11) 和空气间隙的抗电强度，可以计算出不发生击穿的最小空气距离 S。经过我国多年运行经验的修正，我国标准 DL/T620—1997 规定按下式确定应有的 S 值

$$S = 0.012l + 1\text{m} \qquad (6.12)$$

当发生雷击避雷线档距中央时，一般不会出现击穿事故。

对于大跨越档距，若 $\dfrac{l}{v_b}$ 大于雷电流波头，则相邻杆塔来的负反射波到达雷击点 A 时，雷电流已过峰值，故雷击点的最高电位由雷电流峰值所决定。导、地线间的距离 S 将由雷击点的最高电位和间隙平均击穿强度所决定。

6.2.3　绕击时的过电压和耐雷水平

装设避雷线的线路，使三相导线都处于它的保护范围之内，仍然存在雷绕过避雷线而直接击中导线的可能性，发生这种绕击的概率称为绕击率 p_α，一旦出现这种情况，则往往会引起线路绝缘子串的闪络。模拟试验、运行经验和现场实测均证明：p_α 之值与避雷线对边相导线的保护角 α（见图 6.6），杆塔高度 h 及线路通过地区的地形地貌等因素有关，可用下列公式求得：

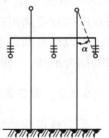

图 6.6　保护角 α

对平原地区　　　　　　　$\lg p_\alpha = \dfrac{\alpha \sqrt{h}}{86} - 3.9$

对山区　　　　　　　　　$\lg p_\alpha = \dfrac{\alpha \sqrt{h}}{86} - 3.35$ 　　　　　(6.13)

式中：α 为保护角（度）；h 为杆塔高度（m）。

从式 (6.13) 可知，山区的绕击率为平原地区的 3 倍，或相当于保护角增大 8 度。

现在来计算绕击时的过电压和耐雷水平。如图 6.7，绕击时雷击点阻抗为 $Z_d/2$（Z_d 为导线波阻抗）根据式 (5.2)，流经雷击点的雷电流波 i_z 为

$$i_Z = \frac{i_L}{1 + \frac{Z_d/2}{Z_0}}$$

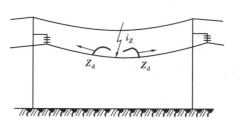

导线上电压为 u_d，则

$$u_d = i_Z \frac{Z_d}{2} = i_L \frac{Z_0 Z_d}{2Z_0 + Z_d}$$

其幅值 U_d 为

$$U_d = I_L \frac{Z_0 Z_d}{2Z_0 + Z_d} \qquad (6.14)$$

图 6.7　绕击导线

从上式可知，绕击时导线上电压幅值 U_d 随雷电流幅值 I_L 的增加而增加，若超过线路绝缘子串的冲击闪络电压，则绝缘子串将发生闪络，绕击时的耐雷水平 I_2 可令 U_d 等于绝缘子串 50% 闪络电压 $U_{50\%}$ 来计算。

$$I_2 = U_{50\%} \frac{2Z_0 + Z_d}{Z_0 \cdot Z_d} \qquad (6.15)$$

"规程"认为 $Z_0 \approx Z_d/2$，故

$$I_2 \approx U_{50\%} \frac{4}{Z_d} \approx \frac{U_{50\%}}{100} \qquad (6.16)$$

根据"规程"的计算方法，35，110，220，330kV 线路的绕击耐雷水平分别为 3.5，7，12 和 16kA 左右，其值较雷击杆塔时的耐雷水平小得多。

6.3　输电线路的雷击跳闸率

当输电线路着雷时，若雷电流超过线路耐雷水平，则线路绝缘发生冲击闪络，雷电流经闪络通道入地，但由于时间只有几十微秒，线路开关来不及动作，只有当沿闪络通道流过的工频短路电流的电弧持续燃烧时，线路才会跳闸停电。所以研究线路雷击跳闸率时，必须考虑上述诸因素的作用。

6.3.1　建弧率

当线路着雷后，由冲击闪络转为工频电弧的概率与弧道中的平均电场强度有关，也与闪络瞬间工频电压的瞬时值和去游离条件有关。根据实验和运行经验，冲击闪络转为稳定工频电弧的概率——称为建弧率，以 η 表示，可按下式计算

$$\eta = (4.5E^{0.75} - 14)\% \qquad (6.17)$$

式中　E 为绝缘子串的平均运行电压梯度，[kV(有效值)/m]。

对中性点直接接地系统

对中性点不接地系统

$$\left.\begin{array}{c} E = \dfrac{u_e}{\sqrt{3}\,l_j} \\[3mm] E = \dfrac{u_e}{2l_j} \end{array}\right\} \qquad (6.18)$$

155

式(6.18)中,对于中性点直接接地系统且为铁横担时,u_e为线路额定电压[kV(有效值)];l_j为绝缘子串闪络距离(m)。

对于中性点不接地系统,单相闪络不会引起跳闸,只有当第二相导线再闪络后才会造成相间闪络而跳闸,因此在式(6.18)中应是线电压和相间绝缘长度。

实践证明,当$E \leqslant 6$[kV(有效值)]/m时,可以近似认为$\eta = 0$。

6.3.2 有避雷线线路雷击跳闸率 n 的计算

(1)雷击杆塔时的跳闸率

如前所述,每100km有避雷线的线路每年(40个雷电日)落雷次数为$N = 0.6h_b$次。若击杆率为g,则每100km线路每年雷击杆塔的次数为$Ng = 0.6h_bg$次,若雷击杆塔时的耐雷水平为I_1,雷电流幅值超过I_1的概率为P_1,建弧率为η,则100km线路每年雷击杆塔的跳闸次数n_1为:

$$n_1 = 0.6h_bg\eta P_1 \tag{6.19}$$

(2)绕击跳闸率

设绕击率为P_α,100km线路每年绕击次数为$NP_\alpha = 0.6h_bP_\alpha$,绕击时的耐雷水平为$I_2$,雷电流幅值超过$I_2$的概率为$P_2$,建弧率为$\eta$,则每100km线路每年的绕击跳闸次数$n_2$

$$n_2 = 0.6h_b\eta P_\alpha P_2 \tag{6.20}$$

(3)线路雷击跳闸率

如前述,若避雷线与导线在档距中央处的空气间隙距离$s \geqslant 0.012l + 1$m,则雷击避雷线档距中央一般不会发生击穿事故,其跳闸率可视为零。

因此,线路雷击跳闸率n为:

$$n = n_1 + n_2 = 0.6h_b\eta(gP_1 + P_\alpha P_2) \text{ 次}/100\text{公里·年} \tag{6.21}$$

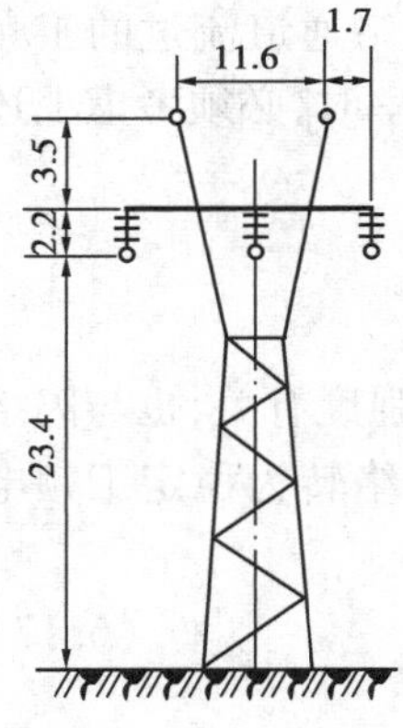

例 平原地区220kV双避雷线线路如图6.8,绝缘子串由13片$X-7$组成,其正极性$U_{50\%}$为1 410kV,杆塔冲击接地电阻R_{ch}为7Ω,求该线路的耐雷水平及雷击跳闸率。

避雷线和导线的弧垂为7m和12m,避雷线平均高度$h_b = 29.1 - \dfrac{2}{3} \times 7 = 24.5$m,导线平均高度$h_d = 23.4 - \dfrac{2}{3} \times 12 = 15.4$m,避雷线半径为5.5mm。

解 计算避雷线与导线间的耦合系数。由于避雷线对外侧导线的耦合系数比对中相导线的耦合系数小,线路绝缘上的过电压更为严重,故取作计算条件。双避雷线对外侧导线的几何耦合系数K_0为:

$$K_0 = \frac{\ln \dfrac{d'_{13}}{d_{13}} + \ln \dfrac{d'_{23}}{d_{23}}}{\ln \dfrac{2h_b}{r_b} + \ln \dfrac{d'_{12}}{d_{12}}} =$$

图6.8 某 220kV 杆塔
(图中单位为m)

$$\frac{\ln \dfrac{\sqrt{39.9^2 + 1.7^2}}{\sqrt{9.1^2 + 1.7^2}} + \ln \dfrac{\sqrt{39.9^2 + 13.3^2}}{\sqrt{9.1^2 + 13.3^2}}}{\ln \dfrac{2 \times 24.5}{5.5 \times 10^{-3}} + \ln \dfrac{\sqrt{49^2 + 11.6^2}}{11.6}} = 0.229$$

经电晕修正后耦合系数 K

$$K = K_0 \cdot K_1 = 1.25 \times 0.229 = 0.286$$

杆塔等值电感 $L_{gt} = 29.1 \times 0.5 = 14.5 \mu H$（表 6.2），分流系数 $\beta = 0.88$（表 6.3），根据式（6.9）得雷击杆塔时的耐雷水平 I_1 为：

$$I_1 = \frac{1\,410}{(1 - 0.286)(0.88 \times 7 + 0.88 \times \dfrac{14.5}{2.6} + \dfrac{15.4}{2.6})} = 116 kA$$

根据式（6.15）得绕击时的耐雷水平 I_2 为：

$$I_2 = \frac{1\,410}{100} = 14.1 kA$$

根据式（5.3），雷电流幅值超过 I_1 和 I_2 的概率 p_1 和 p_2 分别为 8.4% 和 75%。

根据式（6.13）、表 6.1 和式（6.16）得绕击率 $p_\alpha = 0.144\%$；击杆率 $g = 1/6$；建弧率 $\eta = 0.80$。

根据式（6.21）计算雷击跳闸率 n

$$n = 0.6 \times 24.5 \times 0.8 \left(\frac{1}{6} \times \frac{8.4}{100} + \frac{0.144}{100} \times \frac{75}{100} \right) =$$

0.177 次 /100 公里·年

即该线路每 100km 每年因雷击而引起的跳闸次数为 0.17 次。

对于无避雷线的输电线路，所应考虑的原则和计算过程基本相同。但应指出在我国不沿全线装设避雷线的线路一般是 35kV 及以下的线路，其系统中性点是非直接接地的，当受雷击一相接地时，线路不会跳闸，只有当已接地相再向邻相导线反击，并在相间建立起稳定的工频电弧时，才会发生线路跳闸。

6.4　输电线路的防雷措施

在确定输电线路的防雷方式时，应全面考虑线路的重要程度、系统运行方式、线路经过地区雷电活动的强弱、地形地貌的特点、土壤电阻率的高低等条件，结合当地原有线路的运行经验，根据技术经济比较的结果，因地制宜，采取合理的保护措施：

6.4.1　架设避雷线

避雷线是高压和超高压输电线路最基本的防雷措施，其主要目的是防止雷直击导线，此外，避雷线对雷电流有分流作用，可以减小流入杆塔的雷电流，使塔顶电位下降；通过对导线的耦合作用可以减小线路绝缘上的电压；对导线的屏蔽作用还可以降低导线上的感应过电压。

线路电压愈高，采用避雷线的效果愈好，而且避雷线在线路造价中所占比重也愈低。因此规程规定，220kV 及以上电压等级输电线路应全线架设避雷线，110kV 线路一般也应全线架设避雷线。为了提高避雷线对导线的屏蔽效果,减小绕击率,保护角一般采用 20°～30°。220kV 及 330kV 双避雷线线路应做到 20°左右,500kV 及以上线路都架设双避雷线,保护角≤15°,有时甚至采用负保护角(即避雷线位于导线外侧)。35kV 及以下的线路一般不全线装设避雷线,主要因为这些线路本身的绝缘水平太低,即使装设避雷线来截住直击雷,往往仍难以避免发生反击闪络,因而效果不好;另一方面,这些线路均属中性点非有效接地系统,一相接地故障的后果不像中性点有效接地系统中那样严重,因而主要依靠装设消弧线圈和自动重合闸来进行防雷保护。

避雷线为了起到引流作用,应在每个杆塔处接地。在双避雷线的超高压输电线路上,正常的工作电流将在每个档距中两根避雷线所组成的闭合回路里感应出电流并引起功率损耗。为了减小这一损耗,同时为了把避雷线兼作通讯及继电保护的通道,可将避雷线经一个小间隙对地(杆塔)绝缘起来,雷击时间隙被击穿,使避雷线接地。

6.4.2　降低杆塔接地电阻

对于一般高度的杆塔,降低杆塔接地电阻是提高线路耐雷水平防止反击的有效措施。规程规定,有避雷线的线路,每基杆塔(不连避雷线)的工频接地电阻,在雷季干燥时不宜超过表 6.5 所列数值。

表 6.5　有避雷线输电线路杆塔的工频接地电阻(Ω)

土壤电阻率/Ω·m	100 及以下	100～500	500～1 000	1 000～1 500	2 000 以上
接地电阻/Ω	10	15	20	25	30

土壤电阻率低的地区,应充分利用杆塔的自然接地电阻。在高土壤电阻率地区降低接地电阻比较困难时,可采用多根放射形接地体,或连续伸长接地体,或配合使用降阻剂降低接地电阻。

从下表的统计数据可充分看出采用连续伸长接地体的优势。

表 6.6　110kV 线路常规接地与连续伸长接地跳闸率比较

线路名称	杆　型	统计运行 kM·年	跳闸次数	n	n'	实际平均雷电日	备　注
德河线*	轻型塔,单、双避雷线混合*	240	1	0.4	0.26	60	连续伸长接地
柳麻线	轻型塔,单避雷线	1 250	1 47	11.8	7.2	65	每杆单独水平接地
麻桂线	轻型塔,单避雷线	444	47	10.5	5.3	80	每杆单独水平接地

注:n'—折合成 40 雷电日之跳闸率;

　　*—德河线长 32km,共 198 基杆塔,全线 $\rho > 2\,000\,\Omega\cdot m$ 有 103 基,$3\,000\sim 10\,000\,\Omega\cdot m$ 71 基,$10\,000\,\Omega\cdot m$ 以上 32 基,超过 $20\,000\,\Omega\cdot m$ 的 12 基。

6.4.3　架设耦合地线

在降低杆塔接地电阻有困难时,可以采用在导线下方架设地线的措施,其作用是增加避雷线与导线间的耦合作用以降低绝缘子串上的电压。此外,耦合地线还可增加对雷电流的分流作用。运行经验证明,耦合地线对降低雷击跳闸率的作用是很显著的。表6.7 示出我国三条有耦合地线线路的运行指标。

表6.7　3条有耦合地线的耐雷性能比较

线　路	对比线路总长/公里	架耦合地线前运行/公里·年	架耦合地线前的 n/次·(百公里·年) $^{-1}$	架耦合地线后运行/公里·年	架耦合地线后的 n/次·(百公里·年) $^{-1}$
220kVGX 线 (82 雷电日)	86.2	681	2.49	345	1.16
220kVXH 线 (60 雷电日)	49.2	199	4.01	388	2.57
110kV 福建某线 (70 雷电日)	29	219	6.4	144	3.47

6.4.4　采用不平衡绝缘方式

为了节省线路走廊用地,在现代超高压线路中采用同杆架设双回路的情况日益增多。对此类线路在采用通常的防雷措施尚不能满足要求时,还可采用不平衡绝缘方式来降低双回路雷击同时跳闸率,以保证不中断供电。不平衡绝缘的原则是使二回路的绝缘子串片数有差异,这样雷击时绝缘子片数少的回路先闪络,闪络后的导线相当于地线,增加了对另一回导线的耦合作用,提高了另一回的耐雷水平,使之不发生闪络,以保证另一回继续供电。一般认为两回路绝缘水平的差异宜为 $\sqrt{3}$ 倍相电压(峰值),差异过大将使线路总故障率增加,差异究竟多少为宜,应从各方面技术经济比较来决定。

6.4.5　装设自动重合闸

由于线路绝缘具有自恢复功能,大多数雷击造成的冲击闪络和工频电弧在线路跳闸后能迅速去游离,线路绝缘不会发生永久性的损坏或劣化,因此装设自动重合闸的效果很好,据统计,我国110kV 及以上高压线路重合成功率为 75% ~95%,35kV 及以下线路约为 50% ~80%。在中性点直接接地的电网中经验表明,绝大多数雷击事故是单相闪络,所以可采用单相重合闸以减轻断路器的检修工作量及减轻对用户供电的影响。

6.4.6　采用消弧线圈接地方式

对于雷电活动强烈,接地电阻又难以降低的地区,可考虑采用中性点不接地或经消弧线圈接地的方式,绝大多数的单相着雷闪络接地故障将被消弧线圈所消除。而在二相或三相着雷时,雷击引起第一相导线闪络并不会造成跳闸,闪络后的导线相当于地线,增加了耦合作用,使未闪络相绝缘子串上的电压下降,从而提高了耐雷水平。

6.4.7 装设管型避雷器

仅用作线路上雷电过电压特别大或绝缘弱点的防雷保护。它能免除线路绝缘的冲击闪络,并能使建弧率降为零。在现代输电线路上,管型避雷器仅安装在高压线路之间及高压线路与通信线路之间的交叉跨越档、过江大跨越高杆塔、带避雷线的终端杆塔、换位杆塔及变电站的进线保护段等处。

6.4.8 加强绝缘

由于输电线路个别地段需采用大跨距高杆塔,这就增加了杆塔着雷的机会。对于高杆塔,可以采取增加绝缘子串片数、改用大爬距悬式绝缘子、增大塔头空气间距等来提高其防雷性能。高杆塔的等值电感大,感应过电压大,绕击率也随高度而增加,因此规程规定,全高超过40m 有避雷线的杆塔,每增高 10m 应增加一片绝缘子,全高超过 100m 的杆塔,绝缘子数应结合运行经验通过计算确定。

复习思考题

6.1 试从物理概念上解释避雷线对降低导线上感应过电压的作用。

6.2 试全面分析雷击杆塔时影响耐雷水平的各种因素的作用,工程实际中往往采用哪些措施来提高耐雷水平,试述其理由。

6.3 为什么绕击时的耐雷水平远低于雷击杆塔时的耐雷水平?

6.4 试述建弧率的含义及其在线路防雷中的作用?

6.5 某平原地区 220kV 架空线路所采用的杆塔形式及尺寸如图 6.9 所示。各有关数据如下:

避雷线半径 r_g = 5.5mm,其悬点高度 h_g = 32.7m;

上相导线悬点高度 $h_{w(U)}$ = 25.7m;

下相导线悬点高度 $h_{w(L)}$ = 20.2m;

避雷线在 15℃时的弧垂 f_g = 6.0m;

导线在 15℃时的弧垂 f_w = 10.0m;

线路长度 L = 120km;

绝缘子串:13 × X—4.5 型绝缘子,其冲击放电电压 $U_{50\%}$ = 1 245kV,每片绝缘子的高度 H = 0.146m;

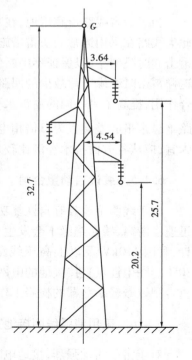

图 6.9 题 6.5 图(尺寸单位:m)

杆塔的冲击接地电阻 $R_{ch} = 10\Omega$；

线路所在地区雷电日 $T = 50$。

求这条线路的耐雷水平、雷击跳闸率及实际年雷击跳闸次数。

第 **7** 章
发电厂和变电所的防雷保护

发电厂、变电所(特别是高压大型变电所是多条线路的交汇点和电力系统的枢纽。如果发生雷击事故,将造成大面积停电,严重影响国民经济和人民生活,因此发电厂、变电所的防雷保护必须是十分可靠的。

发电厂、变电所遭受雷害可能来自两个方面:雷直击于发电厂、变电所;雷击线路,沿线路向发电厂、变电所入侵的雷电波。

对直击雷的保护,一般采用避雷针或避雷线。我国运行经验表明,凡装设符合规程要求的避雷针的发电厂和变电所,绕击和反击率是很低的。

由于线路落雷频繁,所以沿线路入侵的雷电波是发电厂、变电所遭受雷害的主要原因。由线路入侵的雷电波电压,虽受到线路绝缘的限制,但线路绝缘水平比发电厂、变电所电气设备的绝缘水平高(例 220kV 线路绝缘子串的 50% 放电电压为 1 410kV,而 220kV 变压器的全波冲击试验电压只有 835kV,全波多次保证电压只有 835/1.1 =759kV;10kV 线路的 50% 放电电压为 80kV,而发电机出厂时的冲击耐压仅 34kV。),若不采取防护措施,势必造成发电厂、变电所电气设备的损坏事故。其主要防护措施是在发电厂、变电所内装设阀型避雷器以限制入侵雷电波的幅值,使设备上的过电压不超过其冲击耐压值;在发电厂、变电所的进线上设置进线保护段以限制流经阀型避雷器的雷电流和限制入波雷电波的陡度。此外对直配电机在电机母线上装设电容器,限制入侵雷电波陡度以保护电机匝间和中性点绝缘。

据统计,我国 35kV 和 110~220kV 变电所由入侵雷电波而引起的事故率分别约为 0.67 次/百所·年和 0.5 次/百所·年,直配电机的雷击损坏率约为 1.25 次/百台·年。

7.1 发电厂、变电所的直击雷保护

为了防止雷直击于发电厂、变电所,可以装设避雷针,应该使所有设备都处于避雷针保护范围之内,此外,还应采取措施,防止雷击避雷针时的反击事故。

雷击避雷针时,雷电流流经避雷针及其接地装置见图 7.1,在避雷针 h 高度处和避雷针的接地装置上,将出现高电位 u_K 和 u_d。

$$u_K = L\frac{\mathrm{d}i_L}{\mathrm{d}t} + i_L R_{\mathrm{ch}} \tag{7.1}$$

$$u_{\mathrm{d}} = i_L R_{\mathrm{ch}} \tag{7.2}$$

式中　L——避雷针的等值电感；

　　　R_{ch}——避雷针的冲击接地电阻；

　　　i_L 和 $\dfrac{\mathrm{d}i_L}{\mathrm{d}t}$——分别为流经避雷针的雷电流和雷电流平均上升速度。

取雷电流 i_L 的幅值为 150kA，雷电流的平均上升速度 $\dfrac{\mathrm{d}i_L}{\mathrm{d}t}$ 为 30kA/μs，避雷针电感为 1.7μH/m，则可得

$$u_K = 150R_{\mathrm{ch}} + 50h \text{ kV}$$

$$u_{\mathrm{d}} = 150R_{\mathrm{ch}} \text{ kV}$$

式中 h 为配电构架的高度（图 7.1 中 A 点）。上两式表明，避雷针和其接地装置上的电位 u_K 和 u_{d} 与冲击接地电阻 R_{ch} 有关，R_{ch} 愈小则 u_K 和 u_{d} 愈低。

为了防止避雷针与被保护设备或构架之间的空气间隙 s_K 被击穿而造成反击事故，必须要求 s_K 大于一定距离，若取空气的平均抗电强度 500kV/m，则 s_K 应满足下式要求：

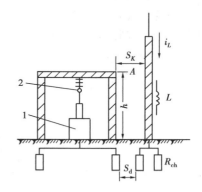

图 7.1　独立避雷针离配电构架的距离
1—变压器;2—母线

$$s_K > 0.3R_{\mathrm{ch}} + 0.1h \text{ （m）} \tag{7.3}$$

同样，为了防止避雷针接地装置和被保护设备接地装置之间在土壤中的间隙 s_{d} 被击穿，必须要求 s_{d} 大于一定距离，s_{d} 应满足下式（假设土壤的抗电强度为 500kV/m）：

$$s_{\mathrm{d}} > 0.3R_{\mathrm{ch}} \text{ m} \tag{7.4}$$

在一般情况下，s_K 不小于 5m，s_{d} 不应小于 3m。

按照安装方式的不同，可将避雷针分为独立避雷针和装在配电装置构架上的避雷针（简称构架避雷针）两类。从经济观点出发希望采用构架避雷针，因为它既能节省支座的钢材，又能省去专用的接地装置（但必须满足构架避雷针的接地装置与变电所的接地网的连接点离主变压器接地装置与变电所的接地网的连接点之间的距离不应小于 15m，目的在于防止主变压器被反击，由于变压器的绝缘较弱又是变电所中最重要的设备，故在变压器门型构架上不应装设避雷针），对 35kV 及以下变电所宜装设独立避雷针，独立避雷针有自己专用的支座和接地装置，其接地电阻一般不超过 10Ω。

我国规程规定：

①110kV 及以上的配电装置，一般将避雷针装在构架上。但在土壤电阻率 $\rho > 1\,000\Omega\cdot\mathrm{m}$ 的地区，仍宜装设独立避雷针，以免发生反击；

②35kV 及以下的配电装置应采用独立避雷针来保护；

③60kV 的配电装置，在 $\rho > 500\Omega\cdot\mathrm{m}$ 的地区宜采用独立避雷针，在 $\rho < 500\Omega\cdot\mathrm{m}$ 的地区容许采用构架避雷针。

发电厂厂房一般不装设避雷针，以免发生反击事故和引起继电保护误动作。

7.2 变电所内阀型避雷器的保护作用

变电所内装设阀型避雷器是对入侵雷电过电压波进行防护的主要措施,它的保护作用主要是限制过电压波的幅值。

我们先分析图 7.2 所示的接线,避雷器与变压器接在一点。为简化分析,不计变压器的对地入口电容,入侵波 u 自线路入侵,避雷器动作前后的电压可用图 7.2(b),(c)的等值电路来分析,假定避雷器的伏安特性 $u_b = f(i_b)$ 和伏秒特性 u_f 为已知,则可按图 7.3 所示的作图法求取变压器上的电压。

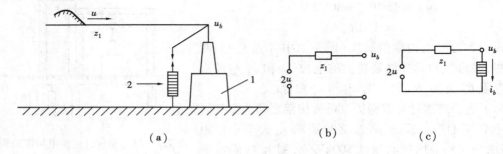

图 7.2 避雷器直接装在变压器旁边
(a)接线图;(b)动作前的等值电路;(c)动作后的等值电路
1—变压器;2—避雷器

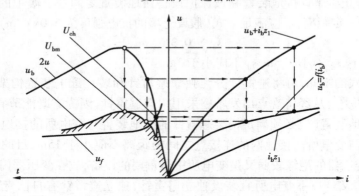

图 7.3 避雷器电压 U_b 图解法
u—来波;u_f—避雷器伏秒特性;u_b—避雷器上电压;$u_b = f(i_b)$—避雷器的伏安特性

入侵波 u 到达变压器处,在避雷器动作前相当于末端开路,电压上升一倍成为 $2u$,避雷器上电压 u_b 也等于 $2u$。当 $2u$ 与避雷器伏秒特性 $u_f = f(t)$ 相交时(见图 7.3),则避雷器动作,动作电压为 U_{ch}。

动作后按图 7.2(c)中的等值电路,可列方程:

$$2u = u_b + i_b Z_1$$

上式中 i_b 为流过避雷器的电流。

画出曲线 $u_b + i_b Z_1$,然后自 $2u$ 曲线的幅值处作一水平线与曲线 $u_b + i_b Z_1$ 相交,交点的横

164

坐标就是流过避雷器的最大雷电流 i_{bm}，由 i_{bm} 自伏安特性 $u_b = f(i_b)$ 上所决定的电压 U_{bm} 就是避雷器上的最大残压值，其他时刻避雷器上的电压可按此用图解法求得，从图可知，避雷器电压 u_b 具有两个峰值 U_{ch} 和 U_{bm}，U_{ch} 是避雷器冲击放电电压，由于阀型避雷器的伏秒特性 u_f 很平，故此值基本上不随入侵波陡度而变；U_{bm} 为避雷器残压的最大值，当然，残压与流过的雷电流大小有关，但因阀片的非线性特性，当流过的雷电流在很大范围内变动时，其残压近乎不变。

如前述，在具有正常防雷接线的 110～220kV 变电所中，流经避雷器的雷电流一般不超过 5kA（对 330kV 及以上系统为 10kA），故残压的最大值取为 5kA 下的数值；在一般情况下，避雷器的冲击放电电压与 5kA 的残压基本相同，这样，我们在以后的分析中可以将避雷器上的电压 u_b 近似地视为一斜角平顶波，其幅值为 5kA 时的残压 $U_{b \cdot 5}$，波头时间（即避雷器放电时间）则取决于入侵波陡度。若入侵雷电波为斜角波，即 $u = at$，则避雷器的作用相当于在避雷器放电时刻 t_p 在避雷器安装处产生一负电压波 $-a(t - t_p)$，如图 7.4 所示。

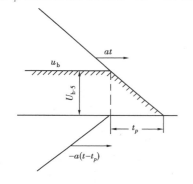

图 7.4　分析用避雷器上电压波形 u_b

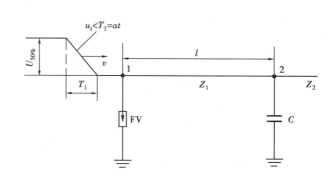

图 7.5　求取 ΔU 值的简化计算接线图

由于避雷器直接接在变压器旁，故变压器上的过电压波形与避雷器上电压相同，若变压器的冲击耐压大于避雷器的冲击放电电压和 5kA 下的残压，则变压器将得到可靠的保护。

变电所中有很多设备，我们不可能在每个设备旁都装设一组避雷器，一般只在变电所母线上装设避雷器，由于变压器是最重要的设备，因此避雷器应尽量靠近变压器。这样，避雷器离开变压器和各电气设备都有一段长度不等的距离，当雷电波入侵时，变压器和各电气设备上的电压将与避雷器上电压不相同，二者相差多少？避雷器对变电所所有设备是否都能起到保护作用？我们来看一下最简单的只有一路进线的终端变电所的情况，见图 7.5。

一切被保护绝缘都可近似地用一只等值电容 C 来代表，这时图 7.5 中的 Z_2 断开，C 即为电力变压器的入口电容。由于一般电力设备的等值电容 C 都不大，可以忽略波刚到达时电容使电压上升速度减慢的影响，而讨论电容充电后相当于开路的情况。

如取过电压波到达避雷器 FV 的端子 1 的瞬间作为时间的起算点（$t = 0$），避雷器上的电压即按 $u_1 = at$ 的规律上升。当 $t = T$ 时（T 为波传过距离 l 所需时间 $= \dfrac{l}{v}$），波到达设备端子 2 上，如取 $C = 0$，波在此将发生全反射，则设备绝缘上的电压为：

$$u_2 = 2a(t - T) \tag{7.5}$$

当 $t = 2T$ 时，点 2 的反射波到达点 1，使避雷器上的电压上升陡度加大，如图 7.6 中的线段 mb 所示。由图 7.6 可知：如果没有从设备来的反射波，避雷器将在 $t = t'_b$ 时动作，当有反射波时其击穿电压 U_b 为

$$U_b = a(2T) + 2a(t_b - 2T) = 2a(t_b - T)$$

由于一切通过点 1 的电压波都将到达点 2，但在时间上要延后 T，所以避雷器放电后所产生的限压效果要到 $t = t_b + T$ 时才能对设备绝缘上的电压产生影响，这时 u_2 已经达到下式所表示的数值

$$U_2 = 2a[(t_b + T) - T] = 2at_b$$

可见电压差

$$\Delta U = U_2 - U_b = 2at_b - 2a(t_b - T) = 2aT = 2a\frac{l}{v} \text{ kV} \tag{7.6}$$

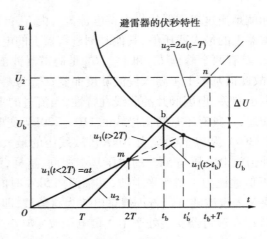

图 7.6　避雷器和被保护绝缘上的电压波形

如果以来波的梯度 $a'(\text{kV/m})$ 来代替 (7.6) 式中的陡度 $a(\text{kV/μs})$，则式 (7.6) 可改写成

$$\Delta U = 2a'l \text{ kV} \tag{7.7}$$

由此可知：被保护绝缘与避雷器间的电气距离（沿母线和连接线计算的距离）l 越大，来波陡度 a 或 a' 越大，电压差值 ΔU 也就越大。

由于避雷器与变压器之间有一段距离 l，绝缘上实际受到的电压波形与残压波形不一样了，这是因为母线、连接线等都有某些杂散电感与电容，它们与绝缘的电容 C 将构成某种振荡回路，图 7.7 即为其示意图。其结果是使得绝缘上出现的电压波形由一非周期分量（避雷器工作电阻上的电压）与一衰减性振荡分量组成，如图 7.8 所示。这种波形与冲击全波的差别很大，而更接近于冲击截波。因此我们常以变压器绝缘承受截波的能力来说明在运行中该变压器承受雷电波的能力。变压器承受截波的能力称为多次截波耐压值 U_j，根据实际经验，对变压器而言，此值为变压器三次截波冲击试验电压 $U_{j\cdot3}$ 的 $1/1.15$ 倍，即 $U_j = U_{j\cdot3}/1.15$。同样其他电气设备在运行中承受雷电波的能力也可用多波截波耐压值 U_j 来表示。

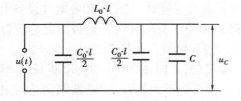

图 7.7　杂散电抗与绝缘电容示意图

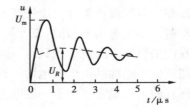

图 7.8　阀式避雷器动作后，在绝缘上出现的实际过电压波形

当雷电波入侵变电所时，若设备上受到的最大冲击电压值 U_s 小于设备本身的多次截波耐压值 U_j，则设备不会发生事故，反之，则可能造成雷害事故。因此，为了保证设备安全运行必须满足下式

$$U_s \leqslant U_j$$

即

$$U_{b\cdot5} + 2a\frac{l}{v}K \leqslant U_j \tag{7.8}$$

式中　U_s——设备上所受冲击电压最大值；

$\quad\quad U_j$——设备多次截波耐压值；

$\quad\quad U_{b.5}$——避雷器上 5kA 下的残压；

$\quad\quad a$——雷电波陡度；

$\quad\quad l$——设备与避雷器间距离；

$\quad\quad v$——波速；

$\quad\quad K$——考虑设备电容而引入的修正系数。

不同电压等级变压器的多次截波冲击耐压 U_j 和避雷器 5kA 下的残压 $U_{b.5}$ 见表 7.1。

表 7.1　变压器多次截波耐压值 U_j 与避雷器残压 $U_{b.5}$ 的比较

额定电压 /kV	变压器三次截波耐压 $U_{j.3}$/kV	变压器多次截波耐压 U_j/kV	FZ 避雷器 5kA 残压 $U_{b.5}$/kV	FCZ 避雷器 5kA 残压 $U_{b.5}$/kV	变压器多次截波耐压与避雷器残压的比	
					FZ	FCZ
35	225	196	134	108	1.46	1.81
110	550	478	332	260	1.44	1.83
220	1 090	949	664	515	1.43	1.85
330	1 300	1 130		820		1.38

如果以来波的空间陡度（又称梯度）$a'(\text{kV/m})$ 来代替上式中的来波的时间陡度 $a(\text{kV/}\mu\text{s})$，则上式可改写成

$$U_{b.5} + 2a'lK \leqslant U_j \quad\quad\quad (7.9)$$

对于一定的进波陡度 a'，即可求得被保护设备与避雷器之间的最大容许距离

$$l_{max} = \frac{U_j - U_{b.5}}{2a'} \cdot K \ \text{m} \qu\quad\quad (7.10)$$

或者，对于已安装好的距离 l，可求出最大容许来波陡度为

$$a'_{max} = \frac{U_j - U_{b.5}}{2l} \cdot K \ \text{kV/m} \qu\quad\quad (7.11)$$

根据上述方法计算出来的结果，我国标准的推荐的到变压器的最大电气距离 $l_{max(T)}$ 见表 7.2 和表 7.3。

式（7.10）中的 l_{max} 就是阀型避雷器的最大保护距离（或称保护范围），由于变电所内其他设备的冲击耐压值都比变压器高，它们距避雷器的最大距离 l'_{max} 可比变压器距避雷器的最大距离 $l_{max(T)}$ 大 35%，即

$$l'_{max} = 1.35 l_{max(T)} \qu\quad\quad (7.12)$$

对一般变电所的入侵雷电波防护设计主要是选择避雷器的安装位置，其原则是在任何可能的运行方式下，变电所的变压器和各设备距避雷器的电气距离皆应小于最大允许电气距离 l_{max}。避雷器一般安装在母线上，若一组避雷器不能满足要求，则应考虑增设。对于接线复杂和特殊的变电所，需要通过模拟试验或计算机计算来确定阀型避雷器的安装数量和位置。

不难理解，采用保护性能比普通阀性避雷器更好的磁吹避雷器或氧化锌避雷器，就能增大保护距离（有时能导致减少所需的避雷器组数）或增大绝缘裕度，提高保护的可靠性。

表 7.2 普通阀式避雷器至主变压器间的最大电气距离/m

系统额定电压 /kV	进线段长度 /km	进 线 路 数			
		1	2	3	≥4
35	1	25	40	50	55
	1.5	40	55	65	75
	2	50	75	90	105
66	1	45	65	80	90
	1.5	60	85	105	115
	2	80	105	130	145
110	1	45	70	80	90
	1.5	70	95	115	130
	2	100	135	160	180
220	2	105	165	195	220

注:1. 全线有避雷线时按进线段长度为2km选取;进线段长度在1km～2km之间时按补插法确定,表8.7同此。

2. 35kV 也适用于有串联间隙金属氧化物避雷器的情况。

表 7.3 金属氧化物避雷器至主变压器间的最大电气距离/m

系统额定电压 /kV	进线段长度 /km	进 线 路 数			
		1	2	3	≥4
110	1	55	85	105	115
	1.5	90	120	145	165
	2	125	170	205	230
220	2	125 (90)	195 (140)	235 (170)	265 (190)

注:1. 本表也适用于电站碳化硅磁吹避雷器(FM)的情况。

2. 本表括号内距离所对应的雷电冲击全波耐受电压为850kV。

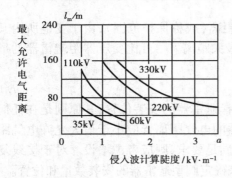

图 7.9 一路进线的变电所中,避雷器与 变压器的最大电气距离与入侵波 计算陡度的关系曲线

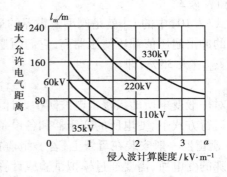

图 7.10 二路进线的变电所中,避雷器 与变压器的最大电气距离与 入侵波计算陡度的关系曲线

图 7.9 和图 7.10 是对装设普通型(FZ)避雷器的 35～330kV 变电所典型接线通过模拟试验求得的变压器到避雷器的最大允许电气距离 l_m 与入侵波陡度 a 的关系曲线。对于二路出线的变电所,其最大允许电气距离比一路进线为大,这是因为二路进线、一路来波时,另外一路将分流一部分雷电流的缘故。对于多路出线的变电所,其最大允许电气距离 l_m 可比二路进线时为大,"规程"建议,三路进线变电所的 l_m 可按图 7.10 增大 20%,四路及以上进线可增大 35%。

7.3　变电所进线段保护

7.3.1　变电所的进线段保护作用

从阀型避雷器的保护作用分析知道,要使避雷器能可靠地保护电气设备,必须设法使避雷器电流幅值不超过 5kA(在 330～500kV 级为 10kA),而且必须保证来波陡度 a 不超过一定的允许值。对 35～110kV 无避雷线线路来说,如果当雷击于变电所附近的导线时,流过导线的电流将超过 5kA,而且陡度也会超过允许值。因此,必须在靠近变电所的一段进线上采取可靠的防直击雷保护措施,进线段保护是对雷电侵入波保护的一个重要辅助手段。

进线段保护是指在临近变电所 1～2km 的一段线路上加强防雷保护措施。当线路全线无避雷线时,在 1～2km 线路上架设避雷线,保护角取 20°,使此段线路有较高耐雷水平,并减少由于绕击和反击的概率。这样进入变电所内的侵入波由于线路波阻抗及冲击电晕的作用使通过避雷器雷电流的幅值和陡度都有所降低。

变电所内设备距避雷器的最大允许距离 l_{max} 就是根据进线段以外落雷的条件下求得的,这样就可以保证进线段以后落雷时变电所不会发生事故。35kV 及以上变电所的进线保护典型接线如图 7.11 所示。

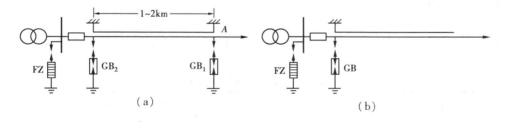

图 7.11　35kV 及以上变电所的进线保护接线
(a)未沿全线架设避雷线的 35～110kV 线路的变电所的进线保护接线;
(b)全线有避雷线的变电所的进线保护接线

7.3.2　雷电侵入波经进线段后的电流和陡度的计算

采取进线段保护以后,按规程对雷电流幅值和陡度的要求,在最不利的情况下计算雷电流 i_b 和陡度 a。

(1)进线段首端落雷,流经避雷器电流的计算

最不利的情况是进线段首端落雷(图 7.11 中 A 点),由于受线路绝缘放电电压的限制,入侵雷电波的最大幅值为线路绝缘的 50% 冲击闪络电压 $U_{50\%}$，行波在 $1\sim2km$ 的进线段来回一次的时间为 $\dfrac{2l}{v}=\dfrac{2(1\,000\sim2\,000)}{300}=6.7\sim13.3\mu s$，而入侵波的波头又较短，故阀型避雷器动作后产生的负电压波折回雷击点在雷击点产生的反射波到达避雷器前，流经避雷器前的雷电流已过峰值，因此可以不计这反射波及其以后过程的影响，用图 7.12 的等值电路按下式计算：

$$\left.\begin{aligned}2U_{50\%} &= i_b Z + U_b \\ u_b &= f(i_b)\end{aligned}\right\} \qquad (7.13)$$

式中　Z——导线波阻抗；

$u_b = f(i_b)$——避雷器阀片的非线性伏安特性。

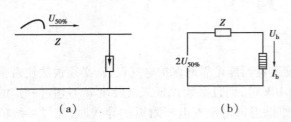

图 7.12　进线段限制通过避雷器电流
的原理接线与等值电路

（a）原理接线图；（b）等值电路

参阅图 7.3，可用图解法求出通过避雷器的最大电流 i_b。例如 220kV 线路绝缘强度 $U_{50\%} = 1\,200kV$，导线波阻抗 $Z = 400\Omega$，采用 FZ—200J 型避雷器算出通过避雷器的最大雷电流不超过 4.5kA。这也是避雷器电气特性中一般给出 5kA 下的线压值作为标准的理由。不同电压等级的 i_b 见表 7.4。

从表可知，$1\sim2km$ 长的进线段已能够满足限制避雷器中雷电流不超过 5kA（或 10kA）的要求。

表 7.4　变电站外落雷,流经单路进线变电所避雷器雷电流幅值计算结果

额定电压/kV	避雷器型号	线路绝缘的 $U_{50\%}$/kV	i_b/kA
35	FZ—35	350	1.41
110	FZ—110J	700	2.67
220	FZ—220J	$1\,200\sim1\,400$	$4.35\sim5.38$
330	FCZ—330J	1 645	7.06
500	FCZ—500J	$2\,060\sim2\,310$	$8.63\sim10.0$

表 7.5　进线段的耐雷水平

额定电压/kV	35	66	110	220	330	500
耐雷水平/kA	30	60	75	120	140	175

图 7.11 所示的标准进线段保护接线中,进线段的耐雷水平见表 7.5。另外安装了 GB_2（管型避雷器），这是因为线路断路器隔离开关在雷雨季节可能经常开断而线路侧又带有工频电压（热备用状态），沿线袭来的雷电波（其幅值为 $U_{50\%}$）传到开路端,由于开路反射电压要上升到 $2U_{50\%}$，这时可能使开关绝缘对地放电并引起工频短路,将断路器或隔离开关的绝缘支座烧毁,为此在靠近隔离开关或断路器处装设一组管型避雷器 GB_2。在断路器闭合运行时雷电侵入波不应使 GB_2 动作,也即此时 GB_2 应在变电所阀型避雷器保护范围内。如 GB_2 在断路器闭合运行时侵入波使之放电,则将造成截波,可能危及变压器纵绝缘与相间绝缘。若缺乏适当

参数的管型避雷器,则 GB_2 可用阀型避雷器代替。

(2)进入变电所的雷电波陡度 a 的计算

可以认为:在最不利的情况下,出现在进线段首端的入侵雷电波的最大幅值为线路绝缘的 50% 冲击闪络电压 $U_{50\%}$ 且具有直角波头。$U_{50\%}$ 已大大超过导线的临界电晕电压,因此在入侵雷电波作用下,导线将发生冲击电晕,于是直角波头的雷电波自进线段首端向变电所传播的过程中,波形将发生变形,波头变缓。根据式(4.53)可求得进入变电所雷电波的陡度 a:

$$a = \frac{u}{\Delta \tau} = \frac{u}{\left(0.5 + \dfrac{0.008u}{h_d}\right)l} \text{ kV/} \mu \text{s} \tag{7.14}$$

式中　h_d——进线段导线悬挂平均高度,m;

　　　l——进线段长度,km;

　　　u——避雷器的冲击放电电压或残压。

虽然来波幅值由线路绝缘的 $U_{50\%}$ 决定,但由于变电所内装有阀型避雷器,只要求在避雷器放电以前来波陡度不大于一定值即可,而在避雷器放电后,电压已基本上不变,其值等于残压,所以在计算入侵波陡度时,u 值取为避雷器的冲击放电电压或残压。

因为波的传播速度为 $v = 3 \times 10^8 \text{m/s}$,可用式(7.14)的陡度化为 kV/m 的单位

$$a' = \frac{a}{v} = \frac{a}{300} \text{ kV/m} \tag{7.15}$$

表 7.6 列出了用式(7.14)和(7.15)计算出的不同电压等级变电所雷电侵入波计算用陡度 a' 值。由该表按已知的进线段长度求出 a' 值后,就可根据图 7.9 和图 7.10 求得变压器或其他设备到避雷器的最大允许电气距离 l_m。

表 7.6　变电所入侵波计算用陡度

额定电压 /kV	入　侵　波　计　算　陡　度 /(kV·m⁻¹)	
	1km 进线段	2km 进线段或全线有避雷线
35	1.0	0.5
110	1.5	0.75
220	—	1.5
330	—	2.2
500	—	2.5

7.3.3　35kV 小容量变电所的简化进线保护

对 35kV 的小容量变电所,可根据变电所的重要性和雷电活动强度等情况来采取简化的进线保护。35kV 小容量变电所范围小,避雷器距变压器的距离一般在 10m 以内,这样,在变压器多次截波冲击耐压值 U_j 和避雷器 5kA 残压 $U_{c.5}$ 不变的情况下,侵入波陡度 a 允许增加,故进线长度可以缩短到 500 ~ 600m,为了限制流入变电所阀型避雷器的雷电流,在进线首端可装设一组管型避雷器或保护间隙,如图 7.13 所示。

35 ~ 110kV 变电所,如进线装设避雷线有困难或进线段杆塔接地电阻难于下降,不能达到表 7.5 要求的耐雷水平时,可在进线的终端杆上安装一组 1 000 μH 左右的电抗线圈来代替进线段,如图 7.14,此电抗线圈既能限制流过避雷器的雷电流又能限制入侵波陡度。

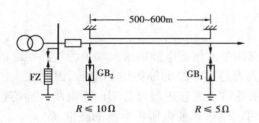

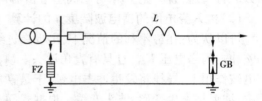

图 7.13　3 150～5 000kVA、35kV 变
电所的简化保护接线

图 7.14　用电抗线圈代替进线段的保护接线

7.4　变压器的防雷保护

7.4.1　三绕组变压器的防雷保护

当三绕组变压器的高压侧或中压侧有雷电过电压波袭来时,通过绕组间的静电耦合和电磁耦合,其低压绕组上会出现一定的过电压,最不利的情况是低压绕组处于开路状态,这时静电感应分量可能很大而危及绝缘,考虑到这一分量将使低压绕组的三相导线电位同时升高,所以只要在任一相低压绕组出线端加装一只该电压等级的阀型避雷器,就能保护好三相低压绕组。中压绕组虽也有开路运行的可能,但其绝缘水平较高,一般不需加装避雷器来保护。

7.4.2　自耦变压器的防雷保护

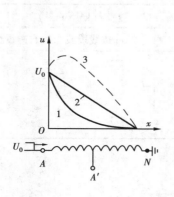

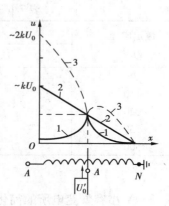

图 7.15　自耦变压器绕组中的电压分布
（a）高压侧进波;（b）中压侧进波
1—电压初始分布;2—电压稳态分布;3—最大电压包络线

自耦变压器一般除了高、中压自耦绕组外,还有三角形接线的低压非自耦绕组,以减小零序电抗和改善电压波形。在运行中,可能出现高、低压绕组运行、中压绕组开路和中、低压绕组运行、高压绕组开路的情况。由于高、中压自耦绕组的中性点均直接接地,因而在高压侧进波时(幅值为 U_0),自耦绕组各点的电压初始分布、稳态分布和各点最大电压包络线均与中性点接地的单绕组相同,如图 7.15（a）所示,在开路的中压侧端子 A' 上可能出现的最大电压为高压

侧电压 U_0 的 $2/k$ 倍(k 为高、中压绕组的变比),因而有可能引起处于开路状态的中压侧套管的闪络,为此应在中压断路器 QF2 的内侧装设一组阀型避雷器(图 7.16 中的 FV2)进行保护。

当中压侧进波时(幅值为 $U'_0 < U_0$),自耦绕组各点的电压分布如图 7.15(b)所示,由中压端 A' 到开路的高压端 A 之间的电压稳态分布是由中压端 A' 到中性点 N 之间的电压稳态分布的电磁感应所产生的,高压端 A 的稳态电压为 kU'_0,在振荡过程中,A 点的最大电压可高达 $2kU'_0$,因而将危及高压侧绝缘,为此在高压断路器 QF1 的内侧也应装设一组避雷器(图 7.16 中的 FV1)进行保护。

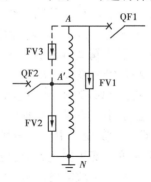

图 7.16　自耦变压器的典型保护接线

此外,尚须注意下述情况:当中压侧接有出线时(相当于 A' 点经线路波阻抗接地),如高压侧有过电压波入侵,A' 点的电位接近于零,大部分过电压将作用在 AA' 一段绕组上,这显然是危险的;同样地,高压侧接有出线时,中压侧进波也会造成类似的结果。显然,AA' 绕组越短(即变比 k 越小),危险性越大。一般在 $k < 1.25$ 时,还应在 AA' 之间再跨接一组避雷器(图 7.14 中的 FV3)。由此就得出了图 7.14 所示的自耦变压器避雷器配置图。

7.4.3　变压器中性点的保护

(1)变压器中性点绝缘水平

中性点绝缘水平可分为全绝缘和分级绝缘两种。凡中性点绝缘与相线端的绝缘水平相等,叫全绝缘。一般在 60kV 及以下的电力变压器中性点是全绝缘的。如果中性点绝缘低于相线端绝缘水平,叫分级绝缘。一般在 110kV 及以上时,大多变压器中性点是分级绝缘的。

(2)不同电压等级的中性点保护

1)60kV 及以下的电网的变压器

我国 60kV 及以下的电网,变压器的中性点是绝缘的。这种电网因额定电压较低,所以线路绝缘不高,加上 35kV 及以下的线路通常又不架避雷线,所以常有沿线路三相来雷电波的机会,据统计,三相来波的机会约占 10%。当三相来波时,波侵入变压器绕组到达绝缘的中性点,相当于遇到末端开路的情况,冲击电压会上升约一倍,虽然变压器中性点是全绝缘的,也会造成威胁。但运行经验表明,这种电网的雷害故障一般每 100 台 1 年只有 0.38 次,实际上是可以接受的。35 ~ 60kV 中性点雷害之所以较少是由于以下几方面的原因:

①流过避雷器的雷电流小于 5kA,一般只有 1.4 ~ 2.0kA,此时避雷器的残压与 5kA 时的残压相比减小了 20% 左右;

②实际上变电所进线不只一条,它是多路进线,一条线路的来波可由其他线路流走一部分雷电流,这样就进一步减少了流经避雷器中的雷电流 i_b;

③大多数来波是从线路远处袭来的,由于冲击电晕使波发生衰减变形,其幅值及陡度均很小;

④变压器绝缘有一定裕度;

⑤避雷器到变压器间的距离实际值比允许值近一些;

⑥三相来波的概率只有 10%,机会不是很多,据统计约 15 年才有一次。

因此我国有关标准规定,35～60kV 变压器中性点一般不需要保护。

对于多雷区,单路进线的中性点绝缘的变电所,宜在中性点上加装避雷器保护。装有消弧线圈的变压器且有单路进线运行的可能时,也应在中性点上加装避雷器,并且非雷雨季节避雷器也不准退出运行,以限制消弧线圈的磁能可能引起的操作过电压。避雷器可任选金属氧化物避雷器或阀型避雷器。

2)110kV 及以上电网

我国 110kV 及以上电网的中性点一般是直接接地的,但为了继电保护的需要,其中一部分变压器中性点是不接地的,如中性点采用分级绝缘且未装设保护间隙,应在中性点加装避雷器,且宜选变压器中性点金属氧化物避雷器。如果变压器的中性点是全绝缘的,但变电所为单线且为单台变压器运行,也应在中性点加装避雷器。这些保护装置应同时满足下列条件:

①其冲击放电电压应低于中性点冲击绝缘水平;

②避雷器的灭弧电压应大于因电网一相接地而引起的中性点电位升高的稳态值 U_0,以免避雷器爆炸;

③保护间隙的放电电压应大于电网一相接地而引起的中性点电位升高的暂态最大值 U_{0m},以免继电保护不能正确动作。

对于 110kV 变压器中性点绝缘水平为 35kV 级来说,如选用 FZ—35 型或 FCZ—35 型,则其灭弧电压低于电网单相接地时中性点的电位升高稳态值,因此一般不可采用,应考虑选用 FZ—40 型避雷器。

7.5　旋转电机的防雷保护

7.5.1　旋转电机的防雷保护特点

这里所讲的旋转电机(包括发电机、调相机、大型电动机等)防雷保护是指直配电机的防雷保护,即指与架空线路直接相连的旋转电机。它们是电力系统中最重要且昂贵的设备,由于它们与架空线直接相连,线路上的雷电波可直接侵入电机,故其防雷保护显得特别突出、重要,比变压器要困难得多。若这些重要设备遭受雷击,损失重大,且影响面广,因此要求其保护特别可靠。它的防雷保护具有以下几个特点:

①由于结构和工艺上的特点,在相同电压等级的电气设备中,它的绝缘水平是最低的。因为旋转电机不能像变压器等静止设备那样可以利用液体和固体的联合绝缘,而只能依靠固体介质和空气绝缘,故电机的额定电压和绝缘水平都不可能太高。在制造过程中(特别是将线棒嵌入并固定在铁心的槽内时),电机绝缘容易受到损伤,绝缘内易出现空洞或缝隙,绝缘质量不均匀,在运行过程中容易发生局部放电导致绝缘劣化。试验证明,电机主绝缘的冲击系数接近于 1。旋转电机主绝缘的出厂冲击耐压值与同级变压器的冲击耐压值见表 7.7。从表 7.7 可知,旋转电机出厂冲击耐压值仅为同级变压器的 1/2.5～1/4 倍左右。

②电机在运行中受到发热、机械振动、臭氧、空气中的潮气、污秽、电气应力等因素的联合作用,使绝缘容易老化。电机绝缘的累积效应也比较强,特别在槽口部分,电场极不均匀,在过电压作用下容易受伤,日积月累就可能使绝缘击穿,因此,运行中电机主绝缘的实际冲击耐压

将较表 7.7 中所列数值为低。

表 7.7　电机和变压器的冲击耐压值

电机额定电压/kV（有效值）	电机出厂工频耐压/kV（有效值）	电机出厂冲击耐压/kV（幅值）	同级变压器出厂冲击耐压/kV（幅值）	FCD 磁吹避雷器 3kAT·残压/kV（幅值）	FZ 阀型避雷器 5kAT·残压/kV（幅值）
10.5	$2u_e + 3$	34	80	31	45
13.8	$2U_e + 3$	43.3	108	40	
15.75	$2U_e + 3$	48.8	108	45	67

③保护旋转电机用的磁吹避雷器（FCD 型）的保护性能与电机绝缘水平的配合裕度很小，从表 7.7 可知，电机出厂冲击耐压值只比磁吹避雷器残压高 8% ~ 10% 左右。采用现代 ZnO 避雷器后，情况有所改善，但仍不够可靠，还必须与电容器组、电抗器、电缆段等配合使用，以提高保护效果。

④由于电机绕组的匝间电容 K 很小，所以当冲击波作用时可以把电机绕组看成是具有一定波阻和波速的导线，波沿电机绕组前进一匝后，匝间所受电压正比于侵入波陡度 a，要使该电压低于电机绕组的匝间耐压，必须把来波陡度限制得很低，试验结果表明，为了保护匝间绝缘必须将侵入波陡度 a 限制在 5kV/μs 以下。

⑤电机绕组中性点一般是不接地的，三相进波时在直角波头情况下，中性点电压可达进波电压的两倍，因此，必须对中性点采取保护措施。试验证明，侵入波陡度降低时，中性点过电压也随之减小，当侵入波陡度在 2kV/μs 以下时，中性点过电压不超过进波的电压值。表 7.8 列出了保护旋转电机中性点的避雷器。

表 7.8　保护旋转电机的中性点避雷器

电机额定电压/kV	3	6	10	13.8	15.75
中性点避雷器型式	FCD—2 FZ—2	FCD—4 FZ—4	FCD—10 FZ—6	FCD—10	FCD—10

由上分析知，直配电机的防雷保护包括主绝缘、匝间绝缘和中性点绝缘。

7.5.2　直配电机的防雷措施

根据旋转电机防雷保护特点知道，要保护主绝缘、匝间绝缘和中性点绝缘，仅依靠磁吹避雷器不行，从表 7.7 中看到电机出厂冲击耐压仅稍高于相应等级的 FCD 型磁吹避雷器的 3kA 时残压 $U_{c.3}$，因此还需与其他措施配合起来保护，才能降低侵入波陡度并限制流过 FCD 的雷电流不超过 3kA。

作用在直配电机上的大气过电压有两类，一类是与电机相连的架空线路上的感应过电压；另一类是由雷电直击于电机相连的架空线路而引起的。其中感应雷过电压出现的机会较多，因此可以增加导线对地电容以降低感应过电压。直配电机的防雷保护元件主要有：避雷器、电容器、电缆段和电抗器等。采取这些综合保护措施就可以限制流经 FCD 型避雷器中的雷电流小于 3kA；可以限制侵入波陡度 a 和降低感应过电压。

（1）避雷器保护

它主要功能是降低侵入波幅值。正如表 7.7 中所指出，出厂时的电机冲击耐压不高，只能采用 FCD 型磁吹避雷器。但由于磁吹避雷器的残压是在雷电流为 3kA 下的残压,所以还需配合进线保护措施(见电缆段保护)以限制流经 FCD 型避雷器中的雷电流小于 3kA。

(2)电容器保护

它主要功能是限制侵入波陡度 a 和降低感应过电压。限制 a 的主要目的是保护匝间绝缘和中性点绝缘。通常在发电机母线上装设电容器来降低侵入波陡度(见图 7.17)。若侵入波幅值为 U_0 的直角波,则发电机母线上电压(即电容 C 上电压 U_C)可按图 7.15(b)的等值电路计算,计算结果表明,每相电容为 $0.25 \sim 0.5\mu F$ 时,能够满足 $a < 2kV/\mu s$ 的要求。

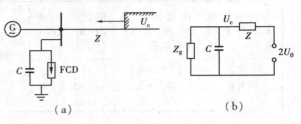

图 7.17 电机母线上装设电容以限制来波陡度
(a)原理接线图;(b)等值电路
z_g—发电机波阻

同时也满足限制感应过电压使之低于电机冲击耐压的要求。

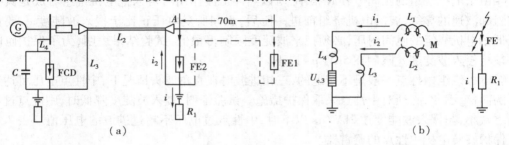

图 7.18 有电缆段的进线保护接线
(a)原理接线;(b)等值计算电路
L_1—电缆芯线的自感;L_2—电缆外皮的自感;L_3—电缆末端外皮接地线的自感;
L_4—电缆末端至发电机之间连接线的电感;M—电缆外皮与芯线间的互感;
$U_{c.3}$—FCD 磁吹避雷器 3kA 下的残压;R_1—电缆首端 FE1 的接地电阻
注:以上皆为三相进波时的参数。

(3)电缆段保护(进线段保护)

它主要功能是限制流经 FCD 型避雷器中的雷电流使之小于 3kA。可采用电缆与管型避雷器联合作用的典型进线保护段,如图 7.18 所示。雷电波侵入时管型避雷器 FE2 动作,电缆芯线与外皮经 FE2 短接在一起,雷电流流过 FE2 和接地电阻 R_1 所形成的电压 iR_1 同时作用在外皮与芯线上,沿外皮将有电流 i_2 流向电机侧,于是在电缆外皮本身的电感 L_2 上将出现压降 $L_2\dfrac{di_2}{dt}$,此压降是由环绕外皮的磁力线变化所造成的,这些磁力线也必然全部与芯线相匝链,结果在芯线上也感应出一个大小相等其值为 $L_2\dfrac{di_2}{dt}$ 的反电动势来,此电动势阻止雷电流从 A 点沿芯线向电机侧流动,也限制了流经 FCD 的雷电流,如果 $L_2\dfrac{di_2}{dt}$ 与 iR_1 完全相等,则在芯线中就不会有电流流过,但因电缆外皮末端的接地引下线总有电感 L_3 存在(假定电厂接地网的接地电阻很小,可忽略),则 iR_1 与 $L_2\dfrac{di_2}{dt}$ 之间就有差值,差值越大则流经芯线的雷电流就愈大。

根据图 7.18(b)的等值电路图计算表明,当电缆长度为 100m,电缆末端外皮接地引下线到接地网的距离为 12m,$R_1 = 5\Omega$,电缆段首端落雷且雷电流幅值为 50kA 时,流经每相 FCD 的雷电流不会超过 3kA,即此保护接线的耐雷水平为 50kA。

(4) 电抗器保护

它主要功能是在雷电波侵入时抬高电缆首端冲击电压,从而使管型避雷器放电。从电缆段保护原理知,它的限流作用完全依靠 FE2 动作,但是电缆的波阻远比架空线为小,侵入波到达图 7.16 中 A 点将发生负反射,使 A 点电压降低,故实际上 FE2 的动作是有困难的。若 FE2 不动作,则电缆段的限流作用将不能发挥,流经 FCD 的电流就有可能超过 3kA,为了避免上述情况发生,可以在电缆首端与 FE2 之间加装 -100 ~ 300μH 的电感,由于电抗器在架空线和电缆段之间,当沿线路有雷电波侵入时,由于电感 L 的作用,使雷电波发生全反射,从而提高了 A 点电压,使 FE2 容易放电。此外也可以将 FE2 沿架空线前移 70m,如图 7.16(a)中虚线 FE1 所示,前移 70m 后负反射波还未到达 FE1 时,FE1 已经动作。FE1 的接地端应通过电缆首端外皮的接地装置接地,其连接线悬挂在杆塔导线下面 2 ~ 3m 以增加两线间的耦合,增加导线上的感应电势以限制流经导线中的雷电流。当雷电波侵入时,电缆首端 A 点的负反射波尚未到达 FE1 时,FE1 已动作,但由于 FE1 的接地端到电缆首端外皮的连接线上的压降不能全部耦合到导线上去,所以沿导线的向电缆芯线流动的雷电流就会增大,遇到强雷时可能超过每相 3kA,为了防止这种情况,在电缆段首端 A 点处仍需装一组 FE2,当遇强雷时,此避雷器也动作,这样电缆段的限流作用就可以充分发挥了。

7.5.3 直配电机的防雷保护接线

对直配电机的防雷保护来说,前述各防雷元件对电机的保护还不能认为完全可靠,考虑到 60 000kW 以上电机特别重要,我国禁止这种电机直配。下面分别对不同容量直配电机的防雷接线方式进行简略介绍。

(1) 大容量直配电机

对于大容量(25 000 ~ 60 000kW)直配电机的典型防雷接线如图 7.19 所示。图中 L 为限制工频短路电流用的电抗器,但对电机防雷有利;L 前加设一组 FS 型避雷器以保护电抗器前的电缆终端。由于 L 的存在,当侵入波到达 L 时将发生全反射,电压增加一倍,FS 动作一方面保护了电缆头,另外也进一步限制了流经 FCD 的雷电流。为了保护中性点绝缘,除了限制侵入波陡度 a 不超过 2kV/μs 外,尚需在中性点加装避雷器,考虑到电机在受雷击同时可能有单相接地存在,中性点将出现相电压,故中性点避雷器的灭弧电压应大于相

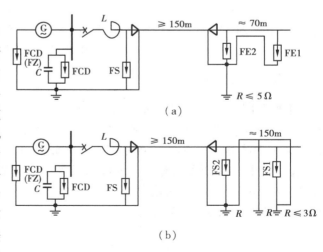

图 7.19 25 000 ~ 60 000kW 直配电机的保护接线
(a)使用排气式避雷器 FE;(b)使用 FS 型避雷器

电压,可按表 7.8 选定。若电机中性点不能引出,则需将每相电容增大至 1.5 ~ 2μF,以进一步

177

降低入射波陡度确保中性点绝缘。若无合适的管型避雷器,可用阀型避雷器 FS1 和 FS2 代替,如图 7.19(b),因阀型避雷器放电后有一定的残压,此时电缆段的限流作用大为减低,所以要将 FS2 移前到离电缆首端约 150m 处,将这 150m 架空线用避雷线保护,每根杆塔的接地电阻 R 应小于或等于 3Ω,避雷线的保护角应不大于 30°,并最好将电抗器前和中性点的避雷器均改为 FCD 型磁吹避雷器。

(2) 小容量直配电机

容量较小(6 000kW 以下)或少雷返的直配电机可不用电缆进线段,其保护接线如图 7.20(a)所示,在进线段长度 l_b 内应装设避雷针或避雷线,侵入波在 FE2 动作形成如图 7.20(b)的等值电路,流经 FCD 的雷电流与 FE2 的接地电阻 R 有关,R 愈小则流经 FCD 的雷电流愈小,因此规程建议:

对 3,6kV 线路:

$$l_b/R \geqslant 200$$

对 10kV 线路

$$l_b/R \geqslant 150$$

一般进线长度 l_b 可取 450 ~ 600m,若 FE2 的接地电阻达不到上两式的要求,可在 $l_b/2$ 处再装设一组管型避雷器 FE1,图 7.20(a)中虚线所示。而图中 FS 是用来保护开路状态的断路器和隔离开关的。

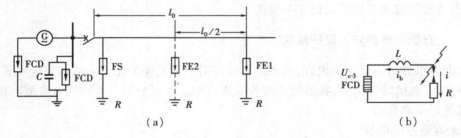

图 7.20 1 500 ~ 6 000kW 以下直配电机和少雷区 60 000kW 以下直配电机的保护接线图
(a)原理接线;(b)等值计算电路

7.5.4 非直配电机的保护

根据我国运行经验,在一般情况下,无架空线的直配电机不需要装设电容器和避雷器。在多雷区,对特别重要的发电机,则宜在发电机出线上装设一组 FCD 型避雷器,如变压器侧装设有 FCZ 型磁吹避雷器,对电机侧是否要装避雷器,可视具体情况而定。

若发电机与变压器间有长于 50m 的架空母线或软连接线时,对此段母线除应对直击雷进行保护外,还应防止雷击附近大地而产生的感应过电压,此时应在电机每相出线上装设不小于 0.15μF 的电容器或磁吹避雷器。

复习思考题

7.1　变电所的直击雷防护需要考虑什么问题？为防止反击应采取什么措施？

7.2　阀型避雷器与被保护设备间的电气距离对其保护作用有什么影响？

7.3　一般采取什么措施来限制流经避雷器的雷电流使之不超过 5kA，若超过则可能出现什么后果？

7.4　为什么说直配电机的防雷保护比变电所更为困难？

7.5　说明变电所进线保护段的标准接线中各元件的作用。

7.6　说明直配电机防雷保护的基本措施及其原理，以及电缆段对防雷保护的作用。

7.7　某 110kV 变电所内所装的 FZ—110J 阀型避雷器到变压器的电气距离为 50m，运行中经常接有两路出线，其导线的平均对地高度 $h = 10\text{m}$，试决定应有的进线保护段长度。

7.8　安装在终端变电所的 220kV 变压器的冲击耐压水平 $U_{w(i)} = 945\text{kV}$，220kV 阀型避雷器的冲击放电电压 $U_{b(i)} = 630\text{kV}$。设进波陡 $a = 450\text{kV}/\mu\text{s}$，求避雷器安装点到变压器的最大容许电气距离 $l_{\max}$。

第 **8** 章
电力系统稳态过电压

前面我们所讨论的在电力系统中所出现的过电压都是由于大气环境中雷电放电所引起的过电压,故称这种过电压为大气过电压(又称为雷电过电压或外部过电压)。除此以外,电力系统中还会由于自己内部原因所引起的过电压,统称为内部过电压。这是由于在电力系统中有电场惯性元件(电容)和磁场惯性元件(电感),当进行开关操作时(包括正常操作和事故操作),电力系统就会由一种稳定状态过渡到另一种稳定状态,系统元件中的电磁场能量要进行重新分配,这是一个振荡过程,当系统参数配合不当时,就会出现很高的过电压。

与雷电过电压产生的单一原因(雷电放电)不同,内部过电压因其产生原因、发展过程、影响因素的多样性,而具有种类繁多、机理各异的特点。因此电力系统的内部过电压包括两类,即稳态过电压(又称暂时过电压)和操作过电压。下面列出若干出现频繁,对绝缘水平影响较大、发展机理也比较典型的内部过电压。

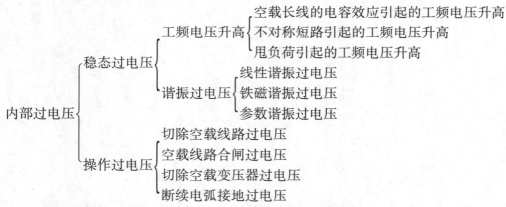

由于内过电压的能量来源于电网本身,所以它的幅值与电网的工频电压大致有一定的倍数关系。一般将内过电压的幅值 U_m 表示成系统的最高运行相电压幅值(标么值 p.u.)的倍数,即 $U_m = K \cdot \text{p.u.}$。

习惯上就用此过电压倍数来表示内过电压的大小;而不像大气过电压那样用过电压的绝对值(kV)来表示。

内部过电压的持续时间虽然比大气过电压(持续时间仅几十 μs)长得多,但一般操作过电压的持续时间在 0.1s(5 个工频周波)以内,而暂时过电压的持续时间要长得多,有些其至能长期存在,故又称稳态过电压。

　　操作过电压的幅值较大,但可以设法采用某些限压保护装置和其他技术措施来加以限制。谐振过电压的持续时间较长,而现有的限压保护装置的通流能力和热容量都很有限,无法防护谐振过电压。消除或降低这种过电压的有效办法是采用一些辅助措施(例如装设阻尼电阻或补偿设备),而且在设计电力系统时,应考虑各种可能的接线方式和操作方式,力求避免形成不利的谐振回路。一般在选择电力系统的绝缘水平时,要求各种绝缘均能可靠地耐受可能出现的谐振过电压的作用,而不再专门设置限压保护措施。至于工频电压升高,虽然其幅值不大对系统中正常绝缘的电气设备一般是不构成危险的,但考虑到下列情况必须给以足够重视。

　　①工频电压升高的大小将直接影响操作过电压的实际幅值,即操作过电压的高频分量是迭加在工频电压升高之上的,从而使操作过电压达到很高幅值。

　　②工频电压升高的大小将影响保护电器的工作条件和保护效果。例如避雷器的最大允许工作电压就是由避雷器安装处工频过电压值来决定的,如工频过电压较高,那么避雷器的最大允许工作电压也要提高,这样避雷器的冲击放电电压和残压也将提高,相应被保护设备的绝缘水平亦要随之提高。

　　③工频电压升高持续时间长(其至可能长期存在),对设备绝缘及其运行性能有重大影响。例如引起油纸绝缘内部游离、污秽绝缘子闪络、铁心过热、电晕等。

　　在各电压等级中工频过电压都存在,也都会带来上述 3 个影响的作用,但对于超高压系统,工频过电压显得尤为重要,这是因为在超高压系统中目前在限制与降低雷电和操作过电压方面有了较好的措施;输电线路较长,工频电压升高相对较高。因而持续时间较长的工频电压升高对于决定超高压系统电气设备的绝缘水平将起愈来愈大的作用。

　　至于内过电压倍数 K 值与系统电网结构、系统运行方式、操作方式、系统容量的大小、系统参数、中性点运行方式、断路器性能、故障性质等诸多因素有关,并具有明显的统计性。我国电力系统绝缘配合要求内过电压倍数不大于表 8.1 所列数值。

表 8.1　要求限制的内过电压倍数

系统电压等级/kV	500	330	110 ~ 220	60 及以下
内过电压倍数 K	2.4	2.75	3	4

8.1　空载长线的电容效应

　　输电线路不太长时,可用集中参数的 T 型等值电路来代替(见图 8.1(a)),图中 R_0, L_0 为电源的内阻和内电感,R_T, L_T, C_T 为 T 型等值电路中的线路等值电阻、电感和电容 $e(t)$ 为电源相电势。如是空载线路,可进一步简化成 $-R$, L, C 串联电路,如图 8.1(b)所示。一般 R 要比 X_L 和 X_C 小得多,而空载线路的工频容抗 X_C 又要大于工频感抗 X_L,因此在工频电势 $\dot{E}$ 的作用下,线路上流过的容性电流在感抗上造成的压降 $\dot{U}_L$ 将使容抗上的电压 $\dot{U}_C$ 高于电源电势。其关系式如下

$$\dot{E} = \dot{U}_R + \dot{U}_L + \dot{U}_C = R\dot{I} + jX_L\dot{I} - jX_c\dot{I} \tag{8.1}$$

若忽略 R 的作用,则

$$\dot{E} = \dot{U}_L + \dot{U}_C = j\dot{I}(X_L - X_C) \tag{8.2}$$

由于电感与电容上的压降反相,且 $U_C > U_L$,可见电容上的压降大于电源电势,如图8.1(c)所示。这就是空载线路的电容效应引起的工频电压升高。

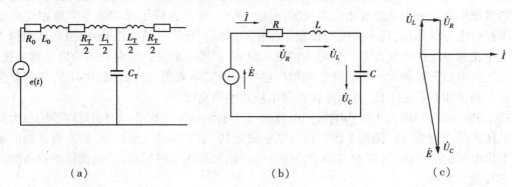

图8.1 空载长线的电容效应
(a)T型等值电路;(b)简化等值电路;(c)相量图

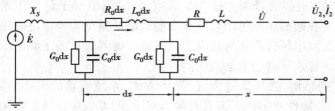

图8.2 线路分布参数 π 型链式等值电路

随着输电电压的提高,输送距离的增长,一般需要考虑它的分布参数特性,输电线路就需要采用图8.2所示的 π 型等值电路。图中 L_0,C_0 分别为线路单位长度的电感和对地电容,x 为线路上某点到线路末端的距离,$\dot{E}$ 为系统电源电压,X_S 为系统电源等值电抗。

根据如图8.2所示的分布参数 π 型链式等值电路,我们可以求得线路上距末端 x 处的电压为

$$\dot{U}_x = \frac{\dot{E}\cos\theta}{\cos(\alpha l - \theta)}\cos\alpha x \tag{8.3}$$

$$\theta = \arctan\frac{X_s}{Z},\ Z = \sqrt{\frac{L_0}{C_0}},\ \alpha = \frac{\omega}{v}$$

式中　　$\dot{E}$——系统电源电压;

　　　　Z——线路导线波阻抗;

　　　　ω——电源角频率;

　　　　v——光速

由式(8.3)可见:

1)沿线路的工频电压从线路末端开始向首端按余弦规律分布,在线路末端电压最高。线

路末端电压 $\dot{U}_2$ 为

$$\dot{U}_2 = \frac{E\cos\theta}{\cos(\alpha l + \theta)}\cos\alpha x\bigg|_{x=0} = \frac{\dot{E}\cos\theta}{\cos(\alpha l + \theta)}$$

将此式代入式(8.3)就得

$$\dot{U}_x = \dot{U}_2\cos\alpha x \tag{8.4}$$

这表明 $\dot{U}_x$ 为 αx 的余弦函数,且在 $x = 0$(即线路末端)处达到最大。

2)线路末端电压升高程度与线路长度有关。线路首端电压为

$$\dot{U}_1 = \frac{\dot{E}\cos\theta}{\cos(\alpha l + \theta)}\cos\alpha x\bigg|_{x=l} =$$

$$\frac{\dot{E}\cos\theta}{\cos(\alpha l + \theta)}\cos\alpha l = \dot{U}_2\cos\alpha l$$

$$\frac{\dot{U}_2}{\dot{U}_1} = \frac{1}{\cos\alpha l} \tag{8.5}$$

这表明线路长度越长,线路末端工频电压比首端升高得越厉害。对架空线路,α 约为 $0.06°/\text{km}$,当 $\alpha l = 90°$,即 $l = \frac{90°}{0.06°/\text{km}} = 1\,500\text{km}$,$U_2 = \infty$。此时线路恰好处于谐振状态。实际的情况是,这种电压的升高受到线路电阻和电晕损耗的限制,在任何情况下,工频电压升高将不会超过2.9倍。

3)空载线路沿线路的电压分布。通常已知的是线路首端电压 $\dot{U}_1$。根据式(8.4)及式(8.5)可得

$$\dot{U}_x = \frac{\dot{U}_1}{\cos\alpha l}\cos\alpha x \tag{8.6}$$

线路上各点电压分布如图8.3所示。

4)工频电压升高与电源容量有关。将式(8.3)中 $\cos(\alpha l + \theta)$ 展开,并以 $\tan\theta = \frac{X_s}{Z}$ 代入

$$\dot{U}_x = \frac{\dot{E}\cos\theta}{\cos\alpha l\cos\theta - \sin\alpha l\sin\theta}\cos\alpha x$$

$$\dot{U}_x = \frac{\dot{E}}{\cos\alpha l - \tan\theta\sin\alpha l}\cos\alpha x$$

$$\dot{U}_x = \frac{\dot{E}}{\cos\alpha l - \frac{X_s}{Z}\sin\alpha l}\cos\alpha x \tag{8.7}$$

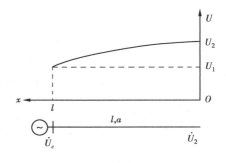

图8.3　空载线路电压分布

由式(8.7)可看出,X_s 的存在使线路首端电压升高,从而加剧了线路末端工频电压的升

高。电源容量越小(X_S越大),工频电压升高越严重。当电源容量为无穷大时,$\dot{U}_x = \dfrac{\dot{E}}{\cos\alpha l}$ $\cos\alpha x$,工频电压升高为最小。因此为了估计最严重的工频电压升高,应以系统最小电源容量为依据。在单电源供电的线路中,应取最小运行方式时的 X_S 为依据。在双端电源的线路中,线路两端的断路器必须遵循一定的操作程序:线路合闸时,先合电源容量较大的一侧,后合电源容量较小的一侧;线路切除时,先切电源容量较小的一侧,后切电源容量较大的一侧。这样的操作能减弱电容效应引起的工频过电压。

既然空载线路工频电压升高的根本原因在于线路中电容电流在感抗上的压降使得电容上的电压高于电源电压,那么通过补偿这种电容性电流,从而削弱电容效应,就可以降低这种工频过电压。超高压线路,由于其工频电压升高比较严重,常采用并联电抗器来限制工频过电压。并联电抗器视需要可以装设在线路的末端、首端或中部。并联电抗器降低工频过电压的效果,通过一具体例子加以说明。

例 8.1 某 500kV 线路,长 250km,电源电抗 $X_S = 263.2\Omega$,$L_0 = 0.9\mu H/km$,$C_0 = 0.012\,7\mu F/km$,求线路末端开路时末端的电压升高。若线路末端接有 $X_L = 1\,837\Omega$ 的并联电抗器,求此时开路线路末端的电压升高。

解 $Z = \sqrt{\dfrac{L_0}{C_0}} = \sqrt{\dfrac{0.9 \times 10^{-6}}{0.012\,7 \times 10^{-9}}} = 266.2\Omega$

$\alpha l = 0.06 \times 250 = 15°$

不接并联电抗器时,线路末端电压为

$$\dot{U}_2 = \frac{\dot{E}}{\cos\alpha l - \dfrac{X_S}{Z}\sin\alpha l} = \frac{\dot{E}}{\cos 15° - \dfrac{263.2}{266.2}\sin 15°} = 1.41\,\dot{E}$$

接入并联电抗器后,末端线路电压可用下列公式计算

$$\dot{U}_2 = \frac{\dot{E}}{\left(1 + \dfrac{X_S}{X_L}\right)\cos\alpha l + \left(\dfrac{Z}{X_L} - \dfrac{X_S}{Z}\right)\sin\alpha l} =$$

$$\frac{\dot{E}}{\left(1 + \dfrac{263.2}{1\,837}\right)\cos 15° + \left(\dfrac{266.2}{1\,837} - \dfrac{263.2}{266.2}\right)\sin 15°} = 1.13\,\dot{E}$$

可见并联电抗器接入后可大大降低工频过电压。但是并联电抗器的作用不仅是限制工频电压升高,还涉及系统稳定、无功平衡、潜供电弧、调相调压、自励磁及非全相状态下的谐振等因素。因而,并联电抗器容量及安装位置的选择需综合考虑。

8.2 不对称短路引起的工频电压升高

不对称短路是电力系统中最常见的故障形式,当发生单相或两相对地短路时,健全相上的电压都会升高,其中单相接地引起的电压升高更大一些。此外,阀型避雷器的灭弧电压通常也

就是依据单相接地时的工频电压升高来选定的,所以下面将只讨论单相接地的情况。

单相接地时,故障点各相的电压、电流是不对称的,为了计算健全相上的电压升高,通常采用对称分量法和复合序网进行分析,不仅计算方便,且可计及长线的分布特性。

当 A 相接地时,可求得 B,C 两健全相上的电压为

$$\left.\begin{aligned}\dot{U}_B &= \frac{(a^2-1)Z_0+(a^2-a)Z_2}{Z_0+Z_1+Z_2}\dot{U}_{AO}\\\dot{U}_C &= \frac{(a-1)Z_0+(a^2-a)Z_2}{Z_0+Z_1+Z_2}\dot{U}_{AO}\end{aligned}\right\}\tag{8.8}$$

式中　$\dot{U}_{AO}$——正常运行时故障点处 A 相电压;

Z_1,Z_2,Z_0——从故障点看进去的电网正序、负序和零序阻抗;$a=\mathrm{e}^{\mathrm{j}\frac{2\pi}{3}}$。

对于电源容量较大的系统,$Z_1\approx Z_2$,如再忽略各阻抗中的电阻分量 R_0,R_1,R_2,则式(8.8)可改写成

$$\left.\begin{aligned}\dot{U}_B &= \left[-\frac{1.5\frac{X_0}{X_1}}{2+\frac{X_0}{X_1}}-\mathrm{j}\frac{\sqrt{3}}{2}\right]\dot{U}_{AO}\\\dot{U}_C &= \left[-\frac{1.5\frac{X_0}{X_1}}{2+\frac{X_0}{X_1}}+\mathrm{j}\frac{\sqrt{3}}{2}\right]\dot{U}_{AO}\end{aligned}\right\}\tag{8.9}$$

$\dot{U}_B,\dot{U}_C$ 的模值为

$$U_B=U_C=\sqrt{3}\frac{\sqrt{\left(\frac{X_0}{X_1}\right)^2+\frac{X_0}{X_1}+1}}{\frac{X_0}{X_1}+2}U_{AO}=KU_{AO}\tag{8.10}$$

上式中

$$K=\sqrt{3}\frac{\sqrt{\left(\frac{X_0}{X_1}\right)^2+\frac{X_0}{X_1}+1}}{\frac{X_0}{X_1}+2}\tag{8.11}$$

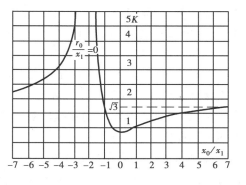

系数 K 称为接地系数,它表示单相接地故障时健全相的最高对地工频电压有效值与无故障时对地电压有效值之比。根据上式可画出图 8.4 中的接地系数 K 与 X_0/X_1 的关系曲线。

图 8.4　单相接地时健全相的电压升高

下面按电网中性点接地方式分别分析健全相电压升高的程度:

对中性点不接地(绝缘)的电网,X_0 取决于线路的容抗,故为负值。单相接地时健全相上的工频电压升高约为额定(线)电压 U_n 的 1.1 倍,避雷器的灭弧电压按 $110\% U_n$ 选择,可称为

185

"110%避雷器"。

对中性点经消弧线圈接地的 $35 \sim 60kV$ 电网,在过补偿状态下运行时,X_0 为很大的正值,单相接地时健全相上电压接近等于额定电压 U_n,故采用"100%避雷器"。

对中性点有效接地的 $110 \sim 220kV$ 电网,X_0 为不大的正值,其 $X_0/X_1 \le 3$。单相接地时健全相上的电压升高不大于 $1.4U_{AO}$($\approx 0.8U_n$),故采用的是"80%避雷器"。

8.3　谐振过电压

电力系统中有许多电感、电容元件,例如电力变压器、互感器、发电机、电抗器等的电感;线路导线的对地与相间电容、补偿用的串联和并联电容器组、各种高压设备的等值电容。它们的组合可以构成一系列不同自振频率的振荡回路。当系统进行操作或发生故障时,某些振荡回路就有可能与外加电源发生谐振现象,导致系统中某些部分(或设备)上出现过电压,这就是谐振过电压。

谐振是一种周期性或准周期性的运行状态,其特征是一个或某几个谐波的幅值急剧上升。复杂的电感、电容电路可以有一系列的自振频率,而电源中也往往含有一系列的谐波,因此只要某部分电路的自振频率与电源的谐波频率之一相等(或接近)时,这部分电路就会出现谐振现象。

在不同电压等级以及不同结构的电力系统中可以产生不同类型的谐振,按其性质可分为以下 3 类。

(1)线性谐振

线性谐振是电力系统中最简单的谐振形式。线性谐振电路中的参数是常数,不随电压或电流变化,这些电路元件主要是不带铁心的电感元件(如线路电感和变压器漏感)或励磁特性接近线性时的有铁心电感(如消弧线圈,其铁心中通常有空气隙),以及系统中的电容元件(如线路对地与相间电容、设备等值电容、补偿电容等)。在正弦交流电源作用下,当系统自振频率与电源频率相等或接近时,就发生线性谐振。此时回路的感抗和容抗相等或相近而互相抵消,回路电流只受回路电阻限制而可达很大的数值,这样的串联谐振将在电感元件和电容元件上产生远远超过电源电压的过电压。

在电力系统运行中,可能出现的线性谐振有:空载长线路电容效应引起的谐振;中性点非有效接地系统中不对称接地故障时的谐振(系统零序电抗与正序电抗在特定配合下);消弧线圈全补偿时(如欠补偿的消弧线圈在遇到某些情况下会形成全补偿)的谐振以及某些传递过电压的谐振。

限制这种过电流和过电压的方法是使回路脱离谐振状态或增加回路的损耗。在电力系统设计和运行时,应设法避开谐振条件以消除这种线性谐振过电压。

(2)铁磁谐振(非线性谐振)

铁磁谐振回路是由带铁心的电感元件(如变压器、电压互感器)和系统的电容元件组成。因铁心电感元件的饱和现象,使回路的电感参数是非线性的,这种含有非线性电感元件的回路,在满足一定谐振条件时,会产生铁磁谐振,而且它具有与线性谐振完全不同的特点和性能。

（3）参数谐振

当水轮发电机在正常的同步运行时,直轴同步电抗 x_d 与交轴同步电抗 x_q 周期性地变动,或同步发电机在异步运行时,其电抗将在 $x'_d \sim x_q$ 之间周期性地变动,当发电机带有电容性负载(例如一段空载线路)时,又存在不利的参数配合,就有可能激发参数谐振现象。有时将这种现象称为发电机的自励磁或自激过电压。

由于回路中有损耗,所以只有当参数变化所吸收的能量(由原动机供给)足以补偿回路中的损耗时,才能保证谐振的持续发展。从理论上说,这种谐振的发展将使振幅无限增大,而不像线性谐振那样受到回路电阻的限制;但实际上当电压增大到一定程度后,电感会出现饱和现象,而使回路自动偏离谐振条件,使过电压不致无限增大。

发电机在正式投入运行前,设计部门要进行自激的校核,避开谐振点,因此一般不会出现参数谐振现象。

8.3.1　铁磁谐振过电压

铁磁谐振仅发生在含有铁心电感的电路中。铁心电感的电感值随电压、电流的大小而变化,不是一个常数,所以铁磁谐振又称为非线性谐振。

图 8.5 为最简单的 R,C 和铁心电感 L 的串联电路。在正常运行条件下,感抗大于容抗,即 $\omega L > 1/\omega C$,此时不具备谐振条件。当铁心饱和感抗下降使 $\omega L = \dfrac{1}{\omega C}$(即 $\omega = \omega_0 = 1/\sqrt{LC}$),满足串联谐振条件,发生谐振,在电感和电容两端形成过电压,这就是铁磁谐振现象。

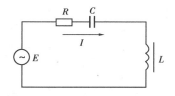

图 8.5　串联铁磁谐振回路

因为谐振回路中电感不是常数,故回路没有固定的谐振频率(即 ω_0 非定值)。当谐振频率 f_0 为工频时,回路为基波谐振;当谐振频率为工频的整数倍(如 2 次,3 次,5 次等)时,回路为高次谐波谐振;如谐振频率是工频的分数倍(如 1/2 次,1/3次,1/5 次等)时,回路为分次谐波谐振。因此具有各种谐波谐振的可能性是铁磁谐振的一个重要特点。

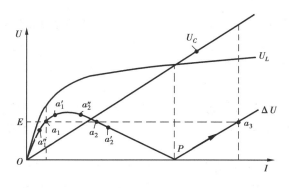

图 8.6　串联铁磁谐振回路的伏安特性

图 8.6 画出了铁心电感和电容上的电压随电流变化的曲线 U_L,U_C,电压和电流都用有效值表示。显然 U_C 应是一根直线($U_C = \dfrac{1}{\omega C}I$)。对铁心电感,在铁心未饱和前,$U_L$ 基本上是一直线(见图中起始部分),当铁心饱和以后,电感值减小,U_L 不再是直线,因此两条伏安特性曲线要相交。由此看出当 $\omega L > 1/\omega C$ 时,是产生铁磁谐振的必要条件。

若忽略回路电阻,则回路中 L 和 C 上的压降之和应和电源电势相平衡,即 $\dot{E} = \dot{U}_L + \dot{U}_C$,由于 $\dot{U}_L$ 和 $\dot{U}_C$ 相位相反,故此平衡方程变为 $E = \Delta U$,而 $\Delta U = |U_L - U_C|$,(见图中 ΔU 曲

线)。从图中可看到 ΔU 曲线与 E 线(虚线)在 a_1, a_2, a_3 处相交,这 3 点都满足电势平衡条件 $E = \Delta U$,称为平衡点。根据物理概念:平衡点满足电势平衡条件,但不一定满足稳定条件,不满足稳定条件的点就不能成为实际的工作点。通常可用"小扰动"来考察某平衡点是否稳定。即假定有一个小扰动使回路状态离开平衡点,然后分析回路状态能否回到原来的平衡点状态,若能回到平衡点,则说明该平衡点是稳定的,能成为回路的实际工作点;否则,若小扰动以后,回路状态越来越偏离平衡点,则该平衡点是不稳定的,不能成为回路的实际工作点。

根据这个原则,我们来判断平衡点 a_1, a_2, a_3 哪是稳定的,哪是不稳定的。对 a_1 点来说,若回路中的电流由于某种扰动而有微小的增加,ΔU 沿曲线偏离 a_1 点到 a'_1 点,此时 $E < \Delta U$,即外电势小于总压降,使电流减小,从而使 a'_1 又回到 a_1;相反,若扰动使电流有微小的下降,ΔU 沿曲线偏离 a_1 点到 a''_1 点,此时 $E > \Delta U$,外加电势大于总压降,使回路电流增大,使 a''_1 点又回到 a_1,因此 a_1 点是稳定的。同样 a_3 点也是稳定的。但对 a_2 点来说,若回路中的电流由于某种扰动而有微小的增加从 a_2 偏离至 a'_2,此时 $E > \Delta U$,将使回路电流继续增大,直至达到新的平衡点 a_3 为止;反之,若扰动使回路电流稍有减少,ΔU 曲线从 a_2 点偏离至 a''_2 点,此时 $E < \Delta U$,使回路电流继续减小,直到稳定的平衡点 a_1 为止。可见平衡点 a_2 不能经受任何微小的扰动,是不稳定的。

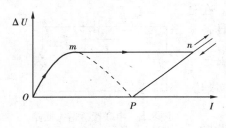

图 8.7　铁磁谐振中的跃变现象

由此可见,在一定外加电势 E 的作用下,铁磁谐振回路稳定时可能有两个稳定工作状态,即 a_1 点和 a_3 点。在 a_1 点工作状态时,$U_L > U_C$,回路呈感性,回路电流很小,电感和电容上电压都不高,回路处于非谐振工作状态。在 a_3 点工作状态时,$U_L < U_C$,回路呈容性,此时不仅回路电流较大,而且在电感电容上都会产生较大的过电压。串联铁磁谐振现象,也可以从电源电势 E 增加时回路工作点的变化中看出。如图 8.7 所示,当电势 E 由零逐渐增加时,回路的工作点将由 O 点逐渐上升到 m 点,然后跃变到 n 点,再继续上升,同时回路电流将由感性突然变成容性,这种回路电流相位发生 180° 的突然变化的现象,称为相位反倾现象。在跃变过程中,回路电流激增,电感和电容上的电压也大幅度提高,这就是铁磁谐振的基本现象。

从图 8.6 可以看到,当电势 E 较小时,回路存在两个可能的工作点 a_1, a_3,而当 E 超过一定值后,只可能存在一个工作点(图 8.6 中 a_3 点)。当存在两个工作点时,若电源电势没有扰动,则只能处在非谐振工作点 a_1。为了建立起稳定的谐振(工作于 a_3 点),回路必须经过强烈的过渡过程,如电源的突然合闸等。这时回路到底工作在 a_1 点还是 a_3 点,取决于过渡过程的激烈程度。这种需要经过过渡过程来建立谐振的现象,称为铁磁谐振的激发。但是谐振一旦激发(即经过激发过渡过程之后工作于 a_3 点),则谐振状态可能"自保持"(因为 a_3 点属于稳定工作点),维持很长时间而不衰减。

我们再看图 8.7 中的 P 点,在该点,$U_C = U_L$,这时回路发生串联谐振(回路的自振角频率 ω_0 等于电源角频率 ω)。但 P 点不是平衡点故不能成为工作点,由于铁心的饱和,随着振荡的发展,在外界电势的作用下,回路将偏离 P 点,最终稳定于 a_3 或 a_1 点。而在 a_3 点工作时出现铁磁谐振过电压,正因如此,我们将 a_3 点而不是 P 点称为谐振点。

综上所述,铁磁谐振的主要特点为:

1）发生铁磁谐振的必要条件是谐振回路中 $\omega L_0 > \dfrac{1}{\omega C}$，$L_0$ 为在正常运行条件下，即非饱和状态下回路中铁心电感的电感值。这样，对于一定的 L_0 值，在很大的 C 值范围内（即 $C > \dfrac{1}{\omega^2 L_0}$）都可能产生铁磁谐振。

2）对铁磁谐振回路，回路可能不止一种稳定工作状态。在外界激发下，回路可能从非谐振工作状态跃变到谐振工作状态，电路从感性变为容性，发生相位反倾，同时产生过电压和过电流。

3）铁磁元件的非线性特性是产生铁磁谐振的根本原因，但其饱和特性本身又限制了过电压的幅值，此外回路中的损耗，会使过电压降低，当回路电阻值大到一定数值时，就不会出现强烈的谐振现象。这就说明为什么电力系统中的铁磁谐振过电压往往发生在变压器处于空载或轻载的时候。

实际运行和实验分析表明，在铁心电感的振荡回路中，如满足一定的条件，还可能出现持续的高次谐波铁磁谐振与分次谐波铁磁谐振，在某些特殊情况下，还会同时出现两个以上频率的铁磁谐振。

电力系统中的铁磁谐振过电压常发生在非全相运行状态中，其中电感可以是空载变压器或轻载变压器的激磁电感、消弧线圈的电感、电磁式电压互感器的电感等。电容是导线对地电容、相间电容以及电感线圈对地的杂散电容等。

为限制和消除铁磁谐振过电压，常采用以下措施：

1）改善电磁式电压互感器的激磁特性，或改用电容式电压互感器。

2）在电压互感器开口三角形绕组中接入阻尼电阻，或在电压互感器一次绕组的中性点对地接入电阻。

3）在有些情况下，可在 10kV 及以下的母线上装设一组三相对地电容器，或用电缆段代替架空线段，以增大对地电容，从参数搭配上避开谐振。

4）在特殊情况下，可将系统中性点临时经电阻接地或直接接地，或投入消弧线圈，也可以按事先规定投入某些线路或设备以改变电路参数，消除谐振过电压。

8.4　传递过电压

传递过电压发生于中性点绝缘或经消弧线圈接地的电网中。在正常运行条件下，此类电网的中性点位移电压很小（当三相平衡运行，即零序电流为零时，中性点位移电压为零）。但是，当电网中发生不对称接地故障、断路器非全相或不同期操作时，中性点位移电压将显著增大，通过静电耦合和电磁耦合，在变压器的不同绕组之间或者相邻的输电线路之间会发生电压的传递现象，若此时在不利的参数配合下使耦合回路处于线性串联谐振或铁磁谐振状态，那就会出现线性谐振过电压或铁磁谐振过电压，这就是传递过电压。

现以发电机——升压变压器接线分析传递过电压的产生过程。图 8.8 为发电机——升压变压器组的接线图。

变压器高压侧相电压为 U_x，中性点经消弧线圈接地（或中性点绝缘），C_{12} 为变压器高低压绕组间的耦合电容，C_0 为低压侧每相对地电容，L 为低压侧对地等值电感（包括消弧线圈电感与电压互感器励磁电感）。当发生前述不对称接地等故障时，将出现较高的高压侧中性点位移电压 $\dot{U}_0$，$\dot{U}_0$ 即零序电压（单相接地时 $\dot{U}_0$ 为相电压 $\dot{U}_x$）。$\dot{U}_0$ 的电压将通过静电与电磁的耦合传递至低压侧。考虑主要通过耦合电容 C_{12} 的静电耦合时，等值电路见图 8.8（b），传递至低压侧的电压为 $\dot{U}_0'$。通常低压侧消弧线圈采取过补偿运行，所以 L 与 $3C_0$ 并联后呈感性，即并联后阻抗 $1/(\frac{1}{\omega L} - 3\omega C_0)$ 为感性阻抗。在特定情况下，当 $1/(\frac{1}{\omega L} - 3\omega C_0) = \frac{1}{\omega C_{12}}$ 时，即 $\omega C_{12} = \frac{1}{\omega L} - 3\omega C_0$ 时，将发生串联谐振，U_0' 达到很高的数值，即出现了传递过电压。当出现这种传递过电压时同时伴随消弧线圈、电压互感器等的铁心饱和时可表现为铁磁谐振，否则为线性谐振。

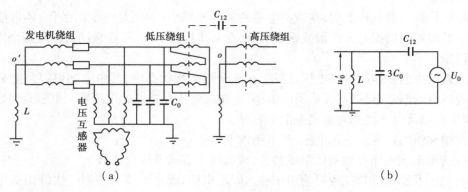

图 8.8　发电机——变压器组的接线图与等值电路
（a）接线图；（b）等值电路

防止传递过电压的措施首先是尽量避免出现中性点位移电压，如尽量使断路器三相同期动作，不出现非全相操作等；其次是适当选择低压侧消弧线圈的脱谐度，如错开串联谐振条件
$$\omega L = \frac{1}{\omega C_{12} + 3\omega C_0}。$$

8.5　断线引起的铁磁谐振过电压

电力系统中发生基波铁磁谐振比较典型的另一类情况是断线过电压。所谓断线过电压是泛指由于线路故障断线、断路器的不同期切合和熔断器的不同期熔断时引起的铁磁谐振过电压。只要电源侧和受电侧中任一侧中性点不接地，在断线时都可能出现谐振过电压，导致避雷器爆炸，负载变压器相序反倾和电气设备绝缘闪络等现象。

对于断线过电压，最常遇到的是三相对称电源供给不对称三相负载。现以中性点不接地系统线路末端接有空载（或轻载）变压器，变压器中性点不接地，其中一相（例如 A 相）导线断线为例分析断线过电压的产生过程。

图 8.9 所示，忽略电源内阻抗及线路阻抗（相比于线路电容来讲起作用较小），L 为空载

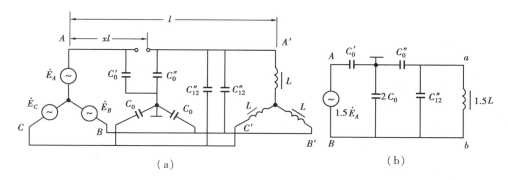

图 8.9 中性点不接地系统一相断线时的电路

(a)接线图;(b)等值电路

(或轻载)变压器励磁电感,C_0 为每相导线对地电容,C_{12} 为导线相间电容,l 为线路长度,变压器接在线路末端。若在离电源 $xl(x<l)$ 处发生一相导线(A 相)断线,断线处两侧 A 相导线的对地电容分别为 $C_0' = xC_0$ 和 $C_0'' = (1-x)C_0$。断线路处变压器侧 A 相导线的相间电容为 $C_{12}'' = (1-x)C_{12}$。设线路的正序电容与零序电容的比值为

$$\delta = \frac{C_0 + 3C_{12}}{C_0}$$

一般 $\delta = 1.5 \sim 2.0$,由上式得

$$C_{12} = \frac{1}{3}(\delta - 1)C_0$$

由于电源三相对称,且当 A 相断线后,B,C 相在电路上完全对称,因而可以简化成图 8.9(b)所示的单相等值电路。对此等值电路,还可应用有源二端网络的戴维南定理进一步简化为如图 8.10 所示的串联谐振电路。在此电路中,等值电势 $\dot{E}$ 就是图 8.9(b)中 a,b 两点间的开路电压,等值电容 C 为图 8.9(b)中 a,b 两点的入口电容。通过计算可求得

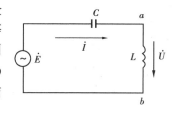

图 8.10 图 8.9(b)的戴维南
等值串联谐振电路

$$C = \frac{C_0}{3}\big[(x + 2\delta)(1-x)\big]$$

$$\dot{E} = 1.5\dot{E}_A \frac{1}{1 + \frac{2\delta}{x}}$$

随着断线(非全相运行)的具体情况不同,各自具有相应的等值单相接线图和等值串联谐振回路。表 8.2 列出了几种有代表性的断线故障的电路以及化简后的等值电势 E 和等值电容 C 的表达式。

从表 8.2 中可以看到,以上几种断线中,在第 3 种情况即中性点不接地系统中,单相断线且负载侧导线接地时,等值电容的数值较大,尤其在 $x=1$ 时,即当断线故障发生在负载侧时,电容 C 最大达 $C_{\max} = 3C_0$,因此不发生由于断线引起基波铁磁谐振过电压的条件为

$$3\omega C_0 \leqslant \frac{1}{1.5\omega L_0}(L_0 \text{ 为变压器不饱和时的励磁电感})$$

191

表 8.2　断线故障等值电路及其参数

序号	断线系统接线图	等值电路	串联等值电路参数	
			E	C
1			$\dfrac{1.5\dot{E}_A}{1+\dfrac{2\delta}{x}}$	$\dfrac{(1-x)(2\delta+x)}{3}C_0$
2			$\dfrac{4.5\dot{E}_A}{1+2\delta}$	$\dfrac{(1-x)(1+2\delta)}{3}C_0$
3			$\dfrac{4.5\dot{E}_A}{4+5x+2\delta(1-x)}$	$\dfrac{4+5x+2\delta(1-x)}{3}C_0$
4			$\dfrac{1.5\dot{E}_A}{1+\dfrac{\delta}{2x}}$	$\dfrac{2(1-x)(\delta+2x)}{3}C_0$
5			$\dfrac{1.5\dot{E}_A}{1+2\delta}$	$\dfrac{(1-x)(1+2\delta)}{3}C_0$
6			$\dfrac{1.5\dot{E}_A}{1+\dfrac{\delta}{2}}$	$\dfrac{2(1-x)(2+\delta)}{3}C_0$

若变压器的励磁阻抗 $X_m=\omega L_0$，则上述情况下不发生断线引起基波铁磁谐振过电压的条件改写成

$$C_0\leqslant\frac{1}{4.5X_m\omega}$$

而 X_m 可根据变压器的额定电压 $U_N(\text{kV})$，额定容量 $S_N(\text{kVA})$，空载电流 $I_0(\%)$ 由 $X_m=\dfrac{U_N^2}{I_0S_N}\times10^5$ 求得。

由此 C_0 值可进一步算出不发生基波铁磁谐振的线路长度。

例 8.2　10kV 中性点绝缘系统，线路末端接有空载变压器，其容量为 100kVA，$I_0\%=3.5$，

线路对地电容为 $0.005\mu F/km$,试计算断线时不发生基波铁磁谐振的线路长度。

解　根据 $X_m = \dfrac{U_N^2}{I_0 \cdot S_N} \times 10^5 = \dfrac{10^2}{3.5 \times 100} \times 10^5$

$$X_m = 2.8 \times 10^4 \Omega$$

设线路长度为 $l\,km$,则 $C_0 = 0.005l\,\mu F$,则不发生基波铁磁谐振的线路长度为

$$l \leqslant \frac{1}{4.5 \times X_m \omega C_0} = \frac{1}{4.5 \times 2.8 \times 10^4 \times 314 \times 0.005 \times 10^{-6}} = 5\,km$$

可见断线故障时,基波铁磁谐振在实际电力系统中是完全可能发生的,虽然以上线路长度是从最严重的断线故障计算得到的。

为限制断线过电压可采取以下措施:

1)保证断路器的三相同期动作;避免发生拒动;不采用熔断器;

2)加强线路的巡视和检修,预防发生断线;

3)如果断路器操作后有异常现象,可立即复原,并进行检查;

4)在中性点接地电网中,操作中性点不接地的负载变压器时,应将变压器的中性点临时接地。此时负载变压器未合闸相的电位被三角形联接的低压绕组感应出一个恒定电压,谐振回路就被破坏;

5)必要时在变压器的中性点装设棒间隙。

复习思考题

8.1　比较内部过电压与大气过电压有何不同点?内部过电压如何划分?

8.2　试述电力系统产生暂时过电压的原因及其主要限制措施。

8.3　为什么在超高压电网中很重视工频电压升高?引起工频电压升高的主要原因有哪些?

8.4　为什么含有铁心的非线性电感的 LC 串联电路中会出现几个工作点?若回路中有电阻,试分析其工作状态?

8.5　试比较铁心谐振过电压和线性谐振过电压产生的条件及其各自特点。

8.6　试论述电磁式电压互感器饱和所引起的过电压的物理概念,为什么说在扰动情况下才出现?为什么次级开口三角接入电阻能抑制过电压的幅值?

8.7　产生断线过电压的条件是什么,如何限制和消除。

第9章
电力系统操作过电压

电力系统是由电源、电阻、电感、电容等元件组成的复杂系统。当开关操作,或事故状态引起系统拓扑结构发生改变时,各储能元件的能量重新分配发生振荡就产生了操作过电压。

常见的操作过电压有切除空载线路过电压;合闸空载线路过电压;切除空载变压器过电压;电弧接地过电压。这些过电压都与电力系统元件的电感,电容的参数配合及能量转换有关。

操作过电压的能量来自电力系统电源及储能元件的能量,过电压幅值与工频电压等级有大致的倍数关系。一般取电气设备最大运行相电压的幅值 U_{xg} 作为基准值,来计算操作过电压的倍值 K_0。K_0 与电网结构,系统参数及容量,中性点接地方式,断路器特性,操作方式,母线出线条数有关。操作过电压是随机变量具有统计规律和分散性,例如合闸时合闸相位角的不同就会产生不同电压值。应使用数理统计方法处理。

对于 220kV 及以下系统,系统绝缘水平一般可以承受操作过电压冲击,但超高压系统的操作过电压较高,设计时要作操作过电压校验。对于操作过电压的规律研究,一般使用实测、电气模拟实验和计算机数值计算。实测包括事故录波和专门进行的系统实验,所得数据宝贵,但较少。电气模拟实验要大量投资扩充实验设备,才能模拟大型系统。计算机数值计算取得较快的发展,可以计算比较复杂系统的暂态过程,而计算费用较低。目前几种方法都在使用,且互相对照。操作过电压的综合统计分布一般近似于正态分布。

9.1　切除空载线路过电压

电力系统正常运行时要进行切除空载线路的操作,当线路发生故障时,两端断路器断开,但动作时间总存在一定差异(一般约 0.01 ~ 0.05s),这也算是切除空载线路情况。我国 35 ~ 220kV 系统,绝缘水平选得较高,但也发生多次因切除空载线路造成绝缘闪络或击穿事故。产生切除空载线路过电压的根本原因是电弧重燃。据大量统计,这种过电压幅值可高达 $3U_{xg}$ 以上,持续时间达 0.5 ~ 1 个工频周期以上,220kV 及以下系统确定绝缘水平时,应以切除空载线路过电压为依据。

对于空载线路,通过断路器的电流基本上是电容电流,一般只有几十至几百安培,比高压系统的短路电流小得多。能切断很大短路电流的断路器,有可能切不断空载线路的电容电流,这是因为断路器触头之间的恢复电压很高,使间隙击穿而发生电弧重燃。高压断路器不仅要有较大的短路电流切断容量,而且要作实际的切除空载线路实验。

电网中切除电容器组也会发生类似过电压。

9.1.1　切空载线路过电压产生的物理过程

空载线路用等值 T 形电路表示,L_T 是线路电感,C_T 为线路对地电容,L_e 是发电机、变压器漏感之和,忽略了母线电容(图9.1)。

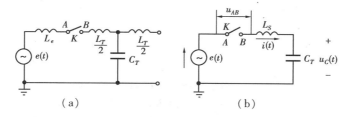

图9.1　切除空载线路情况下的等值电路

(a)等值电路;(b)简化后的等值计算电路

$e(t)$ —电源电势;$L_s = L_e + \dfrac{L_T}{2}$;$u_{AB}$ —触头 A, B 间的恢复电压

在一般操作中的切除空载线路,电源 $e(t)$ 的最大运行相电压幅值是 U_{xg}、故障切除时,取电机暂态电势计算。在简化等值电路(图9.1(b))中,设电源电势是

$$e(t) = E_m \cos\omega t$$

线路切除前,电路呈电容性,电流为

$$i(t) = \frac{E_m}{X_C - X_S} \cos(\omega t + 90°)$$

式中 X_C、X_S 分别是电容 C_T,电感 L_s 的容抗和感抗。

忽略线路电容效应,断路器断开以前(见图9.2),即 t_1 时刻以前,线路电压为 $u(t)$,即电容电压 $u_C(t)$ 等于电源电压 $e(t)$。我们讨论最严重的情况,设 t_1 时刻断路器断开,线路电压是 $-E_m$,这时线路上工频电流过零点,断路器发生熄弧。实际上在 t_1 时刻前半个周期内断路器动作,只要电源存在,断路器触点间电弧都是 t_1 时刻熄弧。由于线路绝缘,导线电压保持在 $-E_m$,但断路器触点 A 的电位仍然按余弦曲线变化,即 t_1 后的虚线。断路器触头间出现不断增加的恢复电压:

$$u_{AB} = u_A - u_B = e(t) - (-E_m) = E_m(1 + \cos\omega t)$$

如果断路器触头之间绝缘强度恢复速度大于恢复电压 u_{AB} 上升速度,触头间电弧就不会发生重燃,线路切断不会产生任何过电压。但若断路器性能差,在 t_2 时刻 u_{AB} 可达 $2E_m$ 值,在 $t_1 \sim t_2$ 时间间隔内就有可能发生电弧重燃,电弧是否重燃或重燃时刻具有随机性,使过电压值也带有随机性。

在 t_2 时刻发生电弧重燃最为严重,这时电容电压 $u_C(t_2) = -E_m$,电源电压 $e(t) = E_m$,重燃前瞬间,断路器触头间电压为 $|u_{AB}| = 2E_m$。由图9.1,这时形成一个 LC 振荡回路,振荡频率是 $f_0 = 1/(2\pi \sqrt{L_s C_T})$,$f_0$ 比工频高得多,因网络参数不同可达几百至几千赫兹,可近似认为电源

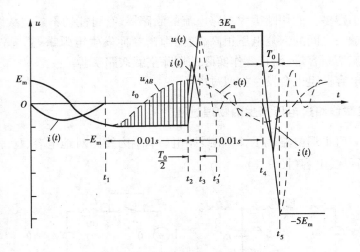

图9.2 切断空载线路过电压的发展过程

t_1—第一次断弧;t_2—第一次重燃;t_3—第二次断弧;

t_4—第二次重燃;t_5—第三次断弧

电压在高频振荡中保持恒值 E_m 不变。由于回路的电阻损耗,振荡电压波形会趋于电源电压 E_m(图9.3)。忽略回路损耗,线路上最高电压可由下式计算。

$$过电压幅值 = 稳态值 + (稳态值 - 初始值)$$

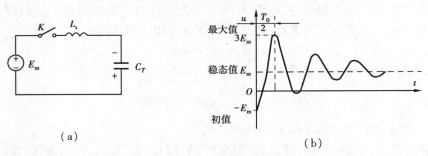

图9.3 电弧重燃时的等值电路及振荡波形

(a)等值电路;(b)振荡波形

在此电路中,稳态值 = E_m,初始值 = $-E_m$,过电压 = $E_m + [E_m - (-E_m)] = 3E_m$。从振荡曲线来看,LC 回路的电磁振荡类似荡秋千的机械运动,从初始位置到静止位置,还要运动 1 倍距离到另一个极值,与上式相似。

由图9.2,t_3 时刻振荡电压到达最大值 $3E_m$,线路电容电流 $i(t)$ 刚好过零点,t_3 时刻电弧又熄灭,线路电容电压就保持在 $3E_m$(也有很少情况是高频电流是第 2 次过零点才熄弧)。在回路中有能量损耗,第 1 次电弧重燃达不到 $3E_m$,若不在 t_2 时刻电弧重燃,过电压还要低一些。

随着断路器触头之间距离愈来愈远,但触头之间恢复电压也愈来愈高,在 t_4 时刻发生电弧重燃,这时电容电压初始值是 $3E_m$,电源电压(稳态值)是 $-E_m$,则

$$过电压幅值 = -E_m + (-E_m - 3E_m) = -5E_m$$

按此最危险的情况,过电压发展规律是 $3E_m$,$-5E_m$,$7E_m$,…。但实际电弧重燃受一些复杂因素影响,不可能无限增大。

　　断路器触头电弧的熄灭和重燃是个复杂的过程,由很多随机因素决定。使用同一台断路器切除同一条空载线路,每次发生电弧重燃的条件均不相同,只有用数理统计的办法计算发生重燃的概率。重燃的次数与断路器性能有关。油断路器重燃次数较多,有时达 6 ~ 7 次,压缩空气断路器重燃次数较少或不重燃。重燃次数较多,发生高幅值过电压概率大。每次切空线,不一定发生电弧重燃,即使发生电弧重燃,也不一定发生在电源电压极性和线路残余电压极性相反的时刻。若重燃发生在熄弧后 1/4 工频周波以内(图 9.2 中 t_0 时刻),则不会产生过电压。过电压高低与电弧熄灭和重燃的时刻有关,有时一次重燃的过电压比发生多次重燃还要高,说明分散性较大。前面这种理想化的分析所出现较高过电压的概率较小。

　　当线路电压较高时,产生较强的电晕,使能量损耗。线路上接有电磁式电压互感器时,由于铁心饱和要产生电荷泄漏,使电压初始值降低,即产生重燃过电压幅值也不高。当线路母线有几回出线,增大于母线电容,可以吸收部分振荡能量,所带电阻性有功负荷也对高频荡产生阻尼作用,这些因素都使电弧重燃过电压降低。

　　电网中性点运行方式对切除空载线路过电压也有影响。中性点直接接地系统,三相线各自形成独立回路,和前面讨论的情况一致,相间电压耦合对过电压影响不大。当中性点不接地,或者中性点经消弧线圈接地,三相开关的不同期造成中性点电位偏移,三相之间互相影响使电弧燃烧和熄灭过程变得复杂,在不利条件下过电压显著增高,一般情况下使过电压比中性点直接接地系统高 20%。

9.1.2　限制过电压措施

　　切除空载线路过电压是选择线路绝缘水平和确定电气设备试验要求的重要依据,因而要采取措施限制和消除这种过电压,对提高系统安全可靠性和降低系统绝缘水平具有重大意义。

　　断路器触头间的电弧重燃是产生切除空载线路过电压的原因,一方面断路器灭弧能力赶不上触头间恢复电压上升的速度,另外是线路残余电压过高。为此,可采用灭弧性能强的快速动作断路器,还采用下述措施。

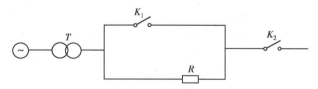

图 9.4　用带并联电阻的开关以限制切除空载线路时的过电压

　　使用带并联电阻的断路器(图 9.4)是一个有效措施,这种断路器有两个触头,主触头 K_1 并联一个电阻 R,K_2 是辅助触头,断路器的动作分两步进行。分闸时先断开主触头 K_1,使 R 串联在回路之中阻尼了振荡的发生,消耗电容电荷的能量,使电弧不易发生重燃;再经过 1.5 ~ 2 个工频周波,辅助触头 K_2 断开,因 R 消耗了部分能量,线路残余电压较低,K_2 上电弧不易发生重燃,即使 K_2 中电弧发生电弧重燃,因 R 的阻尼作用,过电压显著降低,也只有 2.28 倍左右。断路器并联电阻大小一般是数百欧至数千欧。作为限制切除空载线路过电压,一般选择 3 000Ω。

　　当输电线上接有电磁式电压互感器时,因电压升高互感器铁心饱和阻抗下降,残余电荷泄入大地降低了过电压的数值。图 9.5 显示切空线过电压倍数与出现的概率的关系曲线,这是

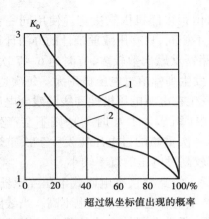

图 9.5 220kV 线路拉闸过电压倍数 K_0 的统计曲线

1—线路侧无互感器；2—线路侧有互感器

我国 220kV 线路上试验的结果。可以看出当线路装有电磁式电压互感器时，可使过电压倍数降低 30% 左右。同样在中性点直接接地系统中，在变压器低压侧连同变压器一起切除空载线路，变压器铁心饱和也可使过电压降低。

超高压输电线路一般接有并联电抗器进行无功功率补偿，切除空载线路时可能和线路电容形成振荡（其自振频率一般略低于工频），不能很好的降低线路残余电压。但计算表明，振荡中使断路器上恢复电压上升速度减慢，因而减少了电弧重燃的机会，减少了发生高值过电压的概率。

我国在几十条 110～220kV 线路上进行了实测，综合分析表明，切除空载线路过电压是随机变量，其统计分布近似正态分布，出现最大过电压的倍数与所用断路器的性能有很大关系，按断路器性能分类得到如下结果：使用重燃次数较少的空气断路器，高于 2.6 倍电压出现的概率是 0.73%；使用重燃次数较多的空气断路器时，高于 3.0 倍过电压的概率为 0.86%；用油断路器测得最大过电压为 2.8 倍。当使用有中值和低值并联电阻断路器时，过电压被限制在 2.2 倍以下。

在中性点不接地系统和消弧线圈接地电网中，切除空载线路过电压一般不超过 3.5 倍。

国际电工委员会对 7 个国家 100kV 以上电网操作线路过电压（包括合闸）进行统计，超过 2.63 倍的过电压出现概率是 2.24%，统计分布近似正态分布。

在超高压电网中，由于断路器带有并联电阻（一些较短的超高压线路，未使用并联电阻），基本上消除了电弧重燃，也基本上消除了切除空线过电压。我国 330kV 线路上试验结果表明，切空载长线多次均未发生电弧重燃，最大过电压测到 1.19 倍，最大合闸过电压却达到 2.03 倍。前苏联、美国等实测结果也与之大致符合。这些情况说明，超高压电网中，切除空载线路过电压已被限制，合闸空载线路过电压已成主要矛盾，成为确定超高压电网绝缘水平的主要因素之一。

9.2　合空载线路过电压

合闸空载线路操作分两种情况，即计划性合闸和故障后的自动重合闸。因后者是非零初始条件，合闸过电压更高。

9.2.1　计划性合闸过电压

空载线路合闸前，线路不接地，三相对称，为零初始状态。不计导线间的电磁耦合，取一相线路进行研究，其等值电路采用图 9.1 的 T 形等值电路，是个 L-C 振荡回路，可按图 9.6 进行计算。因振荡频率很高（$f_0 = 1/(2\pi \sqrt{L_s C_T})$），在较短的时间以内可认为电源电压为定值 E，E

与合闸电压相位角有关,最严重时取电源电压幅值 E_m。可列出回路微分方程:

$$E_m = L_s \frac{di}{dt} + u_C$$

因 $i = C_T \frac{du_C}{dt}$,可导出

$$L_s C_T \frac{d^2 u_C}{dt^2} + u_C = E_m \qquad (9.1)$$

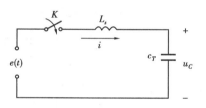

图9.6 合空载线路的等值计算电路

这是二阶微分方程,其解为:

$$u_C = A\sin\omega_0 t + B\cos\omega_0 t + E_m$$

式中 $\omega_0 = 1/\sqrt{L_s C_T}$,$A$、$B$ 为积分常数。初始条件,$t = 0$ 时,$u_C = 0$,$i = C_T \frac{du_C}{dt} = 0$,可得 $A = 0$,$B = -E_m$。可得

$$u_C = E_m(1 - \cos\omega_0 t) \qquad (9.2)$$

当 $\omega_0 t = \pi$ 时,u_C 为最大值,即

$$u_{cm} = 2E_m \qquad (9.3)$$

合闸空载线路时,电源电压合闸时的相位角 φ 在一个周波 AB 区段上是随机变量(图9.7),为均匀分布,合闸时的电源电压 $|E|$ 一般都小于 E_m,合闸过电压一般也小于 $2E_m$。

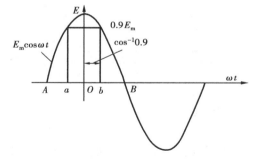

图9.7 合闸概率计算示意图

合闸空载线路时,因线路电阻和电晕损耗,要使过电压幅值降低,另外考虑输电线电容效应使交流电压升高,我国实测到的过电压只有 $1.9 \sim 1.96$ 倍。

上述分析是假定在最严重的情况,即合闸时电源电压等于其幅值 E_m。但从图9.7分析,横轴是合闸相位角,计算合闸过电压概率分布时,合闸相位角应在 2π 长度范围的均匀分布上取值。

假设合闸时电源电压标么值 $|E|/E_m = 0.9$,合闸时电源电压 $|E|/E_m \geq 0.9$ 的概率应为

$$P(|E|/E_m \geq 0.9) = \frac{ab}{AB} = \frac{2\arccos 0.9}{\pi} = 28.7\%$$

即合闸时电源电压大于等于 $0.9E_m$ 的概率为 28.7%。

一般说来,当 $|E|/E_m \geq k$ 的概率(k 在 $0 \sim 1$ 取值):

$$\varphi = \frac{2\arccos k}{\pi} \qquad (9.4)$$

由式(9.3)知道,合闸空载线路时,最大过电压为 $2E = 2kE_m$,考虑因输电线路的电容效应乘以工频电压升高系数 K_C(220kV 线路末端取 $1.1 \sim 1.15$,330kV 线路末端取 $1.15 \sim 1.30$),还要考虑衰减系数 β,这时线路上过电压倍数 $K_0 = 2\beta K_C K$。综合这些因素,线路上过电压超过 K_0 的概率为

$$\varphi = \frac{2}{\pi}\arccos\frac{K_0}{2\beta K_C} \qquad (9.5)$$

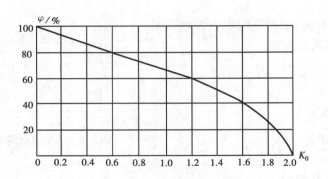

图 9.8　合闸过电压概率曲线 $\beta = 0.9, K_C = 1.1$

图 9.8 是合闸空载线路的累计概率分布。图中 $\beta = 0.9, K_C = 1.1$。这种过电压极限值是 $2\beta K_C E_m$。

以上分析使用了集中参数电路的 LC 模型,若使用多相输电线路分布参数模型,考虑了导线间的电磁耦合,当输电线很长时,经过上百次的"合闸操作"计算,也会出现电压倍数大于 2 的情况,这在集中参数电路模型是不会产生的。

9.2.2　自动重合闸引起的过电压

自动重合闸引起的合闸空线路过电压较高。如图 9.9 所示,输电线的 C 相接地时,K_2 先跳闸,K_1 再动作,K_1 侧接电源。健全相 A,B 这时流过的是电容电流,K_1 跳闸相当于切除空载线路,根据 9.1 的分析,K_1 健全相触头在电容电流过零点时熄弧,这时电源电压为最大值。考虑线路单相接地,线路

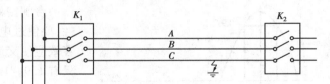

图 9.9　自动重合闸示意图

电容效应等因素,线路平均残余电压是 $u_r = 1.3 E_m$。在 K_1 的自动重合闸动作之前,线路的残余电荷通过导线泄漏电阻泄入大地,这包含绝缘子电导和空气电导的泄漏(图 9.10),这与绝缘子表面污秽情况,空气潮湿,雨雪情况有关。电源衰减在较广范围内变化。图中可以看出 0.5 秒时间内下降为 10% ~30%。线路放电时间常数一般大于 0.1s。

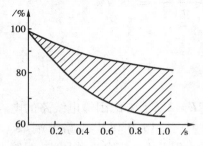

图 9.10　110~220kV 线路残余电压实测泄漏曲线

设 K_1 重合闸动作之前,线路残压已降了 30%,即 $u_r = (1 - 0.3) \times 1.3 E_m = 0.91 E_m$。最危险的合闸时刻是电源极性与线路残余电压相反,电压值是 $-E_m$ 最大值,情况与切除空载线路类似。这时线路发生高频振荡,振荡的稳态值是 $-E_m$,初值是 $0.91 E_m$,最大值是

$$u_{0V} = -E_m + (-E_m - 0.91 E_m) = -2.91 E_m$$

若不计线路电荷泄漏,过电压还会更高,但重合闸的合闸时刻电源电压不一定是 $-E_m$,这时过电压就较低。

9.2.3　限制合闸过电压的措施

限制合闸过电压的措施主要是使用带并联电阻的断路器。如图 9.4 所示,带并联电阻的断路器合闸时,辅助触头 K_2 先闭合,电阻 R 接入回路之中,阻尼了高频振荡,R 愈大阻尼作用愈强,这个阶段过电压降低。经过 1.5~2 个工频周波时间,主触头 K_1 再闭合,把合闸电阻 R 短接,完成了合闸过程。由于合闸的第一阶段,阻尼电阻 R 的作用,使线路电压较低,主触头合闸时触头之间电压也较低,主触头合闸产生的振荡过程较弱,合闸过电压也就较低。R 两端的电压愈低,产生的过电压就愈低,并联电阻 R 越小,过电压也愈低。

由上分析可知,在辅助触头 K_2 合闸时,并联电阻 R 越大,过电压越低。主触头 K_1 合闸时,R 越小过电压越低。综合两种情况,合闸过电压的倍数与 R 的关系呈 V 形曲线。根据线路参数可选一适当的合闸电阻。

图 9.11 是 500kV 断路器并联电阻与合闸过电压倍数的关系曲线。当 R 取 300Ω 时,合闸过电压可限制在 1.8 倍以下。因合闸电阻制作困难,厂家希望电阻 R 的值大一些,以满足热容量要求。500kV 线路断路器用 475Ω,450Ω 或者 400Ω 的并联电阻时,过电压可限制在 2 倍以下,超过 2 倍过电压的频数不超过 5%。若

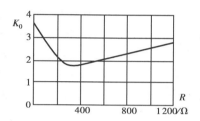

图 9.11　合闸电阻 R 与过电压倍数 K_0 的关系

500kV 线路较短,例如 194km 长的一条 500kV 实际线路,经过计算,也没有采用带并联电阻的断路器,因为这种断路器价格较贵。

为了降低输电线路合闸过电压,可以在线路侧安装电磁式电压互感器,它的等值电感和等值电阻与线路电容构成一阻尼振荡回路,使线路残余电荷在自动重合闸合闸之前的几个工频周波内把残余电荷泄放掉,这样重合闸的过电压倍数就不会超过 2 倍。

若采用单相重合闸,只切除故障相,线路上不存在残余电荷,就不会产生较高的过电压。

另外,采取同步合闸是有效的措施,所谓同步合闸是通过特殊装置使断路器触头两端的电位极性相同时,甚至是电位也相等的瞬间完成合闸操作,可大大降低、甚至消除合闸和重合闸过电压。目前同步合闸的断路器在国外已研制成功,它既有准确,稳定的机械特性,又有检测触头电压(捕捉等电位瞬间)的二次选择回路。

也可用避雷器作操作过电压保护,把 ZnO 型或磁吹避雷器安装在线路首端和末端(线路断路器的线路侧)均能限制合闸空载线路过电压。

9.3　切除空载变压器过电压

切除空载变压器(包括切除电抗器、电动机、消弧线圈等电感性负荷)是电力系统中常见的一种操作。空载变压器在正常运行时表现为一激磁电感,因此切除空载变压器就是开断一个小容量电感负荷,这时会在变压器上和断路器上出现很高的过电压。

9.3.1 过电压产生的原因及物理过程

产生这种过电压的原因是开关中电感电流的突然被"切断"所致。实验研究表明：在切断100A 以上的交流电流时，开关触头间的电弧通常都是在工频电流自然过零时熄灭的，此时等值电感中储藏的磁场能量为零，在切除过程中不会产生过电压。但在切除空载变压器中，由于激磁电流很小，一般只有额定电流的 0.5% ~ 4%，而开关中的去游离作用又很强，故当电流不为零时就会发生强制熄弧的切流现象。这样电感中储藏的能量就将全部转变为电场能量，从而产生了这种切除空载变压器过电压。

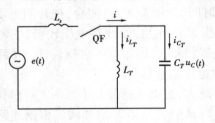

图 9.12　切除空载变压器等值电路

图 9.12 为切除空载变压器的等值电路，图中 L_T 为空载变压器的励磁电感，C_T 为变压器的等值对地电容，L_s 为母线侧电源的等值电感，QF 为断路器。

设空载电流 $i = I_0$ 时发生切断（即由 I_0 突然至零），$I_0 = I_m\sin\alpha$（α 为截流时的相角），此时电源电压为 U_0，$U_0 = U_m\sin(\alpha + 90°) = + U_m\cos\alpha$（空载励磁电流滞后电源电压 $90°$）。截流前瞬时在电感和电容中所储存的能量分别为

$$W_L = \frac{1}{2}L_T I_0^2;$$

$$W_C = \frac{1}{2}C_T U_0^2$$

而此时回路总能量为

$$\frac{1}{2}L_T I_0^2 + \frac{1}{2}C_T U_0^2 = \frac{1}{2}L_T I_m^2\sin^2\alpha + \frac{1}{2}C_T U_m^2\cos^2\alpha$$

电流截断瞬时，L_T 中能量全部转变成电容 C_T 中的能量，此时电容上电压为 U_C，根据能量守恒

$$\frac{1}{2}C_T U_C^2 = \frac{1}{2}L_T I_0^2 + \frac{1}{2}C_T U_0^2$$

$$U_C = \sqrt{U_m^2\cos^2\alpha + \frac{L_T}{C_T}I_m^2\sin^2\alpha} \tag{9.6}$$

考虑到 $I_m = \dfrac{U_m}{2\pi f L_T}$，自振频率 $f_0 = 1/(2\pi\sqrt{L_T C_T})$

$$U_C = U_m\sqrt{\cos^2\alpha + \left(\frac{f_0}{f}\right)^2\sin^2\alpha} \tag{9.7}$$

则过电压倍数

$$K = \frac{U_C}{U_m} = \sqrt{\cos^2\alpha + \left(\frac{f_0}{f}\right)^2\sin^2\alpha} \tag{9.8}$$

实际上，磁场能量转化为电场能量的过程中必然有损耗，可引入一损耗系数 η_m（$\eta_m < 1$）则：

$$K = \sqrt{\cos^2\alpha + \eta_m\left(\frac{f_0}{f}\right)^2\sin^2\alpha} \tag{9.9}$$

损耗系数 η_m 一般小于 0.5,国外大型变压器实测数据约在 0.3 ~ 0.45 之间,自振频率 f_0 与变压器的参数和结构有关,通常为工频的 10 倍以上,但超高压变压器则只有工频的几倍。显然,当空载励磁电流在幅值处被切断,即 $\alpha = 90°$ 时,过电压倍数达到最大值,此时

$$K = \sqrt{\eta_m \frac{f_0}{f}} \tag{9.10}$$

截流现象通常发生在电流曲线的下降部分,设 I_0 为正值,则相应的 U_0 必为负值。当开关中突然灭弧时,L_T 中的电流 i_L 不能突变,将继续向 C_T 充电,使电容上的电压从 " $-U_0$ "向更大的负值方向增大,如图 9.13 所示。

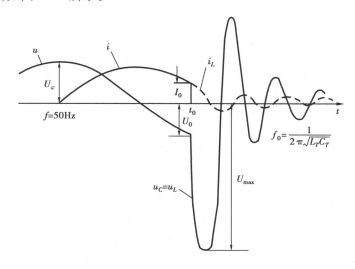

图 9.13 切除空载变压器过电压

9.3.2 影响因素与限制措施

(1)影响因素

从以上分析看出,这种过电压的幅值近似地与切流值 I_0 成正比,而空载电流的切流值与断路器的灭弧性能有关。切断小电流电弧时性能差的断路器(尤其是多油断路器),由于切流能力不强,切除空载变压器时过电压较低,而切除小电流电弧时性能好的断路器(如空气断路器、SF_6 断路器),由于切流能力强,切除空载变压器时过电压较高。另外,当断路器去游离作用不强时(由于灭弧能力差),切流后在断路器触头间可能引起电弧重燃,而这种电弧重燃与切空线时相反,使变压器侧的电容中电场能量向电源释放,从而降低这种过电压。使用相同断路器,即使在相同切流下,当变压器引线电容较大时(如空载变压器带有一段电缆式架空线),这使得等值电容 C_T 加大,从而降低这种过电压。

此外变压器的空载激磁电流 $I_L\left(=\dfrac{U_\varphi}{\omega L_T}\right)$ 或电感 L_T 的大小,对 U_{max} 会有一定的影响。令 I_L 为 i_{LT} 的幅值,如果 $I_L \leqslant I_{0(max)}$,则过电压幅值 U_{max} 将随 I_L 的增大而增高,最大的过电压幅值将出现在 $i_{LT} = I_L$ 时;如果 $I_L > I_{0(max)}$,则最大的 U_{max} 将出现在 $i_L = I_{0(max)}$ 时。空载激磁电流的大小与变压器容量有关,也与变压器铁心所用的导磁材料有关。近年来,随着优质导磁材料的应用日益广泛,变压器激磁电流减小很多;此外,变压器绕组改用纠结式绕法以及增加静电屏蔽等

措施亦使对地电容 C_T 有所增大,使过电压有所降低。

国内外大量实测数据表明:通常它的倍数为 2 ~ 3 倍,有 10% 左右可能超过 3.5 倍,极少数更高达 4.5 ~ 5.0 倍甚至更高。

(2)限制措施

由于这种过电压持续时间短、能量小(要比阀型避雷器允许通过的能量小一个数量级),故可用阀型避雷器加以限制。用来限制切空变过电压的避雷器应接在断路器的变压器侧,否则在切空变时将使变压器失去避雷器的保护。另外,这组避雷器在非雷雨季节也不能退出运行。如果变压器高低压侧电网中性点接地方式一致,那么可不在高压侧而只在低压侧装阀型避雷器,这就比较经济方便。如果高压侧中性点直接接地,而低压侧电网中性点不是直接接地的,则只在变压器低压侧装避雷器时,应装磁吹阀型避雷器或氧化锌避雷器。

在断路器的主触头上并联一线性或非线性电阻,也能有效地降低这种过电压。不过为了发挥足够的阻尼作用和限制激磁电流的作用,其阻值应接近于被切电感的工频激磁阻抗(数万 Ω),故为高值电阻,这对于限制切、合空载线路过电压都显得太大了。

9.4　电弧接地过电压

在中性点绝缘的电网中发生单相金属接地时,将会引起健全相的电压升高到线电压。如果单相接地为不稳定的电弧接地,即接地点的电弧间歇地熄灭和重燃,则在电网健全相和故障相上将会产生很高的过电压,一般把这种过电压称为电弧接地过电压。

通常,这种电弧接地过电压不会使符合标准的良好电气设备的绝缘发生损坏。但是应该看到:在系统中常常有一些弱绝缘的电气设备或设备绝缘在运行中可能急剧下降以及设备绝缘中有某些潜伏性故障在预防性试验中未检查出来等情况,在这些情况下,遇到电弧接地过电压时就可能发生危险。在少数情况下还可能出现对正常绝缘也有危险的高幅值过电压。因为这种过电压波及面较广,单相不稳定电弧接地故障在系统中出现的机会又很多(可能达到65%),且这种过电压一旦发生,持续时间极长(因为在中性点绝缘系统中允许带单相接地运行的时间为 0.5 ~ 2h),因此,电弧接地过电压对中性点绝缘系统的危害性是不容忽视的。

电弧接地过电压的发展与电弧的熄灭时刻有关,通常认为电弧的熄灭有可能在两种情况下发生:空气中的开放性电弧大多在工频电流过零时刻熄灭;油中电弧则常常是在过渡过程中高频振荡电流过零的时刻熄灭。实际上电弧能否熄灭是由电流过零时间隙中抗电强度的恢复和加在间隙上的恢复电压所决定的。为了能很好地阐明这种过电压发展的物理过程,现假定电弧的熄灭是发生在工频电流过零的时刻。

9.4.1　过电压产生的物理过程

为了使分析不致过于复杂,可作如下简化:①略去线间电容的影响;②设各相导线的对地电容均相等,即 $C_1 = C_2 = C_3 = C_0$,设 A 相对地发生电弧接地,以 d 表示故障点发弧间隙。u_A,u_B,u_C 为三相电源电压;u_1,u_2,u_3 为三相线路对地电压,即 C_1,C_2,C_3 上的电压。U_{xg} 为电源相电压幅值。中性点不接地系统的等值电路如图 9.14 所示。

假定在 A 相电压达最大值时 A 相电弧接地,这是过电压最严重的情况。在 A 相电弧接地

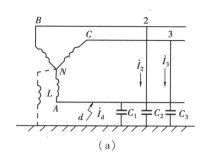
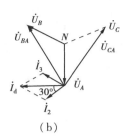

图9.14　单相接地电路图及相量图

（a）电路图；（b）相量图

发弧前瞬间 $t = t_1^-$ 时，$u_1 = U_{xg}$，$u_2 = -0.5U_{xg}$，$u_3 = -0.5U_{xg}$。

在 t_1 瞬间，A 相电弧接地，即图中 d 间隙发弧导通，A 相电容 C_1 上电荷通过间隙电弧泄放入地，其电压 u_1 突降为零。相应 B，C 相电容 C_2，C_3 上电压的幅值从 $-0.5U_{xg}$ 变至 $-1.5U_{xg}$。而 u_2，u_3 电压的这种改变是要通过电源线电压 U_{BA}，U_{CA} 经电源电感对 C_2，C_3 的充电来完成的，这个过程是一个高频振荡过程，也即高频振荡过程结束后 C_2，C_3 上的电压将达到 $-U_{xg}$。对高频振荡过程来说，振荡过程发生前瞬时值为初始值，振荡过程结束后应达到的值为稳定值，在振荡过程中过电压的最大幅值可按下面公式来估算

$$过电压幅值 = 稳态值 + （稳态值 - 初始值）$$

这样在振荡的过渡过程中，C_2，C_3 上出现的过电压幅值如表9.1所示。

表9.1　过电压幅值

	C_2	C_3
振荡过程开始前初始值	$-0.5U_{xg}$	$-0.5U_{xg}$
振荡过程结束后应达到值	$-1.5U_{xg}$	$-1.5U_{xg}$
振荡过程中过电压幅值	$-2.5U_{xg}$	$-2.5U_{xg}$

过渡过程结束后 u_2，u_3 按 u_{BA}，u_{CA} 而变化，如图9.15所示。

当 $t = t_2$ 时，A 相接地电弧第1次熄灭。故障点的电弧电流中包含工频分量 $\dot{I}_B + \dot{I}_C$ 和逐渐衰减的高频分量。假定高频分量过零时不熄灭，而后高频分量衰减至零，电弧电流就是工频电流 $\dot{I}_B + \dot{I}_C$，其相位与 $\dot{U}_A$ 差 $90°$（见图9.14（b））所示。那么经过半个工频周期，在 $t = t_2$ 时，$u_A = -U_{xg}$，$u_B = 0.5U_{xg}$，$u_C = 0.5U_{xg}$。由于 $\dot{U}_A$ 达到负的幅值，所以工频电弧电流过零，电弧第1次熄灭。

在熄弧瞬间 $t = t_2^-$ 时，$u_1 = 0$，$u_2 = 1.5U_{xg}$，$u_3 = 1.5U_{xg}$。熄弧后 B，C 相线路上储有电荷 $q = 2C_0 \times 1.5U_{xg} = 3C_0U_{xg}$，这些电荷无处泄漏，于是在三相对地电容间平均分配，其结果使三相导线对地有一个电压偏移 $U_{xg} = \dfrac{q}{3C_0}$。这样，接地电弧第1次熄灭后，作用在三相导线对地电容上的电压为三相电源电压叠加此偏移电压，即在熄弧后瞬间 $t = t_2^+$ 时，$u_1 = -U_{xg} + U_{xg} = 0$，$u_2 = 0.5U_{xg} + U_{xg} = 1.5U_{xg}$，$u_3 = 0.5U_{xg} + U_{xg} = 1.5U_{xg}$，这样第1次熄弧瞬间 $t = t_2^-$ 时的电压值与 $t = t_2^+$ 时的电压值相同，熄弧后不会引起过渡过程。

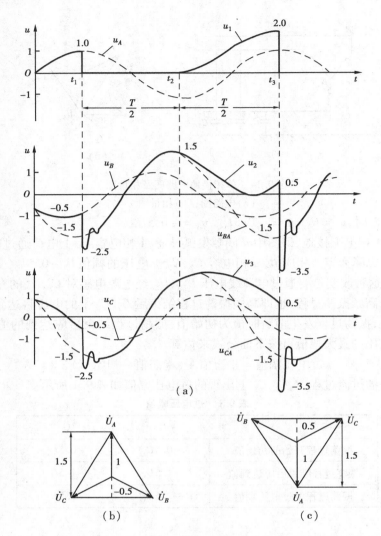

图 9.15 工频电流过零时熄弧的电弧接地过电压发展过程

（a）过电压发展过程；（b）t_1 瞬间电压相量图；（c）t_2 瞬间电压相量图

$$u_A = U_{xg}\sin\omega t; u_B = U_{xg}\sin(\omega t - 120°); u_C = U_{xg}\sin(\omega t + 120°);$$

$$u_{BA} = \sqrt{3}U_{xg}\sin(\omega t - 150°); u_{CA} = \sqrt{3}U_{xg}\sin(\omega t + 150°)$$

当 $t = t_3$ 时电弧重燃。t_2 时熄弧后 A 相对地电压逐渐恢复，再经过半个工频周期，在 $t = t_3$ 时，A 相对地电压幅值达 $2U_{xg}$（见图 9.15）。如果此时再次发生电弧（称电弧重燃），u_1 再次降为零，u_2，u_3 的电压将再次出现振荡。振荡过程中的过电压幅值如表 9.2 所示。

以后发生的隔半个工频周期的熄弧与再隔半个周期的电弧重燃，过渡过程与上面完全重复，且过电压幅值也与之相同。从以上分析可看到，中性点不接地系统发生间歇性电弧接地时，非故障相上过电压为 3.5 倍，而故障相上的最大过电压为 2.0 倍。

表 9.2　振荡过程中的过电压幅值

	C_2	C_3
振荡过程开始前初始值	$0.5U_{xg}$	$0.5U_{xg}$
振荡过程结束后应达到值	$-1.5U_{xg}$	$-1.5U_{xg}$
振荡过程中过电压幅值	$-3.5U_{xg}$	$-3.5U_{xg}$

　　长期以来的试验和研究表明:工频过零熄弧与振荡高频过零熄弧都是可能的;故障相的电弧重燃也不一定在最大恢复电压值时发生,并具有很大的分散性。因而间歇电弧接地过电压也具有很强烈的随机统计性质,目前普遍认为,间歇电弧接地过电压的最大值不超过 3.5 倍,一般在 3 倍以下。

9.4.2　影响过电压的因素

　　影响间歇电弧接地过电压的大小因素主要有:

　　1)电弧熄灭与重燃时的相位。这种因素有很大的随机性。上述分析得到 3.5 倍过电压的熄灭和重燃时的相位是最严重情况时的相位。

　　2)系统的相关参数。如考虑线间电容时比不考虑线间电容时在同样情况下的这种过电压要低。原因在于线间电容的存在将使振荡开始前的初始值增高,使与振荡过程结束后应到达值之间的差值减小,故过电压幅值将降低。还有,在振荡过程中过电压幅值的估算值由于实际线路的损耗也达不到此数值。

　　3)中性点接地方式。间歇电弧接地过电压仅存在于中性点不接地系统中。若将中性点直接接地,一旦发生单相接地,就是单相对地短路,接地点将流过很大的短路电流,断路器跳闸将切断电源,从而彻底消除电弧接地过电压。这样,操作次数增多,并由此增加许多设备,又影响供电的连续性,所以在单相接地故障较为频繁的低电压等级(35kV 及以下)的系统中仍不采用中性点直接接地。在中性点不接地系统中限制电弧接地过电压的有效措施是中性点经消弧线圈接地。

9.4.3　消弧线圈及其对限制电弧接地过电压的作用

　　消弧线圈是一个铁心有气隙的电感线圈,其伏安特性相对来说不易饱和。消弧线圈接在中性点与地之间。现来分析消弧线圈的作用。在原中性点不接地系统的中性点与地之间接上一消弧线圈 L,如图 9.16(a)所示。同样假设 A 相发生电弧接地。A 相接地后,流过接地点的电弧电流除了原先的非故障相通过对地电容 C_2,C_3 的电容电流相量和$(\dot{I}_B + \dot{I}_C)$之外,还包括流过消弧线圈 L 的电流 $\dot{I}_L$(A 相接地后,消弧线圈上的电压即为 A 相电源电压),根据图 9.16(b)所示的相量图分析,$\dot{I}_L$ 与$(\dot{I}_B + \dot{I}_C)$相位相反,所以适当选择消弧线圈的电感 L 值,亦即适当选择电感电流 $\dot{I}_L$ 的值,可使得接地电流 $\dot{I}_d = \dot{I}_L + (\dot{I}_B + \dot{I}_C)$ 的数值(称经消弧线圈补偿后的残流)足够小,使接地电弧很快熄灭,且不易重燃,从而限制了间歇电弧接地过电压。

　　通常把消弧线圈电感电流补偿系统对对地电容电流的百分数称为消弧线圈的补偿度,用 K 表示;而将 $1-K$ 称为脱谐度,用 ν 表示,即

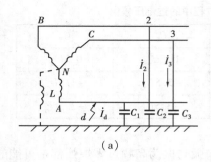
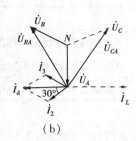

图 9.16 中性点经消弧线圈接地后的电路图及相量图

(a)电路图;(b)相量图

$$K = \frac{I_L}{I_C} = \frac{U_{xg}/\omega L}{\omega(C_1 + C_2 + C_3)U_{xg}} =$$

$$1/\omega^2 L(C_1 + C_2 + C_3) =$$

$$\frac{\left(1/\sqrt{L(C_1 + C_2 + C_3)}\right)^2}{\omega^2} = \frac{\omega_0^2}{\omega^2} \tag{9.11}$$

$$\omega_0 = \frac{1}{\sqrt{L(C_1 + C_2 + C_3)}} \tag{9.12}$$

式中 ω_0 ——电路中的自振角频率。

$$\nu = 1 - K = 1 - \frac{I_L}{I_C} = \frac{I_C - I_L}{I_C} = 1 - \frac{\omega_0^2}{\omega^2} \tag{9.13}$$

根据补偿度(或脱谐度)的不同,消弧线圈可以处于 3 种不同的运行状态:

1)欠补偿。$I_L < I_C$,$\omega L > 1/[\omega(C_1 + C_2 + C_3)]$,表示消弧线圈的电感电流不足以完全补偿电容电流,此时故障点流过的电流(残流)为容性电流。欠补偿时 $K < 1$,$\nu > 0$。

2)全补偿。$I_L = I_C$,$\omega L = 1/[\omega(C_1 + C_2 + C_3)]$,表示消弧线圈的电感电流恰好完全补偿电容电流。此时消弧线圈与并联后的三相对地电容处于并联谐振状态,流过故障点的电流(残流)为非常小的电阻性泄漏电流。全补偿时 $K = 1$,$\nu = 0$。

3)过补偿。$I_L > I_C$,$\omega L < 1/[\omega(C_1 + C_2 + C_3)]$,此时流过故障点的电流(残流)为感性电流。过补偿时,$K > 1$,$\nu < 0$。

消弧线圈的脱谐度不能太大(对应补偿度不能太小)。脱谐度太大时,故障点流过的残流增大,且故障点恢复电压增长速度快,不利于熄弧。脱谐度愈小,故障点恢复电压增长速度减小,电弧容易熄灭。但脱谐度也不能太小,当 $\nu \rightarrow 0$ 时,在正常运行时,中性点将发生很大的位移电压。其理由如下:如图 9.16 所示的电路,略去三相对地电导 g_1,g_2,g_3 以及消弧线圈的电导时,可以写出接有消弧线圈时的中性点位移电压 $\dot{U}_N$ 为

$$\dot{U}_N = -\frac{\dot{U}_A Y_A + \dot{U}_B Y_B + \dot{U}_C Y_C}{Y_A + Y_B + Y_C + Y_N} \tag{9.14}$$

将 $Y_A = j\omega C_1$,$Y_B = j\omega C_2$,$Y_C = j\omega C_3$,$Y_N = \dfrac{1}{j\omega L}$代入得

$$\dot{U}_N = - \frac{\dot{U}_A C_1 + \dot{U}_B C_2 + \dot{U}_C C_3}{(C_1 + C_2 + C_3) - \dfrac{1}{\omega^2 L}} \tag{9.15}$$

当消弧线圈的脱谐度 $\nu = 0$ 时,$\omega = \omega_0$,即

$$\omega = 1 / \sqrt{L(C_1 + C_2 + C_3)}$$

$$\omega^2 = 1 / [L(C_1 + C_2 + C_3)]$$

$$C_1 + C_2 + C_3 = \frac{1}{\omega^2 L} \tag{9.16}$$

又由于 $C_1 \neq C_2 \neq C_3$,所以使得式(9.15)中分子不为零,而分母接近零,从而中性点位移电压将达到很高数值。

为了避免危险的中性点电压升高,最好使三相对地电容对称。因此在电网中要进行线路换位。但实际上对地电容电流受各种因素影响是变化的,且线路数目也会有所增减,很难做到各相电容完全相等,为此要求消弧线圈不能处于全补偿工作状态。

通常消弧线圈采用过补偿 5% ~ 10%(即 $\nu = -0.05 \sim -0.1$)。之所以采用过补偿是因为电网发展过程中可以逐渐发展成为欠补偿运行,不致于像欠补偿那样因为电网的发展而导致脱谐度过大,失去消弧作用。其次若采用欠补偿,在运行中部分线路可能退出运行,可能形成全补偿,产生较大的中性点电压偏移,有可能引起零序网络中产生严重的铁磁谐振过电压。

关于消弧线圈的应用场合,我国标准(中国电力行业标准 DL/T620—1997:交流电气装置的过电压保护和绝缘配合)有如下规定:

1)对于 35kV 和 66kV 系统,如单相接地电容电流不超过 10A 时,中性点可采用不接地方式;如 $I_C > 10A$ 时,应采用经消弧线圈接地方式;

2)对于不直接与发电机连接的 3 ~ 10kV 系统,I_C 的容许值如下:

①由钢筋混凝土或金属杆塔的架空线路构成者:10A;

②由非钢筋混凝土或非金属杆塔的架空线路构成者:3kV,6kV—30A,10kV—20A;

③由电缆线路构成者:30A。

3)对于与发电机直接连接的 3 ~ 20kV 系统,如 I_C 不超过表 9.3 所示容许值,其中性点可采用不接地方式;如超过容许值,应采用消弧线圈接地方式。

表9.3 接有发电机的系统电容电流容许值

发电机额定电压/kV	发电机额定容量/MW	I_C 容许值/A
6.3	≤50	4
10.5	50 ~ 100	3
13.8 ~ 15.75	125 ~ 200	2(非氢冷)
		2.5(氢冷)
18 ~ 20	≥300	1

中性点经消弧线圈接地后,在大多数情况下能迅速消除单相的接地电弧而不破坏电网的正常运行,接地电弧一般不重燃,从而把单相电弧接地过电压限制到不超过 $2.5U_{xg}$ 的数值。很

明显,在很多单相瞬时接地故障的情况下(如多雷地区,大风地区等),采用消弧线圈可以看做是提高供电可靠性的有力措施。但是,消弧线圈的阻抗较大,既不能释放线路上的残余电荷,也不能降低过电压的稳态分量,因而对其他形式的操作过电压不起作用。并且,在高压电网中有功泄漏电流分量较大,消弧线圈对故障点电容电流的补偿作用也就被削弱了。消弧线圈使用不当时还会引起某些谐振过电压。所以这就限制了它在较高电压等级电网中的使用。

复习思考题

9.1 切除空载线路和切除空载变压器时为什么能产生过电压? 断路器中电弧的重燃对这两种过电压有什么影响?

9.2 断路器的并联电阻为什么可以限制空载分、合闸过电压? 它们对并联电阻值的要求是否一致?

9.3 利用避雷器限制操作过电压时,对避雷器有什么特殊要求? 为什么普通避雷器只能用来限制切除空载变压器过电压。

9.4 在分析电弧接地过电压中,若电弧不是在工频电流过零时熄灭,而是在高频电流过零时刻熄灭,过电压发展的过程如何?

9.5 运行经验证明,如电网装有补偿功率因数的电容器(它们是接成△的,即接于线间),则电弧接地过电压大大降低,何故? 试加以分析?

9.6 1 台 220kV、120MVA 的三相电力变压器,其空载激磁电流 I_0 等于额定电流 I_n 的 2%,高压绕组每相对地电容 $C = 5\,000\text{pF}$。求切除这样一台空载变压器时可能引起的最大过电压极限值及倍数(提示:最大可能截流值为空载激磁电流的幅值 I_{0m})。

第 **10** 章
电力系统绝缘配合

随着电力系统电压等级的提高,正确解决电力系统的绝缘配合问题显得越来越重要。为了处理好这个问题,需要很好地掌握电介质和各种绝缘结构的电气强度、电力系统中的过电压及其防护装置的特性等方面的知识,甚至涉及电力系统的设计运行、故障分析和事故处理。它是电力系统中涉及面最广的综合性科学技术课题之一。

10.1　系统中性点接地方式及其对绝缘水平的影响

电力系统中性点接地方式是一个很广的综合性技术课题,它对电力系统的供电可靠性、过电压与绝缘配合,继电保护,通信干扰,系统稳定等方面都有很大的影响。通常将电力系统中性点接地方式分为非有效接地($\frac{x_0}{x} > 3, \frac{r_0}{x_1} > 1$;包括不接地、经消弧线圈接地等)和有效接地($\frac{x_0}{x_1} \leqslant 3, \frac{r_0}{x_1} \leqslant 1$;包括直接接地等)两大类。中性点接地方式不同,系统的过电压水平和绝缘水平会有很大的差别。

10.1.1　最大长期工作电压

在非有效接地系统中,由于单相接地故障时不必立即跳闸,可以继续带故障运行一段时间(一般不大于 2 小时),这时健全相上的工作电压升高到线电压,再考虑最大工作电压可比额定电压 U_e 高 10% ~ 15%,可见其最大长期工作电压为 $(1.1 ~ 1.15)U_e$。

在有效接地系统中,最大长期工作电压仅为 $(1.1 ~ 1.15)\frac{U_e}{\sqrt{3}}$。

10.1.2　雷电过电压

不考虑原有的雷电过电压波幅值有多大,实际作用到绝缘上的雷电过电压幅值均取决于阀型避雷器的保护水平。由于阀型避雷器的灭弧电压是按最大长期工作电压选定的,因而有效接地系统中所用避雷器的灭弧电压较低,相应的火花间隙数和阀片数较少,冲击放电电压和残压也较低,因而可减小避雷器结构的尺寸,一般约比同一电压等级、中性点为非有效接地系统中的避雷器小20%左右。

10.1.3 内部过电压

在有效接地系统中,内部过电压是在相电压的基础上发生和发展的,而在非有效接地系统中,则有可能在线电压的基础上发生和发展,因而前者也要比后者低20%~30%。

综合以上3方面的原因,中性点有效接地系统的绝缘水平可比非有效接地系统低20%左右。高压和超高压系统之所以采用中性点有效接地的方式正是基于这个优点,因为这些系统中绝缘费用占很大比重,采用中性点有效接地,可以大大降低设备造价。但在电压等级较低的系统中这一优点就不突出了,相反,中性点有效接地方式的缺点成了问题的主要方面。中性点有效接地的缺点是:

①在3~60kV电网中,单相接地比重很大,若采用中性点有效接地,则一旦接地即形成很大的单相短路电流,线路立即跳闸,不但给断路器造成严重的负担,也造成突然停电,供电可靠性不如非有效接地系统;

②中性点有效接地系统的接地短路电流的电磁感应作用很强,会在附近的通讯线路上产生很危险的感应电压造成对设备或人身的危害;

③中性点有效接地系统单相短路时故障电流很大,会产生很大的电动力,可能造成母线或电器设备的机械损坏。

以上所述的优缺点,决定了不同电压等级系统采取不同的中性点接地方式,以便既保证系统运行的可靠又保证一定的经济性。在110kV及以上的系统中,绝缘费用在总建设费用中所占比重较大,因而采用有效接地方式以降低系统绝缘水平在经济上有很大好处,成为选择中性点接地方式时的首要因素,而供电可靠性差的问题可用其他措施解决(如架设避雷线、装设自动重合闸等);在66kV及以下的系统中,绝缘费用所占比重不大,降低绝缘水平在经济上的好处不明显,因而供电可靠性上升为首要考虑因素,一般均采用中性点非有效接地方式(不接地或经消弧线圈接地)。不过,6~35kV配电网往往发展很快,采用电缆的比重也不断增加,且运行方式经常变化,给消弧线圈的调谐带来困难,并易引发多相短路。故近年来有些以电缆网络为主的6~10kV大城市或大型企业配电网不再像过去那样一律采用非有效接地的方式,有一部分改用了中性点经低值或中值电阻接地的方式,它们属于有效接地系统,发生单相接地故障时立即跳闸。

10.2 绝缘配合的原则和方法

电力系统绝缘配合的根本任务是:正确处理过电压与绝缘这一对矛盾,以达到优质、安全、经济供电的目的。更具体地说是:绝缘配合就是根据电气设备在系统中可能承受的各种电压,并考虑过电压的限制措施和设备的绝缘性能后来确定电气设备的绝缘水平(绝缘耐受强度),以便把作用于电气设备上的各种电压(正常工作电压及过电压)所引起的绝缘损坏降低到经济上和运行上所能接受的水平。

绝缘配合不光要在技术上处理好各种电压、各种限压措施和设备绝缘耐受能力三者之间的配合关系,还要在经济上协调好投资费用、维护费用和事故损失费用等三者之间的关系。同时,因为系统中可能出现的各种过电压与电网结构、地区气象和污秽条件等密切相关,并具有随机性;而电气设备的绝缘性能以及限压和保护设备的性能也有随机性,因此绝缘配合是一个相当复杂的问题,不可孤立地、简单地根据某一情况作出决定。

绝缘配合的核心问题是确定各种电气设备的绝缘水平,它是绝缘设计的首要前提,往往以各种耐压试验所用的试验电压值来表示。由于任何一种电气设备在运行中都不是孤立存在的,首先电气设备一定和某些过电压保护装置一起运行并接受它们的保护;其次是各种电气设备绝缘之间,甚至各种保护装置之间在运行中都是互有影响的,所以在选择绝缘水平时,须要考虑的因素很多,须要协调的关系很复杂。实际上绝缘水平是由长期最大工作电压、大气过电压及内部过电压三因素中最严格的一个来决定的。由于不同电压等级系统中过电压情况的不同,上述决定的考虑也是不同的。在 220kV 及以下系统中,要求把大气过电压限制到低于内部过电压的数值是不经济的,因此在这些系统中,电气设备的绝缘水平主要由大气过电压来决定。也就是说,220kV 及以下系统中具有正常绝缘水平的电力设备,应能承受内部过电压的作用。在超高压系统中,操作过电压的幅值随电压等级而提高,逐渐变为主要矛盾。但是,过电压的数值与防护措施有关,各个国家的做法不同,绝缘配合的出发点也就不同。我国对超高压系统中内过电压保护原则主要是通过改进断路器性能(如采用带并联电阻开关)将操作过电压限制在一定水平,通过并联电抗器将工频过电压限制在一定水平,然后以避雷器作为内过电压的后备保护。这样不至于在内过电压下出现频繁的动作(因为内过电压出现频率大大超过大气过电压出现频率),正由于内过电压被限制在一定的水平内,所以,系统绝缘水平仍以大气过电压来决定(以大气过电压下避雷器残压为基准)。

在污秽地区的电网,由于受污秽的影响,设备的绝缘性能将大大降低,污闪事故常常发生在恶劣气象条件时的正常工作电压下,污闪事故时间较长,波及面广,危害性大,近年来的统计表明,污闪事故的损失超过了雷害事故的损失,因此严重污秽地区的电网外绝缘水平又主要由系统最大运行电压所决定。

还应该指出,随着电网额定电压的提高和限压措施的不断完善,若过电压被限制到 $1.7 \sim 1.8$ 倍 U_{xg} 或更低时,工作电压就可能成为决定电网绝缘水平的主要因素。

所谓某一电压等级电气设备的绝缘水平,就是指该设备可以承受(不发生闪络、击穿或其他损坏)的试验电压标准。这些试验电压标准在各国的国家标准中都有明确的规定。考虑到电气设备在运行时要承受运行电压、工频过电压、大气过电压及内部过电压的作用,在试验电压标准中分别规定了各种电气设备绝缘的工频试验电压(1min)(对外绝缘还规定了干闪和湿闪电压)、雷电冲击试验电压和操作冲击试验电压。考虑到在运行电压和工频过电压作用下绝缘的老化和外绝缘的污秽性能,还规定了某些设备的长时间工频试验电压。

对 220kV 及以下电压等级的电气设备,往往用 1min 工频耐压试验代替雷电冲击与操作冲击耐压试验。之所以能用 1min 工频试验电压来等值代替操作过电压及大气过电压的作用,是因为:

1)工频试验电压作用时间长,对设备的考核更严格;

2)试验方便;

3)工频耐压试验电压值是按以下程序确定的:

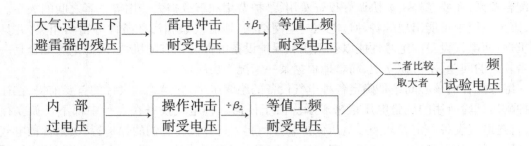

其中 β_1 为雷电冲击系数(=雷电冲击耐受电压/等值工频耐受电压);β_2 为操作冲击系数(= 操作冲击耐受电压/等值工频耐受电压)。

这样,工频试验电压实际上代表了绝缘对内、外过电压的总耐受水平。一般除了型式试验要进行冲击耐压试验外,只要能通过工频耐压试验就认为在运行中遇到内外过电压都能保证安全。

必须指出,对超高压电气设备而言,普遍认为用工频耐压试验代替操作冲击耐压试验是不恰当的。首先,对超高电压等级,用 1min 工频试验电压代替操作过电压对绝缘可能要求过高,且二者等价性不能确切肯定;其次,操作波对绝缘的作用有其特殊性,在绝缘内部的电压分布与在工频电压下时各不相同。因此,对超高压电气设备还规定了操作波试验电压。

为了决定电气设备的绝缘水平而进行的绝缘配合的方法有以下几种。

10.2.1　惯用法

到目前为止,惯用法仍是采用得最广泛的绝缘配合方法,除了在 330kV 及以上的超高压线路绝缘(均为自恢复绝缘)的设计中采用统计法以外,在其他情况下主要采用的仍均为惯用法。

惯用法的基本配合原则是各种绝缘都接受避雷器的保护,即确定电气设备绝缘水平的基础是避雷器的保护水平,我国和国际标准都规定以残压 U_r、标准雷电冲击(1.2/50μs)放电电压 $u_{b(i)}$ 及陡波放电电压 u_{st} 除以 1.15 后所得电压值三者中的最大值作为该避雷器的保护水平 $u_{p(i)} = \max[u_r, u_{b(i)}, u_{st}/1.15]$,它就是避雷器上可能出现的最大电压,如果再考虑设备安装点与避雷器间的电气距离所引起的电压差值、绝缘老化所引起的电气强度下降、避雷器保护性能在运行中逐渐劣化、冲击电压下击穿电压的分散性、必要的安全裕度等因素而在保护水平上再乘以一个配合系数,即可得出应有的绝缘水平。

10.2.2　统计法

随着超高压输电技术的发展,降低绝缘水平的经济效益越来越显著。在惯用法中,以绝缘的电气强度下限(最小耐压值)与过电压的上限(最大过电压值)作配合,还要留出足够大的安全裕度。实际上,过电压和绝缘的电气强度都是随机变量,无法严格地求出它们的上、下限,而且根据经验选定的安全裕度(配合系数或称惯用安全因数)带有一定的随意性。这些作法从经济的视角去看,特别是对超、特高压输电系统来说,是不能容许的、不合理的。要求绝缘在过电压的作用下不发生闪络或击穿是要付出代价的(改进过电压保护措施和提高绝缘水平),因而要和绝缘故障所带来的经济损失综合起来考虑,方能得出合理的结论。以综合经济指标来衡量,容许有一定的绝缘故障率反而较为合理。

由于上述种种原因,从 20 世纪 60 年代起,国际上开始探索新的绝缘配合思路,并逐渐形成"统计法",IEC 于 70 年代初期对此作出正式推荐,目前已在一些国家采用于超高压外绝缘的设计中。

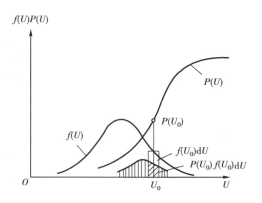

图 10.1　绝缘故障率的估算

采用统计法作绝缘配合的前提是充分掌握作为随机变量的各种过电压和各种绝缘电气强度的统计特性(概率密度、分布函数等)。

设过电压幅值的概率密度函数为 $f(U)$,绝缘的击穿(或闪络)概率函数为 $P(U)$,且 $f(U)$ 与 $P(U)$ 互不相关,如图 10.1 所示。

$f(U_0)\mathrm{d}U$ 为过电压在 U_0 附近的 $\mathrm{d}U$ 范围内出现的概率,而 $P(U_0)$ 为在过电压 U_0 的作用下绝缘的击穿概率。由于它们是相互独立的,所以由概率积分的计算公式可写出出现这样高的过电压并使绝缘发生击穿的概率为

$$P(U_0)f(U_0)\mathrm{d}U = \mathrm{d}R \tag{10.1}$$

上式中的 $\mathrm{d}R$ 称为微分故障率,即图 10.1 中有斜线阴影的那一小块面积。

我们在统计电力系统中的过电压时,一般只按绝对值的大小,而不分极性(可以认为正、负极性约各占一半)。根据定义可知过电压幅值分布范围应为 $U_\varphi \sim \infty$(U_φ 为最大工作相电压幅值),因而绝缘故障率

$$R = \int_{U_\varphi}^{\infty} P(U)f(U)\mathrm{d}U \tag{10.2}$$

即图 10.1 中的阴影部分总面积。它就是该绝缘在过电压作用下被击穿(或闪络)而引起故障的概率。

如果提高绝缘的电气强度,图 10.1 中的 $P(U)$ 曲线向右移动,阴影部分的面积缩小,绝缘故障率降低,但设备投资将增大。可见采用统计法,我们就能按需要对某些因素作调整,例如根据优化总经济指标的要求,在绝缘费用与事故损失之间进行协调,在满足预定的绝缘故障率的前提下,选择合理的绝缘水平。

利用统计法进行绝缘配合时,安全裕度不再是一个带有随意性的量值,而是一个与绝缘故障率相联系的变数。

不难看出,在实际工程中采用上述统计法来进行绝缘配合,是相当繁复和困难的。为此 IEC 又推荐了一种"简化统计法",以利实际应用。

在简化统计法中,对过电压和绝缘电气强度的统计规律作了某些假设,例如假定它们均遵循正态分布,并已知他们的标准偏差。这样一来,它们的概率分布曲线就可以用与某一参考概率相对应的点来表示,分别称为"统计过电压 U_s"(参考累积概率取 2%)和"统计绝缘耐压 U_w"(参考耐受概率取 90%,亦即击穿概率为 10%)。它们之间也由一个称为"统计安全因数 K_s"的系数联系着

$$K_s = \frac{U_W}{U_s} \tag{10.3}$$

在过电压保持不变的情况下,如提高绝缘水平,其统计绝缘耐压和统计安全因数均相应增大、绝缘故障率减小。

式(10.7)的表达形式与惯用法十分相似,可以认为:简化统计法实质上是利用有关参数的概率统计特性,但沿用惯用法计算程序的一种混合型绝缘配合方法。把这种方法应用到概率特性为已知的自恢复绝缘上,就能计算出在不同的统计安全因数 K_s 下的绝缘故障率 R,这对于评估系统运行可靠性是重要的。

不难看出,要得出非自恢复绝缘击穿电压的概率分布是非常困难的,因为一件被试品只能提供一个数据,代价太大了。所以时至今日,在各种电压等级的非自恢复绝缘的绝缘配合中均仍采用惯用法;对降低绝缘水平的经济效益不很显著的220kV及以下的自恢复绝缘亦均采用惯用法;只有对330kV及以上的超高压自恢复绝缘(例如线路绝缘),才有采用简化统计法进行绝缘配合的工程实例。

10.3 变电所电气设备绝缘水平的确定

电气设备包括电机、变压器、电抗器、断路器、互感器等,这些设备的绝缘可分为内绝缘和外绝缘两部分。内绝缘是指密封在箱体内的部分,它们与大气隔离,其耐受电压值基本上与大气条件无关。但应注意内绝缘中所使用的固体绝缘,在过电压的多次作用下会出现累积效应而使绝缘强度下降,故在决定其绝缘水平时须留有裕度。外绝缘指暴露于空气中的绝缘(如套管表面),其耐受电压与大气条件有很大的关系。

变电所内电气设备的绝缘水平与保护设备的性能、接线方式和保护配合原则有关。避雷器对电气设备的保护可以有两种方式:

1)避雷器只用来保护大气过电压而不用来保护内部过电压。我国对220kV及以下电压等级的系统采用这种方式。在这些系统中,内过电压对正常绝缘无危险,避雷器在内过电压下不动作。

2)避雷器主要用来保护大气过电压,但也用作内过电压的后备保护。我国对超高压系统采用这种方式。在这些系统中,依靠改进断路器的性能(如断口并联电阻)将内过电压限制到一定水平,在内过电压作用下,避雷器一般不动作,只在极少数情况下,内过电压值超过既定的水平时,避雷器才动作。

由于220kV(其最大工作电压为252kV)及以下电压等级(高压)和220kV以上电压等级(超高压)电力系统在过电压保护措施、绝缘耐压试验项目、最大工作电压倍数、绝缘裕度取值等方面都存在差异,所以在作绝缘配合时,将它们分成如下两个电压范围(以系统的最大工作电压 U_m 来表示):

范围Ⅰ:$3.5kV \leqslant U_m \leqslant 252kV$;

范围Ⅱ:$U_m > 252kV$。

10.3.1 雷电过电压下的绝缘配合

电气设备在雷电过电压下的绝缘水平通常用它们的基本冲击绝缘水平(BIL)来表示(有时亦称为额定雷电冲击耐压水平),它可由下式求得:

$$BIL = K_1 U_{P(i)} \tag{10.4}$$

式中 $U_{P(i)}$ 为阀型避雷器在雷电过电压下的保护水平(kV),通常往往简化为以配合电流下的残压 U_r 作为保护水平。

K_1 为雷电过电压的配合系数,其值处于 $1.2 \sim 1.4$ 的范围内。国际电工委员会 IEC 规定 $K_1 \geq 1.2$,而我国根据自己的传统与经验,规定在电气设备与避雷器相距很近时取 1.25,相距较远时取 1.4,即

$$BIL = (1.25 \sim 1.4) U_r \tag{10.5}$$

10.3.2　操作过电压下的绝缘配合

在按内部过电压作绝缘配合时,通常不考虑谐振过电压,因为在系统设计和选择运行方式时均应设法避免谐振过电压的出现;此外,也不单独考虑工频电压升高,而把它的影响包括在最大长期工作电压内。这样一来,就归结为操作过电压下的绝缘配合了。

这时要分为两种不同的情况来讨论:

1)变电所内所装的阀型避雷器只用作雷电过电压的保护;对于内部过电压,避雷器不动作以免损坏,但依靠别的降压或限压措施(例如改进断路器的性能等)加以抑制,而绝缘本身应耐受可能出现的内部过电压。

我国标准对范围 I 的各级系统所推荐的操作过电压计算倍数 K_0 如表 10.1 所示。

表 10.1　操作过电压的计算倍数

系统额定电压/kV	中性点接地方式	相对地操作过电压计算倍数
66kV 及以下	非有效接地	4.0
35kV 及以下	有效接地(经小电阻)	3.2
110 ~ 220kV	有效接地	3.0

对于这一类变电所中的电气设备来说,其操作冲击绝缘水平(SIL)(有时亦称额定操作冲击耐压水平)可按下式求得

$$SIL = K_S K_0 U_\varphi \tag{10.6}$$

式中 K_S 为操作过电压下的配合系数。

2)对于范围 II(EHV)的电力系统,过去虽然也分别采用过以下的操作过电压计算倍数:

330kV:2.75 倍

500kV:2.0 或 2.2 倍

但目前由于普遍采用氧化锌或磁吹避雷器来同时限制雷电与操作过电压,故不再采用上述计算倍数,因为这时的最大操作过电压幅值将取决于避雷器在操作过电压下的保护水平 $U_{P(s)}$。对于 ZnO 避雷器,它等于规定的操作冲击电流下的残压值;而对于磁吹避雷器,它等于下面两个电压中的较大者:①在 250/2 500μs 标准操作冲击电压下的放电电压;②规定的操作冲击电流下的残压值。

对于这一类变电所的电气设备来说,其操作冲击绝缘水平应按下式计算:

$$SIL = K_S U_{P(s)} \quad\quad\quad (10.7)$$

式中操作过电压下的配合系数 $K_S = 1.15 \sim 1.25$，操作冲击配合系数 K_S 较雷电冲击配合系数 K_1 为小，主要是因为操作波的波前陡度远较雷电波为小，被保护设备与避雷器之间的电气距离所引起的电压差值很小，可以忽略不计。

10.3.3　工频绝缘水平的确定

为了检验电气设备绝缘是否达到了以上所确定的 BIL 和 SIL，应进行雷电冲击和操作冲击耐压试验。对于 330kV 及以上的超高压电气设备来说，这样的试验是完全必需的，但对于 220kV 及以下的高压电气设备来说，应该设法用比较简单的高压试验去等效地检验绝缘耐受雷电冲击电压和操作冲击电压的能力。目前对 220kV 及以下电压等级的电气设备，往往用 1 分钟工频耐压试验代替雷电冲击与操作冲击耐压试验（前已叙及）。由此可知，凡是合格通过工频耐压试验的设备绝缘在雷电和操作过电压作用下均能可靠运行。尽管如此，为了更加可靠和直观，国际电工委员会仍作如下规定：

（1）对于 300kV 以下的电气设备

1）绝缘在工频工作电压、暂时过电压和操作过电压下的性能用短时（1min）工频耐压来检验；

2）绝缘在雷电过电压下的性能用雷电冲击耐压试验来检验。

（2）对于 300kV 及以上的电气设备

1）绝缘在操作过电压下的性能用操作冲击耐压试验来检验；

2）绝缘在雷电过电压下的性能用雷电冲击耐压试验来检验。

10.3.4　长时间工频高压试验

当内绝缘的老化和外绝缘的染污对绝缘在工频工作电压和过电压下的性能有影响时，尚须作长时间工频高压试验。

显然，由于试验的目的不同，长时间工频高压试验时所加的试验电压值和加压时间均与短时工频耐压不同。

按照上述惯用法的计算，根据我国的电气设备制造水平，结合我国电力系统的运行经验，并参考 IEC 推荐的绝缘配合标准，我国国家标准 GB311.1—83 中对各种电压等级电气设备以耐压值表示的绝缘水平作出如表 10.2 所示的规定。

下面须作一些说明：

1）对 3～15kV 的设备给出了绝缘水平的两个系列，即系列Ⅰ和系列Ⅱ。系列Ⅰ适用于下列场合：①在不接到架空线的系统和工业装置中，系统中性点经消弧线圈接地，且在特定系统中安装适当的过电压保护装置；②在经变压器接到架空线上的系统和工业装置中，变压器低压侧的电缆每相对地电容至少有 $0.05\mu F$，如不足此数，应尽量靠近变压器接线端增设附加电容器，使每相总电容达到 $0.05\mu F$，并应用适当的避雷器保护。在所有其他场合，或要求很大的安全裕度时，均采用系列Ⅱ。

2）对 220～500kV 的设备，给出了两种基准绝缘水平，由用户根据电网特点和过电压保护装置的性能等具体情况加以选用，制造厂按用户要求提供产品。

表 10.2 3 ~ 500kV 输变电设备的基准绝缘水平

额定电压	最高工作电压	额定操作冲击耐受电压		额定雷电冲击耐受电压		额定短时工频耐受电压	
有效值/kV		峰值/kV	相对地过电压,标么值	峰值/kV		有效值/kV	
				I	II	I	II
3	3.5	—	—	20	40	10	18
6	6.9	—	—	40	60	20	23
10	11.5	—	—	60	75	28	30
15	17.5	—	—	75	105	38	40
20	23.0	—	—		125	—	50
35	40.5	—	—	—	185/200*	—	80
63	69.0	—	—		325	—	140
110	126.0	—	—	—	450/480*	—	185
220	252.0	—	—		850		360
		—	—		950		395
330	363.0	850	2.85		1 050	—	(460)
		950	3.19	—	1 175	—	(510)
500	550.0	1 050	2.34		1 425	—	(630)
		1 175	2.62	—	1 550	—	(680)

注:1. 用于 15kV 及 20kV 电压等级的发电机回路的设备,其额定短时工频耐受电压一般提高 1 ~ 2 级。

2. 对于额定短时工频耐受电压,干试和湿试选用同一数值,括号内数值为 330 ~ 500kV 设备额定短时工频耐受电压,供参考。

* 仅用于变压器类设备的内绝缘。

10.4 架空输电线路绝缘水平的确定

线路绝缘所处的情况与变电所内的电气设备不同。线路上发生的事故主要是绝缘子串的沿面放电和导线对杆塔或线与线间空气间隙的击穿。在确定线路绝缘水平时,就是要确定线路绝缘子串的长度和确定线间及导线与杆塔之间的空气间隙的距离。虽然架空线路上这两种绝缘都属于自恢复绝缘,但除了某些 500kV 线路采用简化统计法作绝缘配合外,其余 500kV 以下线路至今大多仍采用惯用法进行绝缘配合。

10.4.1 绝缘子串的选择

线路绝缘子串应满足 3 方面的要求:

1)在工作电压下不发生污闪;

2)在操作过电压下不发生湿闪;

3)具有足够的雷电冲击绝缘水平,能保证线路的耐雷水平与雷击跳闸率满足规程要求。

通常按下列顺序进行选择:①根据机械负荷和环境条件选定所用悬式绝缘子的型号;②按工作电压所要求的泄漏距离选择串中片数;③按操作过电压的要求计算应有的片数;④按上面②③所得片数中的较大者,检验该线路的耐雷水平与雷击跳闸率是否符合规程要求。

(1)按工作电压要求

为了防止绝缘子串在工作电压下发生污闪事故,绝缘子串应有足够的沿面爬电距离。我国多年来的运行经验证明,线路的闪络率[次/(100km·年)]与该线路的爬电比距 λ 密切相关,如果根据线路所在地区的污秽等级按表10.3中的数据选定 λ 值,就能保证必要的运行可靠性。

表10.3　各污秽等级所要求的爬电比距值 λ

污秽等级	爬 电 比 距/cm·kV^{-1}			
	线 路		发电厂、变电所	
	220kV 及以下	330kV 及以上	220kV 及以下	330kV 及以上
O	1.39 (1.60)	1.45 (1.60)	—	—
I	1.39 ~ 1.74 (1.60 ~ 2.00)	1.45 ~ 1.82 (1.60 ~ 2.00)	1.60 (1.84)	1.60 (1.76)
II	1.74 ~ 2.17 (2.00 ~ 2.50)	1.82 ~ 2.27 (2.00 ~ 2.50)	2.00 (2.30)	2.00 (2.20)
III	2.17 ~ 2.78 (2.50 ~ 3.20)	2.27 ~ 2.91 (2.50 ~ 3.20)	2.50 (2.88)	2.50 (2.75)
IV	2.78 ~ 3.30 (3.20 ~ 3.80)	2.91 ~ 3.45 (3.20 ~ 3.80)	3.10 (3.57)	3.10 (3.41)

注:括号内的数据为以系统额定电压为基准的爬电比距值。

设每片绝缘子的几何爬电距离为 $L_0(\text{cm})$,即可按爬电比距的定义写出

$$\lambda = \frac{nK_e L_0}{U_m} \text{ cm/kV} \tag{10.8}$$

式中　n——绝缘子片数;

U_m——系统最高工频(线)电压有效值,kV;

Ke——绝缘子爬电距离有效系数。

Ke 之值主要由各种绝缘子几何泄漏距离对提高污闪电压的有效性来确定,并以 XP—7(或 X—4.5)型和 XP—16 型普通绝缘子为基准,即取它们的 Ke 为1,其他型号绝缘子的 Ke 估算方法可参阅中国国家标准 GB/T16434—1996:高压架空线路和发电厂、变电所环境污区分级及外绝缘选择标准的附录 D。

可见为了避免污闪事故,所需绝缘子片数应为

$$n_1 \geqslant \frac{\lambda U_m}{KeL_0} \tag{10.9}$$

应该注意,表 10.3 中的 λ 值是根据实际运行经验得出的,所以:①按式(10.9)求得的片数 n_1 中已包括零值绝缘子(指串中已丧失绝缘性能的绝缘子),故不再增加零值绝缘子片数;②式(10.9)能适用于中性点接地方式不同的电网。

例 10.1   处于清洁区(0 级,$\lambda = 1.39$)的 110kV 线路采用的是 XP—7(或 X—4.5)型悬式绝缘子(其几何爬电距离 $L_0 = 29\text{cm}$),试按工作电压的要求计算应有的片数 n_1。

解 $n_1 \geqslant \dfrac{1.39 \times 110 \times 1.15}{29} = 6.06 \rightarrow$ 取 7 片

(2)按操作过电压要求

绝缘子串在操作过电压的作用下,也不应发生湿闪。在没有完整的绝缘子串在操作波下的湿闪电压数据的情况下,只能近似地用绝缘子串的工频湿闪电压来代替,对于最常用的 XP—7(或 X—4.5)型绝缘子来说,其工频湿闪电压幅值 U_W 可利用下面的经验公式求得

$$U_W = 60n + 14\text{kV} \tag{10.10}$$

式中 n——绝缘子片数。

电网中操作过电压幅值的计算值 $= K_0 U_\varphi \text{ kV}$,其中 K_0 为操作过电压计算倍数。

设此时应有的绝缘子片数为 n_2',则由 n_2' 片组成的绝缘子串的工频湿闪电压幅值应为

$$U_W = 1.1 K_0 U_\varphi \text{ kV} \tag{10.11}$$

式中   1.1——综合考虑各种影响因素和必要裕度的一个综合修正系数。

只要知道各种类型绝缘子串的工频湿闪电压与其片数的关系,就可利用式(10.11)求得应有的 n_2' 值。再考虑须增加的零值绝缘子片数 n_0 后,最后得出的操作过电压所要求的片数为

$$n_2 = n_2' + n_0 \tag{10.12}$$

我国规定应预留的零值绝缘子片数见表 10.4。

表 10.4   零值绝缘子片数 n_0

额定电压/ kV	35 ~ 220		330 ~ 500	
绝缘子串类型	悬垂串	耐张串	悬垂串	耐张串
n_0	1	2	2	3

例 10.2   试按操作过电压的要求,计算 110kV 线路的 XP—7 型绝缘子串应有的片数 n_2。

解   该绝缘子串应有的工频湿闪电压幅值为

$$U_W = 1.1 K_0 U_\varphi = 1.1 \times 3 \times \frac{1.15 \times 110\sqrt{2}}{\sqrt{3}} = 341\text{kV}$$

将应有的 U_W 值代入式(10.10),即得

$$n_2' = \frac{341 - 14}{60} = 5.45 \rightarrow \text{取 6 片}$$

最后得出应有的片数为

$$n_2 = n_2' + n_0 = 6 + 1 = 7 \text{ 片}$$

现将按以上方法求得的不同电压等级线路应有的绝缘子片数 n_1 和 n_2 以及实际采用的片数 n 综合列于表 10.5 中。

表 10.5　各级电压线路悬垂串应有的绝缘子片数

线路额定电压/ kV	35	66	110	220	330	500
n_1	2	4	7	13	19	28
n_2	3	5	7	12	17	22
实际采用值 n	3	5	7	13	19	28

注:1. 表中数值仅适用于海拔 1 000m 及以下的非污秽区。

2. 绝缘子均为 XP—7 型。其中 330kV 和 500kV 线路实际上采用的很可能是别的型号的绝缘子(例如 XP—16 型),可按泄漏距离和工频湿闪电压进行折算。

如果已掌握该绝缘子串在正极性操作冲击波下的 50% 放电电压 $U_{50\%(S)}$ 与片数的关系,那么也可以用下面的方法求出此时应有的片数 n_2' 和 n_2。

该绝缘子串应具有下式所示的 50% 操作冲击放电电压

$$U_{50\%(S)} \geqslant K_S U_S \qquad (10.13)$$

式中　U_S——对范围 I($U_m \leqslant 252kV$),它等于 $K_0 U_\varphi$,其中 K_0 为操作过电压计算倍数;对范围 II($U_m > 252kV$),它应为合空线、单相重合闸、三相重合闸这 3 种操作过电压中的最大者;

　　K_S——绝缘子串操作过电压配合系数,对范围 I 取 1.17,对范围 II 取 1.25。

(3)按雷电过电压要求

按上面所得的 n_1 和 n_2 中较大的片数,校验线路的耐雷水平和雷击跳闸率是否符合有关规程的规定。

实际上,雷电过电压方面的要求在绝缘子片数选择中的作用一般是不大的,因为线路的耐雷性能并非完全取决于绝缘子的片数,而是取决于各种防雷措施的综合效果,影响因素很多。即使验算的结果表明不能满足线路耐雷性能方面的要求,一般也不再增加绝缘子片数,而是采用诸如降低杆塔接地电阻等其他措施来解决。

10.4.2　空气间距的选择

输电线路的绝缘水平不仅取决于绝缘子的片数,同时也取决于线路上各种空气间隙的极间距离——空气间距,而且后者对线路建设费用的影响远远超过前者。

输电线路上的空气间隙包括:

1)导线对地面:在选择其空气间距时主要考虑地面车辆和行人等的安全通过,地面电场强度及静电感应等问题。

2)导线之间:应考虑相间过电压的作用、相邻导线在大风中因不同步摆动或舞动而相互靠近等问题。当然,导线与塔身之间的距离也决定着导线之间的空气间距。

3)导、地线之间:按雷击于档距中央避雷线上时不至于引起导、地线间气隙击穿这一条件来选定。

4)导线与杆塔之间:这将是下面要探讨的重点内容。

为了使绝缘子串和空气间隙的绝缘能力都得到充分的发挥,显然应使气隙的击穿电压与绝缘子串的闪络电压大致相等。但在具体实施时,会遇到风力使绝缘子串发生偏斜等不利因素。

就塔头空气间隙上可能出现的电压幅值来看,一般是雷电过电压最高,操作过电压次之,工频工作电压最低;但从电压作用时间来看,情况正好相反。由于工作电压长期作用在导线上,所以在计算它的风偏角 θ_0(见图 10.2)时,应取线路所在地区的最大设计风速 $v_{\max}$(取 20 年一遇的最大风速,在一般地区约为 25 ~ 35m/s);操作过电压持续时间较短,通常在计算其风偏角 θ_s 时,取计算风速等于 $0.5v_{\max}$;雷电过电压持续时间最短,而且强风与雷击点同在一处出现的概率极小,因此通常取其计算风速等于 10 ~ 15m/s,可见它的风偏角 $\theta_i < \theta_s < \theta_0$,如图 10.2 所示。

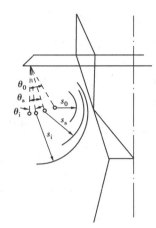

图 10.2　塔头上的风偏角与空气间距

3 种情况下的净空气间距的确定方法如下:

(1)工作电压所要求的净间距 s_0

50 赫工频电压击穿幅值

$$U_{50\sim} = K_1 U_\varphi \tag{10.14}$$

式中系数 K_1 为综合考虑工频电压升高、气象条件、必要的安全裕度等因素的空气间隙工频配合系数。对 66kV 及以下的线路取 $K_1 = 1.2$,对 110 ~ 220kV 线路取 $K_1 = 1.35$;对范围 Ⅱ 取 $K_1 = 1.4$。

(2)操作过电压所要求的净间距 s_s

要求 s_s 的正极性操作冲击波下的 50% 击穿电压

$$U_{50\%(S)} = K_2 U_S = K_2 K_0 U_\varphi \tag{10.15}$$

式中　U_S——计算用最大操作过电压,与式(10.13)同;

K_2——空气间隙操作配合系数,对范围 Ⅰ 取 1.03,对范围 Ⅱ 取 1.1。

在缺乏空气间隙 50% 操作冲击击穿电压的实验数据时,亦可采取先估算出等值的工频击穿电压 $U_{e(50\sim)}$,然后求取应有的空气间距 s_s 的办法。

由于长气隙在不利的操作冲击波形下的击穿电压显著低于其工频击穿电压,其折算系数 $\beta_s < 1$,如再计入分散性较大等不利因素,可取 $\beta_s = 0.82$,即

$$U_{e(50\sim)} = \frac{U_{50\%(s)}}{\beta_s} \tag{10.16}$$

(3)雷电过电压所要求的净间距 s_i

通常取 s_i 的 50% 雷电冲击击穿电压 $U_{50\%(i)}$ 等于绝缘子串的 50% 雷电冲击闪络电压 U_{CFD} 的 85%,即

$$U_{50\%(i)} = 0.85 U_{CFD} \tag{10.17}$$

其目的是减少绝缘子串的沿面闪络,减小釉面受损的可能性。

求得以上的净间距后,即可求得绝缘子串处于垂直状态时对杆塔应有的水平距离

$$L_o = s_o + l\sin\theta_o$$
$$L_s = s_s + l\sin\theta_s$$
$$L_i = s_i + l\sin\theta_i$$
(10.18)

式中 l——绝缘子串长度,m。

最后,选 3 者中最大的一个,就得出了导线与杆塔之间的水平距离 L,即

$$L = \max[L_o, L_s, L_i]$$
(10.19)

表 10.6 中列出了各级电压线路所需的净间距值。当海拔高度超过 1 000m 时,应按有关规定进行校正;对于发电厂变电所,各个 s 值应再增加 10% 的裕度,以保安全。

表 10.6 各级电压线路所需的净间距值(cm)

额定电压/kV	35	66	110	220	330	500
X—4.5 型绝缘子片数	3	5	7	13	19	28
s_o	10	20	25	55	90	130
s_s	25	50	70	145	195	270
s_i	45	65	100	190	260	370

复习思考题

10.1 电力系统绝缘配合的原则是什么?

10.2 试分析中性点运行方式对绝缘水平的影响。

10.3 绝缘配合的惯用法、统计法有什么关系和区别?

10.4 什么是电气设备的绝缘水平。

10.5 如何确定输电线路绝缘子串中绝缘子的片数。

10.6 何谓电气设备绝缘的 BIL 和 SIL?

附 录

＊＊＊＊＊＊＊＊＊＊＊＊＊＊＊＊＊＊＊＊＊＊＊＊＊＊＊＊＊＊＊＊＊＊

附录1　标准球隙放电电压表

附表1.1、附表1.2均为：

（1）一球接地。

（2）标准大气条件（101.3 kPa，293 K）。

（3）电压均指峰值，kV。

（4）括号内的数字为球隙距离大于0.5D时的数据，其准确度较低。

附表1.1　球隙放电电压表（适用于：①工频交流电压；
②负极性冲击电压；③正、负极性直流电压）

球隙距离/cm	球 直 径/cm											
	2	5	6.25	10	12.5	15	25	50	75	100	150	200
0.05	2.8											
0.10	4.7											
0.15	6.4											
0.20	8.0	8.0										
0.25	9.6	9.6										
0.30	11.2	11.2										
0.40	14.4	14.3	14.2									
0.50	17.4	17.4	17.2	16.8	16.8	16.8						
0.60	20.4	20.4	20.2	19.9	19.9	19.9						
0.70	23.2	23.4	23.2	23.0	23.0	23.0						
0.80	25.8	26.3	26.2	26.0	26.0	26.0						

225

续

球隙距离/cm	球 直 径/cm											
	2	5	6.25	10	12.5	15	25	50	75	100	150	200
0.90	28.3	29.2	29.1	28.9	28.9	28.9						
1.0	30.7	32.0	31.9	31.7	31.7	31.7	31.7					
1.2	(35.1)	37.6	37.5	37.4	37.4	37.4	37.4					
1.4	(38.5)	42.9	42.9	42.9	42.9	42.9	42.9					
1.5	(40.0)	45.5	45.5	45.5	45.5	45.5	45.5					
1.6		48.1	48.1	48.1	48.1	48.1	48.1					
1.8		53.0	53.5	53.5	53.5	53.5	53.5					
2.0		57.5	58.5	59.0	59.0	59.0	59.0	59.0	59.0			
2.2		61.5	63.0	64.5	64.5	64.5	64.5	64.5	64.5			
2.4		65.5	67.5	69.5	70.0	70.0	70.0	70.0	70.0			
2.6		(69.0)	72.0	74.5	75.0	75.5	75.5	75.5	75.5			
2.8		(72.5)	76.0	79.5	80.0	80.5	81.0	81.0	81.0			
3.0		(75.5)	79.5	84.0	85.0	85.5	86.0	86.0	86.0	86.0		
3.5		(82.5)	(87.5)	95.5	97.0	98.0	99.0	99.0	99.0	99.0		
4.0		(88.5)	(95.0)	105	108	110	112	112	112	112		
4.5			(101)	115	119	122	125	125	125	125		
5.0			(107)	123	129	133	137	138	138	138	138	
5.5				(131)	138	143	149	151	151	151	151	
6.0				(138)	146	152	161	164	164	164	164	
6.5				(144)	(154)	161	173	177	177	177	177	
7.0				(150)	(161)	169	184	189	190	190	190	
7.5				(155)	(168)	177	195	202	203	203	203	
8.0					(174)	(185)	206	214	215	215	215	
9.0					(185)	(198)	226	239	240	241	241	
10					(195)	(209)	244	263	265	266	266	266
11						(219)	261	286	290	292	292	292
12						(229)	275	309	315	318	318	318
13							(289)	331	339	342	342	342
14							(302)	353	363	366	366	366
15							(314)	373	387	390	390	390

续

球隙距离/cm	球 直 径/cm											
	2	5	6.25	10	12.5	15	25	50	75	100	150	200
16							(326)	392	410	414	414	414
17							(337)	411	432	438	438	438
18							(347)	429	453	462	462	462
19							(357)	445	473	486	486	486
20							(366)	460	492	510	510	510
22								489	530	555	560	560
24								515	565	595	610	610
26								(540)	600	635	655	660
28								(565)	635	675	700	705
30								(585)	665	710	745	750
32								(605)	695	745	790	795
34								(625)	725	780	835	840
36								(640)	750	815	875	885
38								(655)	(775)	845	915	930
40								(670)	(800)	875	955	975
45									(850)	945	1 050	1 080
50									(895)	(1 010)	1 130	1 180
55									(935)	(1 060)	1 210	1 260
60									(970)	(1 110)	1 280	1 340
65										(1 160)	1 340	1 410
70										(1 200)	1 390	1 480
75										(1 230)	1 440	1 540
80											(1 490)	1 600
85											(1 540)	1 660
90											(1 580)	1 720
100											(1 660)	1 840
110											(1 730)	(1 940)
120											(1 800)	(2 020)
130												(2 100)
140												(2 180)
150												(2 250)

注:本表不适用于 10kV 以下的冲击电压

附表 1.2 球隙放电电压表(适用于正极性冲击电压)

球隙距离/cm	球 直 径/cm											
	2	5	6.25	10	12.5	15	25	50	75	100	150	200
0.05												
0.10												
0.15												
0.20												
0.25												
0.30	11.2	11.2										
0.40	14.4	14.3	14.2									
0.50	17.4	17.4	17.2	16.8	16.8	16.8						
0.60	20.4	20.4	20.2	19.9	19.9	19.9						
0.70	23.2	23.4	23.2	23.0	23.0	23.0						
0.80	25.8	26.3	26.2	26.0	26.0	26.0						
0.90	28.3	29.2	29.1	28.9	28.9	28.9						
1.0	30.7	32.0	31.9	31.7	31.7	31.7	31.7					
1.2	(35.1)	37.8	37.6	37.4	37.4	37.4	37.4					
1.4	(38.5)	43.3	43.2	42.9	42.9	42.9	42.9					
1.5	(40.0)	46.2	45.9	45.5	45.5	45.5	45.5					
1.6		49.0	48.6	48.1	48.1	48.1	48.1					
1.8		54.5	54.0	53.5	53.5	53.5	53.5					
2.0		59.5	59.0	59.0	59.0	59.0	59.0	59.0	59.0			
2.2		64.5	64.0	64.5	64.5	64.5	64.5	64.5	64.5			
2.4		69.0	69.0	70.0	70.0	70.0	70.0	70.0	70.0			
2.6		(73.0)	73.5	75.5	75.5	75.5	75.5	75.3	75.5			
2.8		(77.0)	78.0	80.5	80.5	80.5	81.0	81.0	81.0			
3.0		(81.0)	82.0	85.5	85.5	85.5	86.0	86.0	86.0	86.0		
3.5		(90.0)	(91.5)	97.5	98.0	98.5	99.0	99.0	99.0	99.0		
4.0		(97.5)	(101)	109	110	111	112	112	112	112		
4.5			(108)	120	122	124	125	125	125	125		
5.0			(115)	130	134	136	138	138	138	138	138	
5.5				(139)	145	147	151	151	151	151	151	
6.0				(148)	155	158	163	164	164	164	164	

续

球隙距离/cm	球　直　径/cm											
	2	5	6.25	10	12.5	15	25	50	75	100	150	200
6.5				(156)	(164)	168	175	177	177	177	177	
7.0				(163)	(173)	178	187	189	190	190	190	
7.5				(170)	(181)	187	199	202	203	203	203	
8.0					(189)	(196)	211	214	215	215	215	
9.0					(203)	(212)	233	239	240	241	241	
10					(215)	(226)	254	263	265	266	266	266
11						(238)	273	287	290	292	292	292
12						(249)	291	311	315	318	318	318
13							(308)	334	339	342	342	342
14							(323)	357	363	366	366	366
15							(337)	380	387	390	390	390
16							(350)	402	411	414	414	414
17							(362)	422	435	438	438	438
18							(374)	442	458	462	462	462
19							(385)	461	482	486	486	486
20							(395)	480	505	510	510	510
22								510	545	555	560	560
24								540	585	600	610	610
26								570	620	645	655	660
28								(595)	660	685	700	705
30								(620)	695	725	745	750
32								(640)	725	760	790	795
34								(660)	755	795	835	840
36								(680)	785	830	880	885
38								(700)	(810)	865	925	935
40								(715)	(835)	900	965	980
45									(890)	980	1 060	1 090
50									(940)	1 040	1 150	1 190
55									(985)	(1 100)	1 240	1 290
60									(1 020)	(1 150)	1 310	1 380
65										(1 200)	1 380	1 470
70										(1 240)	1 430	1 550
75										(1 280)	1 480	1 620
80											(1 530)	1 690

续

球隙距离/cm	球 直 径/cm											
	2	5	6.25	10	12.5	15	25	50	75	100	150	200
85											(1580)	1760
90											(1 630)	1 820
100											(1 720)	1 930
110											(1 790)	(2 030)
120											(1 860)	(2 120)
130												(2 200)
140												(2 280)
150												(2 350)

附录2　阀式避雷器电气特性

附表2.1　普通阀式避雷器(FS和FZ系列)的电气特性

型　　号	额定电压有效值/kV	灭弧电压有效值/kV	工频放电电压有效值(干燥及淋雨状态)/kV		冲击放电电压(预放电时间1.5~2.0μs)/kV 不大于		冲击残压(波形 8/20μs)/kV 不大于				备　　注
							FS 系列		FZ 系列		
			不小于	不大于	FS 系列	FZ 系列	3kA	5kA	5kA	10kA	
FS—0.25	0.22	0.25	0.6	1.0	20.		1.3				
FS—0.50	0.38	0.50	1.1	1.6	2.7		2.6				
FS—3(FZ—3)	3	3.8	9	11	21	20	(16)	17	14.5	(16)	
FS—6(FZ—6)	6	7.6	16	19	35	30	(28)	30	27	(30)	
FS—10(FZ—10)	10	12.7	26	31	50	45	(47)	50	45	(50)	
FZ—15	15	20.5	42	52		78			67	(74)	组合元件用
FZ—20	20	25	49	60.5		85			80	(88)	组合元件用
FZ—30J	30	25	56	67		110			83	(91)	组合元件用
FZ—35	35	41	84	104		134			134	(148)	
FZ—40	40	50	98	121		154			160	(176)	110kV 变压器中性点保护专用
FZ—60	60	70.5	140	173		220			227	(250)	
FZ—110J	110	100	224	268		310			332	(364)	
FZ—154J	154	142	304	368		420			466	(512)	
FZ—220J	220	200	448	536		630			664	(728)	

注:残压栏内加括号者为参考值。

附表2.2　电站用磁吹阀式避雷器(FCZ系列)电气特性

型　号	额定电压有效值/kV	灭弧电压有效值/kV	工频放电电压有效值(干燥及淋雨状态)/kV		冲击放电电压/kV 不大于		冲击电流残压/kV(波形8/20μs) 不大于		备　注
			不小于	不大于	预放电时间1.5~20μs及波形1.5/40μs	预放电时间100~1 000μs	5kA时	10kA时	
FCZ—35	35	41	70	85	112	—	108	122	110kV变压器中性点保护专用
FCZ—40	—	51	87	98	134	—	—①	—	
FCZ—50	60	69	117	133	178	—	178	205	
FCZ—110J	110	100	170	195	260	(285)②	260	285	
FCZ—110	110	126	255	290	345	—	332	365	
FCZ—154	154	177	330	377	500	—	466	512	
FCZ—220J	220	200	340	390	520	(570)	520	570	
FCZ—330J	330	290	510	580	780	820	740	820	
FCZ—500J	500	440	680	790	840	1 030	—	1 100	

①1.5kA冲击残压为134kV。

②加括号者为参考值。

附表2.3　保护旋转电机用磁吹阀式避雷器(FCD系列)电气特性

型　号	额定电压有效值/kV	灭弧电压有效值/kV	工频放电电压有效值(干燥及淋雨状态)/kV		冲击放电电压(预放电时间1.5~20μs及波形1.5/40μs)/kV 不大于	冲击电流残压/kV(波形8/20μs) 不大于		备　注
			不小于	不大于		3kA时	5kA时	
FCD—2	—	2.3	4.5	5.7	6	6	6.4	电机中性点保护专用
FCD—3	3.15	3.8	7.5	9.5	9.5	9.5	10	
FCD—4	—	4.6	9	11.4	12	12	12.8	电机中性点保护专用
FCD—6	6.3	7.6	15	18	19	19	20	
FCD—10	10.5	12.7	25	30	31	31	33	
FCD—13.2	13.8	16.7	33	39	40	40	43	
FCD—15	15.75	19	37	44	45	45	49	

附表2.4　110~500kV变电所用氧化锌避雷器电气特性

避雷器额定电压有效值/kV	系统额定电压有效值/kV	容许最大持续运行电压有效值/kV	直流1mA参考电压峰值/kV,不小于			残压峰值/kV								
						雷电冲击电流下,不大于			操作冲击电流下,不大于			陡波冲击电流下,不大于		
			避雷器等级(标称放电电流,kA)											
			5	10	20	5	10	20	5	10	20	5	10	20
100	110	73	145	145	—	260	260	—	221	221	—	299	291	—
						290	290	—	247	247	—	334	325	—
126				214	—		332			282			382	
200	220	146	290	290	—	520	520	—	442	442	—	598	582	
						580	580	—	494	494	—	668	650	
288	330	210		408	—		698			593			782	
300		215		424	—		727			618			814	
312		220		441	—		756			643			847	
396	500	312		532	532		905	986		804	808		1 015	1 104
420		318		565	565		960	1 046		852	858		1 075	1 170
444		324		597	597		1 015	1 106		900	907		1 137	1 238
468		330		630	630		1 070	1 166		950	956		1 198	1 306

注:本表根据"中国国家标准 GB11032—89:交流无间隙金属氧化物避雷器"所规定的数据整理而得。

参 考 文 献

[1]中国国家标准(GB 2900.19—82).电工名词术语——高电压试验技术和绝缘配合[S].北京:技术标准出版社,1983.

[2]中国国家标准(GB/T 16434.1996).高压架空线路和发电厂、变电所环境污区分级及外绝缘选择标准[S].北京:中国标准出版社,1996.

[3]中国国家标准(GB 311.1~311.6—83).高压输变电设备的绝缘配合、高电压试验技术[S].北京:中国标准出版社,1985.

[4]中国电力行业标准(DL/T 620—1997).交流电气装置的过电压保护和绝缘配合[S].北京:中国电力出版社,1997.

[5]中国电力行业标准(DL/T 596—1996).电力设备预防性试验规程[S].北京:中国电力出版社,1997.

[6]周泽存.高电压技术[M].北京:水利电力出版社,1988.

[7]赵智大.高电压技术[M].北京:中国电力出版社,1999.

[8]张一尘.高电压技术[M].北京:中国电力出版社,2000.

[9]唐兴祚.高电压技术[M].重庆:重庆大学出版社,1991.

[10]朱德恒,严璋.高电压绝缘[M].北京:清华大学出版社,1992.

[11]张仁豫,等.高电压试验技术[M].北京:清华大学出版社,1982.

[12]刘炳尧.高电压绝缘基础[M].长沙:湖南大学出版社,1986.

[13]华中工学院,上海交大.高电压试验技术[M].北京:水利电力出版社,1983.

[14]解广润.电力系统过电压[M].北京:水利电力出版社,1985.

[15]重庆大学,南京工学院.高电压技术[M].北京:电力出版社,1981.

[16]赵智大.电力系统中性点接地问题[M].北京:中国工业出版社,1965.